中国大麦品种志

[1986—2015]

中国农业科学院作物科学研究所
国家大麦青稞产业技术体系 主编

中国农业科学技术出版社

图书在版编目（CIP）数据

中国大麦品种志．1986—2015 / 中国农业科学院作物科学研究所国家大麦青稞产业技术体系主编．—北京：中国农业科学技术出版社，2018. 11

ISBN 978-7-5116-3898-4

Ⅰ．①中… Ⅱ．①中… Ⅲ．①大麦－品种－中国－1986—2015 Ⅳ．①S512.329.2

中国版本图书馆 CIP 数据核字（2018）第 217861 号

责任编辑 徐 毅
责任校对 贾海霞
出 版 者 中国农业科学技术出版社
北京市中关村南大街12号 邮编：100081
电 话 （010）82106631（编辑室）（010）82109702（发行部）
（010）82109709（读者服务部）
传 真 （010）82106631
网 址 http：// www.castp.cn
经 销 者 全国各地新华书店
印 刷 者 固安县京平诚乾印刷有限公司
开 本 787mm×1 092mm 1/16
印 张 25.75
字 数 650千字
版 次 2018年11月第1版 2018年11月第1次印刷
定 价 260.00元

《中国大麦品种志（1986—2015）》
编委会

前　言

大麦是世界上最古老的粮食作物之一，对人类文明的产生与发展起到了十分重要的作用。大麦营养丰富，且具有生育期短、抗逆性强、适应性广、丰产性好等优点。目前，全球常年种植面积5 300万hm^2左右，总产约1.43亿t，仅次于小麦、水稻、玉米居第四位。大麦根据籽粒是否带皮，分为皮大麦和裸大麦两种类型。我国大麦栽培历史悠久，是栽培大麦的驯化中心之一。裸大麦在我国因地域不同而叫法有别，在南方称为元麦、米麦，在北方称为米大麦、仁大麦，在青藏高原则称为青稞。历史上大麦曾经是我国的主要粮食作物之一，20世纪初种植面积曾经高达800万hm^2，占世界总面积的23.6%。此后种植面积不断下降，20世纪70年代为650万hm^2，总产990万t，分别占全球总量的7.4%和5.7%。到20世纪末仅剩162万hm^2，总产436万t，分别占世界总量的3.0%和3.3%，平均单产2 690kg/hm^2，较世界平均单产高10.2%。进入21世纪以来，我国大麦种植面积常年维持在120万～130万hm^2，总产500万～550万t；平均单产显著提高，2017年达到4 200kg/hm^2，较20世纪末提高56.1%。生产规模较大的省、区主要为云南、江苏、内蒙古自治区（全书简称内蒙古）和西藏自治区（全书简称西藏）等省区，其次有甘肃、青海、四川、湖北、河南、安徽、新疆维吾尔自治区（全书简称新疆）、浙江和上海等省市区。大麦目前在我国主要用于饲料生产和啤酒酿造，部分用于粮食和健康食品加工。

民以食为天，农以种为先。种子是农业生产最为重要的生产资料。农作物品种是育种家辛勤劳动和智慧创造的结晶，不仅为增加粮食产量、满足食饮品的加工消费需求和提高居民生活与健康水平发挥着不可或缺的作用，同时，也是后继育种者开展新品种选育重要的基础种质资源。一个国家或地区的农作物育种发展过程反映了其农业生产历史，不同时期的生产应用品种，代表着当时的育种技术和生产水平与消费需求。

据现有记载的大麦育种距今已有100多年的历史，最早可追溯到1857年丹麦通过系统选择而育成的大麦品种Chevalier。20世纪20年代随着大麦经典遗传学的研究发展，欧洲利用杂交育种技术，培育出了相当数量的大麦品种。该期的大麦育种以高产为主要育种目标，这些品种的杂交育成为提高欧洲大麦产量发挥了重要作用。进入20世纪中叶，西方国家为满足啤酒和饲料加工业快速发展的需要，育种家在育种过程中，利用生物化学分析技术，在提高新品种产量的同时，更加注重不同商业化消费所需的独特品质性状的选择，逐步形成了啤酒、饲料和食用等生产专用大麦育种。20世纪60—70年代，采用化学和物理诱变育种技术，培育出了Diamant等一系列大麦矮秆品种。尤其是通过诱变创制的矮秆和高赖氨酸等突变体，为后来的大麦矮秆和高蛋白、高赖氨酸育种奠定了种质基础，促进了大麦育种的快速发展。从20世纪80年代开始，在矮秆、啤酒与饲用品质、抗病等性状遗传研究的基础上，利用传统的杂交育种方法，结合小孢子培养等单倍体育种技术和近红外无破损快速鉴定技术，有效加快了新品种的育成速度，使育种水平得到很大提高。如加拿大育成的Harrington被世界公认为啤用大麦的标准品种，不仅在加拿大广泛种植，并且推广到美国等地，还曾引种到我国西北地区。澳大利亚育成的Schooner和Franklin、日本的甘木二条、法国的Esterel、德国的Scarlett、英国的Optic等，均在生产上发挥了很大的作用。进入21世纪以来，随着大麦基因组学的发展和分子标记技术的日臻成熟，分子标记辅助育种技术得到了愈来愈广泛的应用，培育出了诸如澳大利亚的Baudin和Hamelin等具有代表性的高产优质啤酒大麦品种。

中国大麦种植历史虽然悠久，但现代育种开展较晚。20世纪50年代在进行农家品种的整理和评选的同时，采用系统选育方法开展了新品种选育，育成了如米麦757、立新2号、海麦1号、藏青336、喜玛拉1号和甘孜809等一批大麦品种。20世纪60—70年代，杂交育种技术逐步普及并应用，培育出了米麦114、村农元麦、沪麦4号、昆仑1号、藏青1号、喜玛拉6号等，一批生产种植面积较大的大麦品种。与此同时，采用^{60}Co-γ射线辐照，创制出了1966D、1974E等矮秆突变体。还从国外引进了早熟3号和矮秆齐等皮大麦和裸大麦品种，并大规模生产利用。在此期间，大麦生产的首要目的是解决居民的温饱问题。因此，提高产量、增强抗病性和抗逆性等是当时大麦育种最主要的育种目标，而营养和加工品质尚未提上育种选育日程。从20世纪80年代开始，随着改革开放和人民生活水平的提高，特别为满足啤酒工业快速发展对啤酒大麦原料的加工消费需求，在广泛开展国外啤酒大麦引种利用的同时，开始大量进行啤酒大麦、饲料大麦和食用青稞的辐射诱变和杂交选育。到20世纪末，通过“七五”和“八五”全国育种攻关，采用常规杂交育种方法，育成了浙农大3号、浙皮4号、沪麦10号、嘉陵3号和莆大麦7号等啤酒和饲料大麦品种。在青稞育种方面，培育出了川裸1号、藏青29、喜玛拉6号等。通过人工诱变育成了盐辐矮早三等啤酒大麦品种。然而，客观地讲，由于当时受到育种早代品质鉴定仪器设备的限制，所培育的啤酒大麦品种在酿造品质上与国外品种存在很大的差距。进入21世纪以来，在国家科技支撑计划、公益性行业（农业）专项等资金支持下，特别是得益于2008年国家大麦青稞产业技术体系的建立，大麦育种的试验设施、仪器设备得到了明显改善，育种水平和技术手段显著提高。在育种目标上，根据居民日益增长的健康消费和畜牧业快速发展，对于大麦健康食品和优质饲料与饲草的加工生产需求，除了继续提高产量和增强抗病与抗逆性之外，重点针对啤酒、饲料、饲草和食用等不同商业加工消费的品质需要，开展了大麦多元专用品种的选育。在育种技术上，注重单倍体育种、航天搭载、早代无损伤鉴定、异地加代、分子标记辅助选择等技术的综合运用，不仅加快了新品种的培育速度，而且产量、抗性和品质得到了大幅度提高。期间，杂交育成了昆仑12号、13号、14号、藏青2000、甘青5号和康青7号、8号、9号等系列粮草双高青稞品种。尤其是适合健康食品加工的黑糯裸大麦（青稞）品种甘垦5号的育成，填补了国内外糯大麦育种的空白；昆仑12号所含具有降血糖的保健功效成分β-葡聚糖含量接近8%。杂交育成的垦啤麦号、甘啤号、苏啤号、云啤号、浙皮号、蒙啤麦号等多个系列，以及通过单倍体育种培育的单二、花30、花11等啤酒大麦品种，主要啤用品质达到国外同类品种的先进水平。杂交选育的华大麦号、驻大麦号、保大麦、凤大麦、扬饲麦号和云饲麦等饲料和青饲、青贮大麦品种，饲用品质和综合性状得到进一步提高。

农作物育种是传承性很强的科学创新工作，而品种志的编写是对一段发展时期内育成品种的集中整理展示，有利于后继育种者更好的传承与创新提高。1989年我国出版了第一部《中国大麦品种志》，共收录1950—1985年国内先后大面积生产种植的309个农家和系统选育的大麦品种。为了总结和集中展现20世纪末至21世纪初，前后30年我国的大麦育种成就，本书是继第一部《中国大麦品种志》之后，由国家大麦青稞产业技术体系和中国农业科学院作物科学研究所组织编写的我国第二部《中国大麦品种志》，以其为后继育种者和大麦科研与生产人员提供有益参考。本书共收录1986—2015年由我国15个主产省区，28家育种单位培育的具有自主知识产权，并经过省级以上种子管理部门审（认）定登记的202个大麦品种。其中，啤酒大麦107个、饲料大麦54个、食用裸大麦（青稞）品种41个。多数入志品种的文字介绍均由育种者本人整理编写。1986—2010年育成品种的穗粒图像由国家大麦青稞产业技术体系产业技术研发中心，在中国农业科学院作物科学研究所试验农场集中种植采集拍摄。2011—2015年育成品种的穗粒图像由育种者本人提供。为使读者能够准确了解书中收录大麦品种的特征特性，本书对于每一个大麦品种的性状描述完全依据《大麦种质资源描述规范和数据标准》和第一部《中国大麦品种志》的大麦品种特征特性术语解释及调查标准。为方便读者育种和引种利用，每个入志品种还增加了用途、育成单位、主要育种者和国家农作物种质资源库大麦种质资源全国统一编号等信息。

1986—2015年，我国的大麦生产分布发生了巨大变化，吉林、辽宁、宁夏回族自治区（全书简称宁夏）、陕西、山西、河北、山东、湖南、江西、贵州、广东、广西壮族自治区（全书简称广西）等省区，目前已几无大麦种植，原来的大麦育种人员先后退休或转行；现存主产省区的大麦育种人员也先后经历了两代人，有的正在进行第三代工作交接，因此，本书在入志品种的收集整理方面难免存在遗漏，特别是1986—2000年在现已消失的原大麦主产省区育成和生产种植的大麦品种。不当之处敬请批评指正。

编　者

2018年6月

Content 目　录

黑龙江省大麦品种

内蒙古自治区大麦品种

北京市大麦品种

河南省大麦品种

湖北省大麦品种

安徽省大麦品种

江苏省大麦品种

福建省大麦品种

四川省大麦品种

贵州省大麦品种

云南省大麦品种

新疆维吾尔自治区大麦品种

甘肃省大麦品种

黑龙江省大麦品种

垦啤麦2号

一、品种来源

亲本及杂交组合：Robust/Azure。杂交系谱选育，啤酒大麦品种。

育成时间：1990年育成，原品系编号：红8947-1。1996年黑龙江省品种审定委员会审定登记。

育成单位：黑龙江省农垦总局红兴隆农业科学研究所。

主要育种者：胡祖华、李洁、潘常智、李作安、王伟平、严景贵、林武亭、吴明海。

国家农作物种质资源库大麦种质资源全国统一编号：ZDM10019。

二、特征特性

垦啤麦2号属春性六棱皮大麦品种。幼苗半匍匐，株高85～90cm，叶片宽大，叶色浅绿，叶耳紫色。穗子弯密，芒长齿，籽粒皮薄、颜色浅黄、有光泽，千粒重36～38g、饱满度好，≥2.5mm粒选率90%以上。制麦酿造品质优良，麦芽无水浸出率79%、糖化力350WK。生育后期脱水快、落黄好、早熟，生育期77天。中抗根腐病、抗旱性中。

三、产量与生产分布

垦啤麦2号1992年参加品种比较试验，平均单产3 942.0kg/hm^2，比对照品种Morex增产13.16%。1993—1994年的2年区试，平均3 398.9kg/hm^2，比对照品种增产17.7%。1995年参加生产试验，平均单产4 361.9kg/hm^2，较对照品种增产12.6%。

垦啤麦2号，从1995年在东北地区开始生产推广，至2014年累计种植72.4万hm^2。其中，2006—2008年，连续3年突破13.3万hm^2，2006年最高达到16.4万hm^2。

四、栽培要点

垦啤麦2号适宜在东北地区春播。播种期4月上中旬，基本苗375万～405万株/hm^2。播种前用立克秀或敌萎丹按种子重量0.15%，配制成2%水溶液进行拌种，闷种7天后播种。黑龙江省东部玉米茬，每公顷施纯氮：60～75kg/hm^2、纯磷：75～90kg/hm^2；豆茬地，施纯氮：60～75kg/hm^2、纯磷：60～75kg/hm^2。3叶期镇压青苗，同时，喷洒2，4D-丁酯进行除草。孕穗期喷洒麦状灵防倒伏，用量300～375mL/hm^2。在蜡熟末期割晒，完熟初期直收。

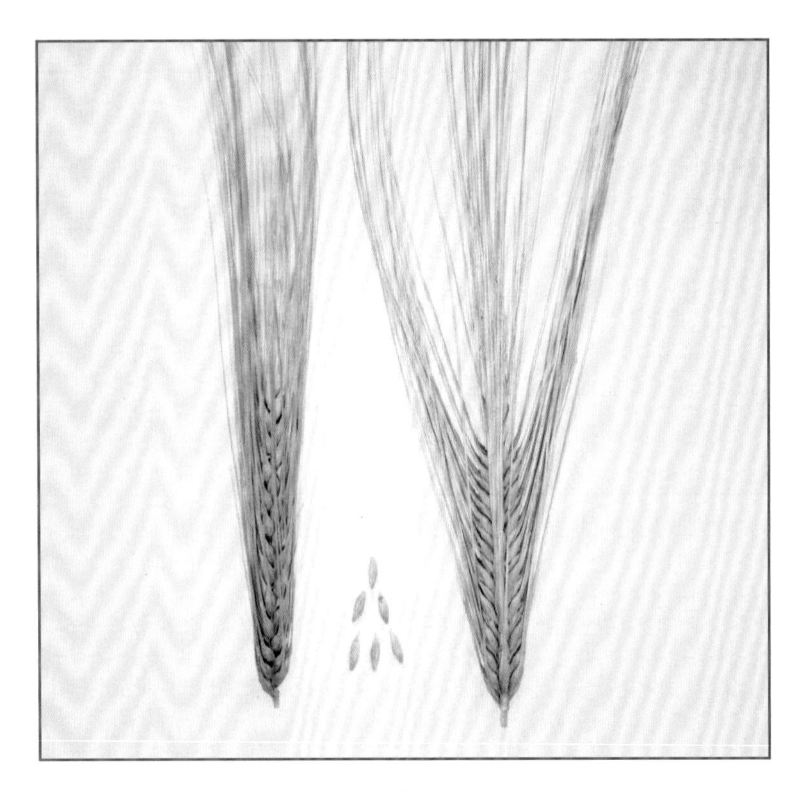

垦啤麦2号

垦啤麦3号

一、品种来源

亲本及杂交组合：合86-1/Gimple。杂交系谱选育，啤酒大麦品种。

育成时间：1991年育成，原品系代号：红91-29。1999年黑龙江省品种审定委员会审定登记。

育成单位：黑龙江省农垦总局红兴隆农业科学研究所。

主要育种者：胡祖华、李洁、潘常智、李作安、梁长欣、许文芝、张雪芹、王伟平。

国家农作物种质资源库大麦种质资源全国统一编号：ZDM10020。

二、特征特性

垦啤麦3号属春性二棱皮大麦品种。幼苗半匍匐、叶色深绿、叶耳紫色。株高95～100cm，穗轴半弯、小穗着生密、长齿芒。籽粒皮薄、颜色浅黄、有光泽，千粒重44～46g、发芽率高、饱满度好，≥2.5mm粒选率90%以上。麦芽酿造品质优良，α-酶活性高，多年平均麦芽无水浸出率80%以上。中早熟，北方春播生育期79天。抗旱性强，中感根腐病。

三、产量与生产分布

垦啤麦3号1994年参加品比和8点异地鉴定，平均单产3 248.8kg/hm^2，比对照品种红日1号增产5.6%。1954—1997年参加黑龙江省大麦品种区试，平均单产3 667.6kg/hm^2，较对照平均增产8.0%。1997年生产试验中，平均单产3 636.0kg/hm^2，较对照增产15.7%。

垦啤麦3号适宜东北地区春播种植。从1999年开始生产推广至2007年，该品种共在黑龙江省和内蒙古自治区累计推广15.9万hm^2。其中，2002年和2003年，连续2年突破3.3万hm^2，2000年最多达到4.4万hm^2。

四、栽培要点

垦啤麦3号北方地区春播，前茬为玉米、大豆或甜菜等作物的平岗地最佳。适宜播期4月上中旬，基本苗405万～450万株/hm^2。黑龙江省东部施复合商品肥225～255kg/hm^2。黑土地大豆茬N：P=1：1，甜菜和玉米茬N：P=1：1.25；白浆土大豆茬N：P=1：1.2，甜菜和玉米茬N：P=1：1.25。3叶期镇压青苗，并喷洒2，4-D丁酯综合除草。孕穗期，喷洒麦状灵防倒伏，用量300～375mL/hm^2。蜡熟末期割晒，完熟初期联合收割机直收。

垦啤麦3号

垦啤麦4号

一、品种来源

亲本及杂交组合：北育15/Bowman。杂交系谱选育，啤酒大麦品种。

育成时间：1994年育成，原品系代号：红94-70。2000年黑龙江省品种审定委员会审定登记。

育成单位：黑龙江省农垦总局红兴隆农业科学研究所。

主要育种者：胡祖华、李洁、潘常智、李作安、王伟平、严景贵、林武亭、吴明海。

国家农作物种质资源库大麦种质资源全国统一编号：ZDM10021。

垦啤麦4号

二、特征特性

垦啤麦4号为春性2棱皮大麦品种。幼苗匍匐、叶片浅绿、叶耳白色，株高85～90cm。穗密度中等、长齿芒，籽粒皮薄、颜色浅黄，饱满度好、千粒重44～46g，≥2.5mm粒选率90%以上。制麦酿造品质好，麦芽无水浸出率80%以上。中早熟，北方春播生育期79天。中抗根腐病，抗旱性差。

三、产量与生产分布

垦啤麦4号1995—1996年产量品比较试验，平均单产3 661.0kg/hm^2，比对照品种红日1号增产19%。1997—1998年提升进行黑龙江省大麦品种区域试验，平均单产3 381.1kg/hm^2，比红日1号平均增产9.9%。1999年参加黑龙江省大麦品种生产试验，平均单产3 254.9kg/hm^{2}较红日1号增产5.8%。该品种由于抗旱性差，未在生产大面积种植。

四、栽培要点

垦啤麦4号由于未生产种植，栽培要点略。

垦啤麦5号

一、品种来源

亲本及杂交组合：红90-27/红89-44。杂交系谱选育，啤酒大麦品种。

育成时间：1999年育成，原品系编号：红99-455。2004年黑龙江省品种审定委员会审定登记。

育成单位：黑龙江省农垦总局红兴隆农业科学研究所。

主要育种者：李作安、李洁、许文芝、梁长欣、党爱华、周军、胡祖华、潘常智、张雪芹、朱春霖、叶旭斌。

国家农作物种质资源库大麦种质资源全国统一编号：ZDM10022。

二、特征特性

垦啤麦5号为春性六棱皮大麦。幼苗直立、叶片深绿、叶耳紫色，株高90～95cm。直密穗、长光芒，籽粒饱满、壳皮较薄、颜色浅黄，千粒重37～39g，≥2.5mm粒选率90%以上，麦芽无水浸出率79.8%。中早熟，北方春播生育期80天左右。丰产性好、落黄差，抗旱、抗倒伏、中抗根腐病。

三、产量与生产分布

垦啤麦5号2001年品种比较试验，平均单产5 671.1kg/hm^2，比对照垦啤麦2增产18.2%。2002—2003年黑龙江省大麦品种区域试验中，平均单产4 705.48kg/hm^2，比垦啤麦2号增产6.5%。2003年在生产试验，平均公顷产量4 217.24kg/hm^2，比垦啤麦2号增产6.9%。该品种由于落黄差，未生产种植。

四、栽培要点

垦啤麦5号由于未生产推广种植，栽培要点略。

垦啤麦5号

垦啤麦6号

一、品种来源

亲本及杂交组合：Ant90-2/红日啤麦1号。杂交系谱法选育，啤酒大麦品种。

育成时间：1999年育成，原品系编号：红99-410。2004年黑龙江省品种审定委员会审定登记。

育成单位：黑龙江省农垦总局红兴隆农业科学研究所。

主要育种者：李作安、李洁、许文芝、梁长欣、党爱华、周军、胡祖华、潘常智、张雪芹、朱春霖、叶旭斌。

国家农作物种质资源库大麦种质资源全国统一编号：ZDM10023。

二、特征特性

垦啤麦6号系春性二棱皮大麦。幼苗半匍匐、分蘖力强、分蘖成穗率高。叶片宽大、叶色深绿、叶耳紫色，株高95～98cm，穗层整齐、密穗、长齿芒。籽粒皮薄、饱满、颜色浅黄，休眠期短，不抗穗发芽，千粒重45～48g，≥2.5mm粒筛率93%以上，麦芽无水浸出率81%。北方春播全生育期77天左右，丰产性好，抗倒伏、高抗根腐病。

三、产量与生产分布

垦啤麦6号2000年产量鉴定，100hm^{2}单产4 469.3kg，比对照品种红日2号增产4.9%。2001年参加品种比较试验，平均单产4 162.9kg/hm^2，比对照垦啤麦3号平均增产7.3%。2002—2003年参加黑龙江省大麦品种区域试验，平均单产4 484.3kg/hm^2，比垦啤麦3号增产13.3%；2003年同时进行生产试验，平均产量3 841.5kg/hm^2，增产16.2%。

垦啤麦6号刚审定推广时，表现早熟、高产、抗根腐病，深受种植户欢迎，2003—2007年在黑龙江省和内蒙古自治区共生产推广4 000hm^2。后因在生产中发现其不抗穗发芽停止种植。

四、栽培要点

垦啤麦6号适宜在玉米、甜菜、大豆等茬口地种植。东北地区4月上中旬播种，每公顷保苗405万～450万株。施商品复合肥225～255kg，玉米、甜菜茬黑土地N∶P=1∶1.25，大豆茬1∶1；玉米、甜菜茬白碴土地N∶P=1∶1.35，大豆茬N∶P=1∶1。3叶期压青苗，并喷洒2，4D-丁酯综合除草。抽穗期喷洒麦状灵预防倒伏，用量300～375mL/hm^2。蜡熟末期割晒，完熟初期直收。

垦啤麦6号

垦啤麦7号

一、品种来源

亲本及杂交组合：Ant90-2/红92-25。杂交系谱选育，啤酒大麦品种。

育成时间：1999年育成，原品系编号：红99-407。2004年黑龙江省品种审定委员会审定登记。

育成单位：黑龙江省农垦总局红兴隆农业科学研究所。

主要育种者：李作安、李洁、许文芝、梁长欣、党爱华、朱晶、周军、付建江、左淑珍、胡祖华、潘常智、张雪芹。

国家农作物种质资源库大麦种质资源全国统一编号：ZDM10024。

二、特征特性

垦啤麦7号为春性2棱皮大麦。幼苗半匍匐、叶色深绿、分蘖力强。株高90～95cm，穗层齐，每穗粒数20～22粒，长齿芒、密穗。籽粒皮薄、色浅、饱满匀，千粒重45～47g，≥2.5mm粒筛率95%。蛋白质含量低、粉质率高，脂肪氧化酶活性低，麦芽无水浸出率82%以上。中早熟，东北地区春播全生育78～80天，前期生长发育慢，出苗至抽穗时间长，抽穗后生长发育加快，后期落黄好，灌浆时间短。抗倒伏、抗旱性强，高感根腐病。

三、产量与生产分布

垦啤麦7号在2000—2001年产量鉴定和品比试验中，平均每公顷产量5 220.6kg，比垦啤麦3号增产15.1%。2002—2003年参加黑龙江省区域试验，每公顷产量4 405.3kg，比垦啤麦3号增产11.5%。2003年同时进行生产试验，由于干旱产量略低，为每公顷产量3 713.2kg，比垦啤麦3号增产12.7%，稳产性好。

垦啤麦7号2005年开始在黑龙江省和内蒙古自治区东北部生产推广，至2012年累计种植61万hm^2。其中，在2008年和2009年每年种植面积曾超过13.5万hm^2。2012—2014年，由于东北地区夏季降水偏多，大麦根腐病发病严重，该品种因高感根腐病而停止推广。

四、栽培要点

黑龙江省东部种植4月1—10日播种，黑龙江省西部和内蒙古自治区东部地区4月10—20日播种。播种前用立克秀按种子重量的0.15%拌种，种植密度400万～450万株/hm^2。选择前茬为玉米、大豆、甜菜等的岗平地种植，每公顷施商品复合肥202.5～225kg（N：P=1：1.2），播后及时镇压。3叶期压青苗，并喷洒2，4-D丁酯综合除草。蜡熟末期割晒，完熟初期直收获。

垦啤麦7号

垦啤麦8号

一、品种来源

亲本及杂交组合：垦啤麦3号/红92-25。杂交系谱选育，啤酒大麦品种。

育成时间：2000年育成，原品系编号：红00-511。2005年黑龙江省品种审定委员会审定登记。2006年申请国家新品种保护，2010年获得国家新品种保护权，品种权证书号：CNA20060592.5。

育成单位：黑龙江省农垦总局红兴隆农业科学研究所。

主要育种者：李作安、李洁、许文芝、梁长欣、党爱华、周军、赵立臣、左淑珍、姚宏牧、胡祖华、潘常智。

国家农作物种质资源库大麦种质资源全国统一编号：ZDM 10025。

二、特征特性

垦啤麦8号属春性2棱皮大麦。幼苗半匍匐、分蘖力强，叶耳紫色、叶色深绿，株高95～100cm。穗层整齐，弯穗轴、小穗密度稀、芒长齿，每穗粒数25～28粒。籽粒皮薄、饱满匀度、千粒重44～46g，≥2.5mm粒筛率95%以上。麦芽无水浸出率80.7%。在东北地区种植中早熟，全生育日数78～80天。抗旱、抗倒伏，中感根腐病。

三、产量与生产分布

垦啤麦8号在2001—2002年产量鉴定和品种比较试验中，平均每公顷产量6 187.7kg，比垦啤麦3号增产13.5%。2003—2004年参加黑龙江省大麦品种区域试验，平均单产3 973.0kg/hm^2，比垦啤麦3号增产14.0%。2004年同时进行生产试验，每公顷产量3 893.7kg，比垦啤麦3号增产12.1%。该品种2006年开始在内蒙古呼伦贝尔地区生产推广，至2009年累计种植1万多hm^2。后因其不抗根腐病而停止生产种植。

四、栽培要点

黑龙江省东西部地区种植4月1—10日播种，黑龙江省西部和内蒙古自治区东部4月10—20日播种。选择玉米、大豆、甜菜等茬口地种植，每公顷施商品复合肥202.5～225kg（N∶P=1∶1.2）。播种之前，用立克秀按种子重量的0.15%拌种，种植密度400万～450万株/hm^2。播后及时镇压，3叶期压青苗，并喷洒2，4-D丁酯综合除草。蜡熟末期割晒，完熟初期联合收割机直接收获。

垦啤麦8号

垦啤麦9号

一、品种来源

亲本及杂交组合：红98-302/垦鉴啤麦2号。杂交系谱选育，啤酒大麦品种。

育成时间：2004年育成，原品系编号：红04-45。2008年黑龙江省品种审定委员会审定登记。2008年申请国家新品种保护，2014年获得国家新品种保护权。品种权证书号：CNA20080552.5。

育成单位：黑龙江省农垦总局红兴隆农业科学研究所。

主要育种者：李作安、许文芝、李洁、梁长欣、党爱华、周军、吴明海。

国家农作物种质资源库大麦种质资源全国统一编号：ZDM10026。

二、特征特性

垦啤麦9号属春性多棱皮大麦。幼苗直立、叶耳紫色、叶色深绿，株高90～95cm。穗轴半弯、长齿芒，籽粒浅黄、饱满、有光泽，千粒重35～38g，≥2.5粒筛率90%以上。麦芽无水浸出率79%～80%。东北地区春播生育日数78天左右，中早熟、落黄好。抗旱、抗倒伏、抗病性强。

三、产量与生产分布

垦啤麦9号2005年产量鉴定试验，平均每公顷产量6 383.3kg，比对照品种增产8.0%；在2006—2007年黑龙江大麦品种区域试验中，平均每公顷产量5 139.5kg，比对照品种增产9.6%；2007年生产试验中单产5 109.2kg/hm^2，增产12.9%。从2010年开始在内蒙古呼伦贝尔地区生产推广，到2016年已累计种植16万hm^2。其中，在2012年和2013年连续2年种植面积超过15万hm^2。

四、栽培要点

选择土壤肥力中等、前茬大豆、玉米、甜菜等农田种植。东北地区春种适宜播种期4月1—20日，播种前进行种子清选，并用立克秀或敌萎丹拌种防治条纹病。每公顷保苗375万～400万株，施纯氮67～70kg，纯磷67～70kg，纯钾18kg。3叶期压青苗，并喷洒浓度72%的2，4-D丁酯综合除草。在蜡熟末期割晒，完熟初期收割机直收获。

垦啤麦10

一、品种来源

亲本及杂交组合：垦啤麦6号/红99-409。杂交系谱选育，啤酒大麦品种。

育成时间：2006年育成，品系编号：红06-277。2012年黑龙江省品种审定委员会审定登记。2011年申请国家新品种保护，2016年获得新品种保护权，品种权证书号：CNA20111049.4。

育成单位：黑龙江省农垦总局红兴隆农业科学研究所。

主要育种者：李作安、许文芝、李洁、梁长欣、周军、党爱华、吴明海、刘世博、王树堂。

国家农作物种质资源库大麦种质资源全国统一编号：ZDM10115。

二、特征特性

垦啤麦10属春性2棱皮大麦。幼苗半匍匐、分蘖力、强叶耳紫色，株高90～95cm。穗层齐、直密穗、长齿芒、每穗粒数23～25粒。籽粒皮薄、饱满均匀、千粒重45～46g，≥2.5mm粒筛率90%以上、发芽率高。籽粒蛋白质含量10.2%、麦芽无水浸出率81.7%，α-氨基氮204mg/100g、糖化酵素力219WK，库尔巴哈值46.3%、黏度1.59msa.s，超过国家优质啤酒大麦标准。东北地区春播生育日数76～77天，比垦啤麦7号早2～3天，对光温不敏感，抗旱性好、适应性强，更适合在内蒙古自治区东北部晚播种植。

三、产量与生产分布

垦啤麦10在2008年品种比较试验中，平均每公顷产量4 876.0kg，比对照品种垦啤麦7号增产14.1%。2009—2010年参加黑龙江省大麦品种区域试验，平均每公顷产量3 957.4kg，比垦啤麦7号增产15.1%。2011年提升黑龙江省大麦品种生产试验，平均单产4 572.7kg/hm^2，增产11.2%。垦啤麦10于2013年在内蒙古呼伦贝尔地区开始推广，到2016年累计生产种植0.2万hm^2。

四、栽培要点

垦啤麦10适应性强、耐晚播。在东北地区播期可推迟至6月20日。选择前茬为油菜、马铃薯等地块种植。种植密度400万～450万株/hm^2。播种前按照施用说明书，选用3%敌萎丹、2%立克秀和2.5%适乐时等种衣剂任何一种拌种，每公顷施用商品复合肥202.5～225kg（N：P=1：1.3）。拔节期用敌力脱或三唑酮喷雾防治条纹病和根腐病。播后及时镇压，3叶期压青苗，并喷洒2，4-D丁酯综合除草。蜡熟末期割晒，完熟初期直接收脱。晾晒至水分13.5%以下装袋入库。

垦啤麦11

一、品种来源

亲本及杂交组合：02sk046/合5232。杂交系谱选育，啤酒大麦品种。

育成时间：2009年育成，原品系编号：红09-801。2014年黑龙江省品种审定委员会审定登记。

育成单位：黑龙江省农垦总局红兴隆农业科学研究所。

主要育种者：李作安、吴明海、周军、梁长欣、党爱华、夏永茂、许文芝、李洁、刘世博、孙军利、张波、关雪松、高向达。

国家农作物种质资源库大麦种质资源全国统一编号：ZDM10117。

二、特征特性

垦啤麦11属春性2棱皮大麦。幼苗半匍匐、叶耳白色、分蘖力强，株高90～95cm。直密穗、长齿芒、落黄好，籽粒饱满、皮薄、颜色浅黄，千粒重46～48g，≥2.5mm粒筛率95%以上，蛋白质含量11.45%。麦芽无水浸出率81.3%，库尔巴哈值43.7%，糖化力251WK。东北地区春播种植生育期76～78天，早熟、适应性强、中抗倒伏、高抗根腐病。

三、产量和分布

垦啤麦11于2010年参加产量鉴定，平均比垦啤麦7号增产11.6%。2011—2012年参加黑龙江省大麦品种区域试验，2年平均每公顷产量4 564.5kg，比垦啤麦7号增产2.9%；2013年参加黑龙江省生产试验，平均单产3 102.4kg/hm^2，比垦啤麦7号增产9.0%。

该品种由于籽粒大而皮壳薄，收获脱粒时易造破皮使发芽率降低，影响酿造品质，未在生产种推广应用。

四、栽培要点

该品种未生产种植，栽培措施略。

11 垦啤麦12

一、品种来源

亲本及杂交组合：春系03017/北育39号。杂交系谱选育，啤酒大麦品种。

育成时间：2009年育成，原品系编号：红09-818。2015年黑龙江省品种审定委员会审定登记。

育成单位：黑龙江省农垦总局红兴隆农业科学研究所。

主要育种者：李作安、吴明海、周军、梁长欣、党爱华、夏永茂、许文芝、李洁、刘世博、孙军利、张波、关雪松、高向达。

国家农作物种质资源库大麦种质资源全国统一编号：ZDM10118。

二、特征特性

垦啤麦12属春性2棱皮大麦。幼苗半匍匐、分蘖力强，叶色浅黄、叶耳紫色、叶片较小，株高85～90cm。穗层整齐、穗轴短小，长齿芒、落黄好，籽粒皮薄、光泽饱满、浅黄色、千粒重45～48g，≥2.5mm粒筛率93%以上，蛋白质含量11.7%。麦芽无水浸出率82.8%，库尔巴哈值47.3%。各项指标超过国家优质啤酒大麦标准。东北地区春播种植生育期78～80天，高抗根腐病、特抗倒伏、抗旱性差。

三、产量与生产分布

垦啤麦12在2010年产量鉴定试验中，平均单产4 128.6kg/hm^2，比对照垦啤麦7号增产11.6%。2011年参加品比试验，每公顷产量5 489.3kg，增产10.4%。2012—2013年参加黑龙江省大麦品种区试，平均单产4 164.1kg/hm^2，比垦啤麦7号增产8.4%。2014年提升黑龙江省生产试验，平均每公顷产量3 668.0kg，增产11.3%。垦啤麦12自2014年审定后，2015年开始在黑龙江省和内蒙古自治区东北示范推广，生产种植约1 000hm^2。

四、栽培要点

垦啤麦12适宜在东北地区春播种植，选择中等肥力地块种植，4月上中旬播种。播种前进行种子清选，并用立克秀或敌萎丹拌种防治条纹病。每公顷保苗450万～500万株，种肥施纯氮和纯磷各67.5kg。3叶期进行压青苗，并按照说明书施用72%的2，4-D丁酯综合除草。蜡熟末期割晒、完熟初期联合收割直收脱。

龙啤麦1号

一、品种来源

亲本及杂交组合：俄罗斯引进大麦资源00-01。Co^{60}-γ射线2.0万Gy辐照诱变，单株系谱选育。啤酒大麦品种。

育成时间：2004年育成，原品系代号：龙辐03N05。黑龙江省农作物品种审定委员会2009年审定登记。

育成单位：黑龙江省农业科学院作物育种研究所。

主要育种者：刁艳玲、孙丹等。

国家农作物种质资源库大麦种质资源全国统一编号：ZDM10027。

二、特征特性

龙啤麦1号属春性六棱皮大麦。幼苗半匍匐、叶色深绿、叶耳浅绿，株高95cm左右、株型披散。穗形纺锤、穗长6.5cm、芒长齿，每穗结实45粒左右。粒色浅黄、千粒重38g左右，发芽势95.6%、发芽率97.0%，蛋白质含量12.29%。麦芽无水浸出率79.8%、糖化力354WK、库尔巴哈值40.0%。适宜东北地区春播种植，出苗至成熟生育日数80天左右，晚熟品种。较抗赤霉病、条纹病、网纹病和根腐病，抗旱性强，落黄好。

三、产量与生产分布

龙啤麦1号2006—2008年参加黑龙江省大麦品种区域试验，2年平均产量5 135.6kg/hm^2，较对照品种垦啤2号增产9.0%，2008年参加黑龙江省大麦品种生产试验，平均单产5 075.1kg/hm^2，较对照品种垦啤2号增产8.9%。该品种自2009年登记后，在黑龙江省北部红星农场大面积生产示范种植。

四、栽培要点

东北地区春播种植。播种期4月上旬至5月中旬，土壤肥力中等以上。适宜种植方式机械条播，基本苗375万～405万株/hm^2。施肥采用基肥或种肥方式。基肥结合冬前整地施入，种肥采取种子包衣和随播种与种子一起施入。每公顷施肥量磷酸二胺150kg、尿素83kg、钾肥23kg。播种后及时镇压，3叶期压青苗。3叶期至分蘖后期，喷施苯磺隆、大镖马，化学防除阔叶杂草及野燕麦等。灌浆期用氯氰菊酯类防治黏虫。蜡熟期割晒或蜡熟末期至完熟期联合直收，及时晾晒、或烘干入库。

龙啤麦1号

龙啤麦2号

一、品种来源

亲本及杂交组合：澳大利亚引进大麦资源03-04N27。Co^{60}- γ 射线2.0万Gy辐照射诱变，单株系谱方法选育，啤酒大麦品种。

育成时间：2006年育成，原品系代号：龙06K1181。黑龙江省农作物品种审定委员会2011年审定登记。

育成单位：黑龙江省农业科学院作物育种研究所。

主要育种者：张宏纪、刁艳玲、严文义、孙丹等。

国家农作物种质资源库大麦种质资源全国统一编号：ZDM10028。

二、特征特性

龙啤麦2号为春性二棱皮大麦。幼苗半匍匐、叶色深绿、叶耳浅绿，株高75～80cm、株型较松散。穗形长方、穗长7.5～8.0cm，长齿芒、每穗粒数20～24粒。籽粒黄色、粒形卵圆，千粒重42.5g左右、蛋白质含量13.8%～14.2%。麦芽无水浸出率75.9%～78.6%，库尔巴哈值42.6%～42.9%，糖化力361.0～415.6WK。东北地区春播种植表现中熟，出苗至成熟生育日数70～75天。生长前期抗旱性较强、后期耐湿，落黄好、不折穗、不落粒。较抗赤霉病，轻感条纹病、网纹病和根腐病。

三、产量与生产分布

龙啤麦2号2008—2009年参加黑龙江省大麦品种区域试验，2年平均单产4 954.7kg/hm²，较对照品种垦啤7号增产9.7%。在2010年黑龙江省大麦品种生产验中，平均产量4 738.2kg/hm²，较对照品种垦啤7号增产10.9%。该品种自2009年登记，已在黑龙江省西北部嫩江、七星泡等农场生产示范种植。

四、栽培要点

适宜东北地区中等以上肥力农田春播种植，播种期4月上旬至5月中旬。条播栽培，保证基本苗405万～450万株/hm^2。施肥方法采用冬前整地基肥施入，或者播种时以种肥施用。每公顷施磷酸二胺150kg、尿素82kg、钾肥22kg。播种后镇压，3叶期压青苗。3叶期至分蘖后期，田间喷施苯磺隆、大镖马，防除阔叶杂草及野燕麦等。成株灌浆期，施用氯氰菊酯类防治黏虫。蜡熟期收获割晒，或用联合收割机蜡熟末期至完熟期1次收脱，及时晾晒或烘干入库。

龙啤麦2号

龙啤麦3号

一、品种来源

亲本及杂交组合：美国引进大麦种质Z027S099J。Co^{60}-γ射线2.0万Gy辐照诱变，单株系谱选育，啤酒大麦品种。

育成时间：2008年育成，原品系代号：龙08D26。黑龙江省农作物品种审定委员会2013年审定登记，登记证书编号：黑登记2013021。2015年全国小宗粮豆品种委员会鉴定登记。

育成单位：黑龙江省农业科学院作物育种研究所、中国农业科学院作物科学研究所。

主要育种者：刁艳玲、张京、孙丹、左志远、郭刚刚等。

国家农作物种质资源库大麦种质资源全国统一编号：ZDM10136。

二、特征特性

龙啤麦3号属春性二棱皮大麦。幼苗半直立、分蘖力强，叶片中大、叶色深绿、叶耳浅绿。植株繁茂、株型紧凑、株高85cm左右，茎秆弹性好、抗倒伏。穗层较整齐、成穗率高、穗姿半直立，芒长齿、穗长8.0cm左右、每穗结实26粒左右。籽粒黄色、粒型椭圆、皮壳薄、千粒重47g左右。蛋白质含量12.1%、细粉浸出物82.3%、α-氨基氮208mg/100g，总氮1.95%、可溶性氮0.85%、库尔巴哈值44.0%，糖化力265WK。东北地区春播中熟，出苗至成熟生育日数75～80天。抗旱抗病性好。田间接种鉴定，中抗条纹病和根腐病、抗网斑病，高抗黄矮病、对条锈病免疫。

三、产量与生产分布

龙啤麦3号2010—2011年参加黑龙江省大麦品种区域试验，2年平均产量3 581.3kg/hm^2，较对照品种垦啤麦7号增产8.1%。2012年参加大麦品种生产试验，平均产量4 569.4kg/hm^2，较对照品种垦啤麦7号增产9.7%。在2012—2014年全国春播大麦区域试验中，3年21个点次平均单6 572.3kg/hm^2，较对照品种甘啤6号平均增产14.7%。该品种2013—2015年，已经在内蒙古呼伦贝尔地区生产示范推广种植2 000hm^2。

四、栽培要点

东北地区选择中等以上肥力地块春播种植。适宜播种期4月上旬至5月中旬。机械条播栽培，保证基本苗405万～450万株/hm^2。采用秋收后冬前整地施用基肥，或者播种时施用种肥的方法，每公顷施磷酸二胺150kg、尿素82kg、钾肥23kg。播种后及时镇压，3叶期压青苗，防止倒伏。3叶期至分蘖后期，通过喷施苯磺隆、大镖马等，化学防除阔叶杂草及野燕麦等。成株灌浆期，用氯氰菊酯类防治黏虫。蜡熟期割晒，或完熟期直接机械收脱。及时晾晒或烘干入库，防止雨淋、受潮霉变。

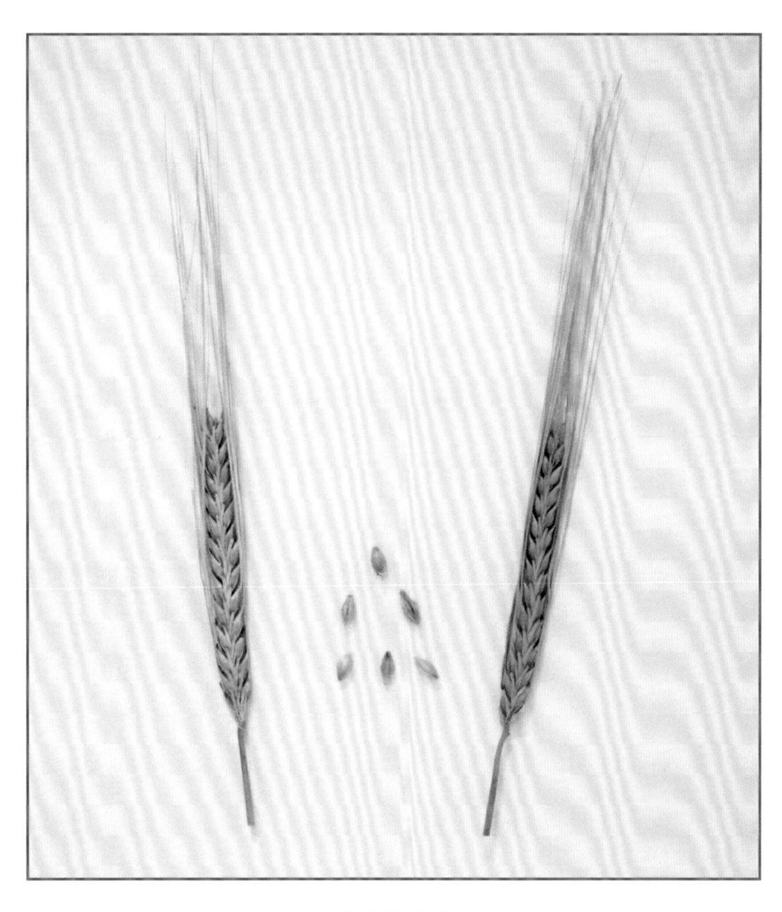

龙啤麦3号

15 龙啤麦4号

一、品种来源

亲本及杂交组合：垦鉴啤麦4号/99-455。杂交系谱选育，啤酒大麦品种。

育成时间：2009年育成，原品系代号：龙09Y1-199。黑龙江省农作物品种审定委员会2015年审定登记。

育成单位：黑龙江省农业科学院作物育种研究所。

主要育种者：刁艳玲、孙丹、左志远、商柏庭等。

国家农作物种质资源库大麦种质资源全国统一编号：ZDM10137。

二、特征特性

龙啤麦4号属春性六棱皮大麦。幼苗半直立、叶片深绿、叶耳浅绿，植株丛生、旗叶宽大。株高75～85cm、茎秆强壮、抗倒伏，穗长7.0～8.0cm、穗姿直立、芒长齿。每穗结实50～60粒，粒色浅黄、粒形椭圆，千粒重35.0～40.0g，蛋白质含量13.82%。无水麦芽细粉浸出率81.84%、α-氨基氮201.0mg/100g，β-葡聚糖含量0.81%，糖化力468.4WK、库尔巴哈值43.5%。晚熟品种，东北地区春播种植，出苗至成熟日数80～85天。田间自然表现，抗赤霉病、网纹病、根腐病，中感条纹。生长前期抗旱性强，后期耐湿、耐高温、抗倒伏。

三、产量与生产分布

龙啤麦4号2012—2013年参加黑龙江省大麦品种区域试验，2年平均产量4 529.5kg/hm^2，较对照品种垦啤麦9号增产9.5%。2014年参加黑龙江省大麦生产验，平均产量5 125.9kg/hm^2，较对照品种垦啤麦9号增产9.2%。该品种2013—2015年在内蒙古呼伦贝尔生产示范推广650hm^2。

四、栽培要点

东北地区春播种植。选择中等以上肥力地块，4月上旬至5月中旬适期播种。机械条播栽培，播种基本苗405万～450万株/hm^2。肥料施用结合秋后整地基肥，或者播种时作种肥施如土壤。每公顷施磷酸二胺150kg、尿素82.5kg、钾肥22.5kg。播种后及时镇压，3叶期压青苗。分蘖后期喷施苯磺隆、大镖马，化学防除田间阔叶杂草及野燕麦等。灌浆期喷施氯氰菊酯类农药，防治黏虫。蜡熟期割晒，完熟期联合收割机直接收脱。

龙啤麦4号

内蒙古自治区大麦品种

蒙啤麦1号

一、品种来源

亲本及杂交组合：Bowman/91冬27//91G318。复合杂交系谱选育，啤酒大麦品种。育成时间：2001年育成，原品系代号：2001-132。2008年内蒙古自治区农作物品种审定委员会认定。

育成单位：内蒙古农牧业科学院。

主要育种者：张凤英、张京、刘志萍、史有国、高振福、石春炎、陶玉荣。

国家农作物种质资源库大麦种质资源全国统一编号：ZDM10031。

二、特征特性

蒙啤麦1号属春性二棱皮大麦。幼苗半匍匐、叶色深绿、叶耳白色，叶片上举、株型紧凑。株高90～95cm，地上茎节5节、穗下节间长31cm，全穗抽出。穗形长方、穗姿直立、长齿芒、穗芒黄色、穗密度稀，穗长8.5～9.5cm、穗粒数22～26粒。籽粒椭圆、粒色淡黄、饱满皮薄、半硬质、腹沟浅，千粒重45～54g、蛋白质含量10.8%～13.5%。麦芽细粉浸出率75.0%～80.0%、糖化力263～357WK，库尔巴哈值38%～45%、α-氨基氮159～227mg/100g。在内蒙古中东北部春播种植中早熟，生育期85～95天，单株有效穗数2.5～5.0个、单株产量6.0～9.5g。抗条纹病、抗倒伏，耐旱、耐盐碱。

三、产量与生产分布

蒙啤麦1号在2002—2003年品系鉴定试验中，2年平均单产6 975kg/hm^2，比对照品种莱色依增产18.1%。2004—2005年品种比较试验中，2年平均单产6 684kg/hm^2，比对照增产27.45%。2005—2006年参加内蒙古自治区大麦品种区域试验，全区水、旱地布点4个，2年平均产量6 005.1kg/hm^2，居参试品种首位，较对照品种莱色依增产10.7%，是2年8个点次中唯一无倒伏的参试品种。2006—2008年参加全自治区3个试点大麦生产示范（水、旱地），3年平均单产6 081kg/hm^2，比灌区对照品种甘啤4号增产18.0%，比旱区主栽品种垦啤麦2号增产30.0%。2009年结合国家科技成果转化资金项目和内蒙古自治区农业综合开发示范推广项目的实施，开始在内蒙古自治区生产推广，2010—2015年累计在内蒙古自治区生产种植13.5万hm^2，6年实现大麦平均单产4 323.0kg/hm^2，每公顷比对照亩增产512.4kg，增产17.6%。该品种获内蒙古自治区2013年度科技进步一等奖。

蒙啤麦1号

四、栽培要点

北方地区春播种植。内蒙古自治区中、西部地区3月下旬至4月上旬播种，东部地区5月上旬至5月下旬播种。播前种子进行晾晒，用2%立克秀种衣剂，按种子重量1.5%对水拌种，或用敌委丹50mL对水300mL拌种50kg，防治大麦条纹病和黑穗病；用速保利或羟锈宁拌种防治麦田地下害虫。适宜播种量水地225～255kg/hm^2，旱地270～300kg/hm^2，保证基本苗405万～525万株/hm^2。水浇地每公顷施纯氮97.5～120.0kg、纯磷105.0～135.0kg、纯钾

22.5～52.5kg，全部磷、钾肥和1/3氮肥作为种肥施入，2/3氮肥在3叶期结合浇头水追施。旱地施复合肥（N：P_2O_5：K_2O=15：20：10≥45%）225～300kg/hm^2，全部以种肥1次施入。

条播机播种，行距10～15cm。2～3叶期浇头水，并结合浇水追施N肥，以后拔节期和灌浆期分别浇水。出苗阶段对禾本科杂草进行机械除草，3叶期用72%2，4-D丁酯乳油35mL/亩+20%绿黄隆可湿性粉剂45g/hm^2，对水225kg，均匀喷施防除阔叶杂草。注意防治麦秆蝇、蚜虫和黏虫。麦蜡熟末期收获，晾晒至籽粒含水量≤13%时清选入库。

蒙啤麦2号

一、品种来源

亲本及杂交组合：2001-146品系/Bowman//国品36。复合杂交系谱选育，啤酒大麦品种。

育成时间：2010年育成，原品系代号：06pj—01。2011年内蒙古自治区农作物品种审定委员会认定。

育成单位：内蒙古农牧业科学院。

主要育种者：张凤英、刘志萍、包海柱、史有国、陶玉荣。

国家农作物种质资源库大麦种质资源全国统一编号：ZDM10032。

二、特征特性

蒙啤麦2号为春性二棱皮大麦。幼苗匍匐、叶色淡绿、叶耳白色，苗期叶姿平展、株型松散。株高70～106cm、地上茎节6节、穗下节间长23.7cm。穗全抽出、穗形长方、穗姿水平，密穗、穗长5.4～6.9cm，穗和芒黄色、长齿芒，穗粒数18～22粒。籽粒淡黄色、粒形椭圆，皮薄饱满、腹沟浅，半硬质、千粒重42～53g，蛋白质含量12.3%～13.2%。无水麦芽浸出率78.7%～79.4%、糖化力257～359WK，库尔巴哈值39.0%～44.0%、α-氨基氮181～221mg/100g。北方地区春播生育期84～95天，熟性中熟，抗条纹病、抗根腐病，抗倒伏中等、耐旱、耐盐碱。

三、产量与生产分布

蒙啤麦2号在2006年品系鉴定试验中，小区单产5 958.8kg/hm^2。在2007—2008年品系比较试验中，2年平均产量6 099.9kg/hm^2，较对照品种莱色依增产14.8%。2009—2010年参加内蒙古自治区啤酒大麦品种区域试验，全区水、旱地布点10个，平均单产6 052.7kg/hm^2，比灌区对照品种蒙啤麦1号和旱区对照品种垦啤麦7号，分别增产8.3%和19.0%。2010—2011年参加全自治区水、旱地生产示范，平均亩产5 137.5kg/hm^2，较对照蒙啤麦1号增产

6.6%。2012—2015年，结合内蒙古自治区农业综合开发示范推广项目的实施，在内蒙古自治区中部示范推广0.35万hm^2。

四、栽培要点

北方地区春播种植。内蒙古自治区中、西部地区3月下旬至4月中旬，东部地区5月上旬至5月中旬种。播种前种子进行晾晒、拌种包衣，用2%立克秀种衣剂按种子重量1.5%对水拌种，或用敌委丹50mL对水300mL拌种50kg，防治大麦条纹病和黑穗病；用速保利或羟锈宁拌种防治麦田地下害虫。水浇地播种量210～270kg/hm^2，保苗420万～510万株/hm^2，旱地270～300kg/hm^2，保苗510万～615万株/hm^2。水地每公顷施纯氮120.0～135.0kg、纯磷120.0～135.0kg、纯钾22.5～52.5kg；旱地区每公顷施复合肥225～300kg（N：P_2O_5：K_2O=15：20：10≥45%）。水浇地磷肥和钾肥及1/3的氮肥以种肥形式1次施入，2/3的氮肥在3叶期结合浇水追施；旱地全部作为种肥1次施入。机械条播，行距10～15cm。分别在3叶期、拔节期和灌浆期灌溉浇水。苗期杂草防治与蒙啤麦1号相同，注意麦秆蝇、蚜虫和黏虫防控。蜡熟末期及时收获，籽粒含水量晾晒至≤13%时清选入库。

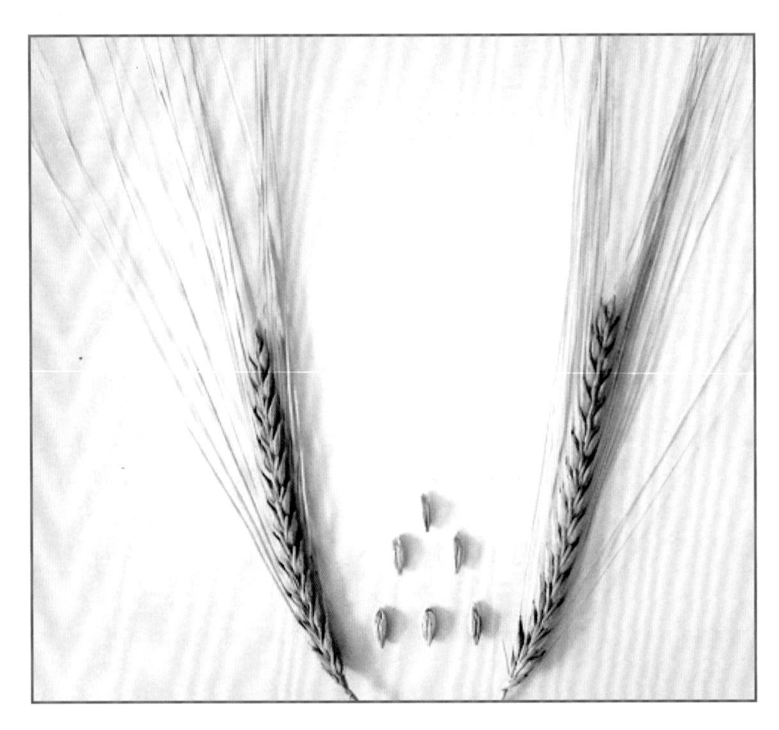

蒙啤麦2号

蒙啤麦3号

一、品种来源

亲本及杂交组合：国品11/GIENM。杂交系谱选育，啤酒大麦品种。

育成时间：2010年育成，原品系代号：08pj—24。2011年内蒙古自治区农作物品种审定委员会认定。

育成单位：内蒙古农牧业科学院。

主要育种者：张凤英、刘志萍、包海柱、史有国、李岩、夏国宏。

国家农作物种质资源库大麦种质资源全国统一编号：ZDM10033。

二、特征特性

蒙啤麦3号属春性六棱皮大麦。幼苗直立、叶色深绿、叶耳白色，株高85～110cm、株型半紧凑。地上茎节7节、穗下茎节长31.6cm，穗完全抽出、穗长6.3～7.2cm，穗姿直立、穗形长方、穗芒黄色、穗密度密、长齿芒，穗粒数38～58粒。粒色淡黄、粒形椭圆，皮薄饱满、腹沟浅、千粒重40～48g，半硬质、蛋白质含量12.5%～13.2%。无水麦芽浸出率75.1%～79.5%，麦芽糖化力247～501WK、库尔巴哈值39.0%～45.1%、α-氨基氮192～244.3mg/100g。北方地区春播生育期75～92天，中熟。抗条纹病和根腐病、轻感黑穗病，中抗倒伏、耐干旱和盐碱。

三、产量与生产分布

蒙啤麦3号在2007年品系鉴定试验中，小区单产亩产7 860.5kg/hm^2。2008年品比试验，小区单产8 315.5kg/hm^2，较对照品种蒙啤麦1号增产16.5%。2009—2010年参加内蒙古自治区啤酒大麦品种区域试验，水、旱地共10个试点，2年平均单产6 366.2kg/hm^2，较灌区对照蒙啤麦1号和旱地对照垦啤麦7号，分别平均增产7.6%和14.8%。2010—2011年参加内蒙古自治区生产示范（水、旱地），2年平均单产5 168.3kg/hm^2，比对照蒙啤麦1

号增产5.0%。2012—2015年在内蒙古自治区累计生产种植5.8万kg/hm^2；在山东、河北、山西等省用于青贮饲草生产示范推广0.25万hm^2，每公顷青贮饲草单产27.0～34.5t。

四、栽培要点

北方地区春播种植，选择土壤肥力中等以上地块。内蒙古自治区西部3月15日至3月30日，中部4月1日至5月5日，东部5月10日至6月10日播种。播前采用20.6%丁硫-福美双-戊唑醇悬浮种衣剂+50%辛硫磷乳油，按药剂与种子重量比（1+0.3）：100拌种。预防大麦根腐病、条纹病、黑穗病和金针虫等地下害虫。播种量水浇地210～255kg/hm^2，保苗420万～525万株；旱地270～300kg/hm^2，保苗525万～600万株。水浇地每公顷施种肥磷酸二铵263kg+尿素5kg，旱地施氮磷钾复合肥270～300kg。机条播，水浇地播深3～4cm，旱地4～6cm。播后镇压。3叶期浇头水，并追施尿素105～150kg/hm^2，全生育期浇水2～3次。拔节抽穗期若长势过旺，茎壮灵375mL/hm^{2}对水225kg喷施，防止倒伏。分蘖后期每公顷用20%苯磺隆粉剂120g+72%2，4 D-丁酯乳油450mL+有机硅30mL+水225kg茎叶喷施，防控田间双子叶杂草。单子叶杂草在分蘖后期，每公顷用20%苯磺隆粉剂120g+72%2，4D-丁酯乳油450mL+6.9%大膘马乳油1 050mL+有机硅30mL+水225kg进行茎叶喷施防控。注意防控蚜虫、黏虫和草地螟等虫害发生。蜡熟末期及时割晒，籽粒含水量≤13%及时清选、包装入库。

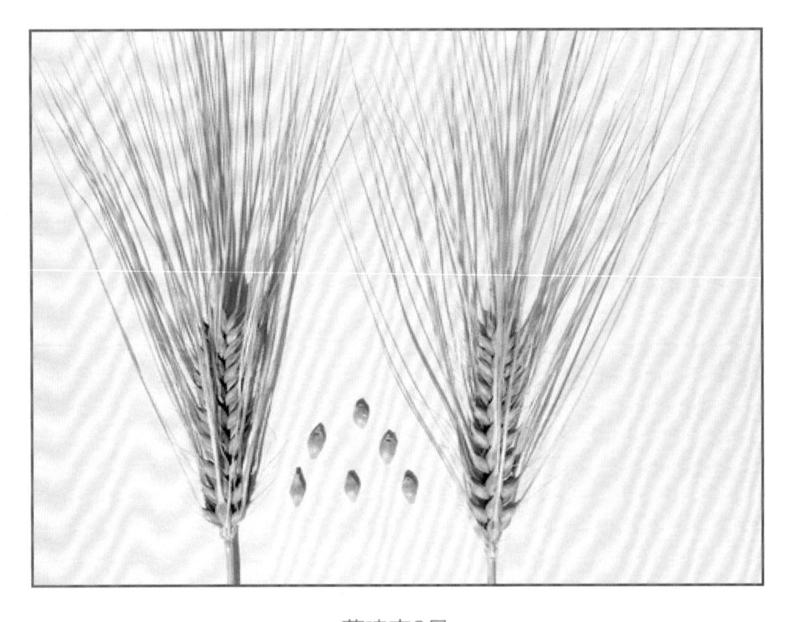

蒙啤麦3号

蒙啤麦4号

一、品种来源

亲本及杂交组合：2001-146/Bowman//208813-509。复合杂交系谱选育，啤酒大麦品种。

育成时间：2012年育成，原品系代号：08pj—36。内蒙古自治区农作物品种委员会2014年认定。

育成单位：内蒙古农牧业科学院。

主要育种者：张凤英、刘志萍、包海柱、史有国、郭晓春、刘建军。

国家农作物种质资源库大麦种质资源全国统一编号：ZDM10138。

二、特征特性

蒙啤麦4号属春性二棱皮大麦。幼苗直立、叶色深绿、叶耳白色，叶片上举、株型紧凑、株高70～95cm，地上节间5节、穗下节长32.0cm，全穗抽出。穗长4.8～6.2cm、穗形长方，穗姿直立、黄色穗芒、长齿芒、小穗着生密，穗粒数19～25粒。籽粒淡黄、粒形椭圆、饱满壳薄、腹沟浅，半硬质、千粒重42～55g，蛋白质含量12.1%～13.2%。无水麦芽浸出率79.3%～80.8%，麦芽糖化力250～276WK、库尔巴哈值39.0%～42.0%，α-氨基氮148.4～196mg/100g。北方春播生育期75～85天，早熟抗倒、抗条纹病和根腐病、耐盐碱。

三、产量与生产分布

蒙啤麦4号在2008年品系鉴定试验中，单产6 865.5kg/hm^2。2009年参加品比试验，单产7 065.5kg/hm^2，比对照蒙啤麦1号增产5.8%。2010—2011年参加内蒙古自治区啤酒大麦品种区域试验，水、旱地试验点10个，2年平均产量6 637.5kg/hm^2，较蒙啤麦1号增产12.6%、早熟5天。2011—2012年在内蒙古自治区大麦水、旱地生产试验中，2年平均产量4 827kg/hm^2，比对照蒙啤麦1号平均增产11.4%，提早5天成熟。蒙啤麦4号适宜在内蒙古自治区西部灌区，麦后复种育苗向日葵或育苗蔬菜种植。2014—2015年已在内蒙古自治区累计生产推广0.6万hm^2。

四、栽培要点

北方地区春播种植。内蒙古自治区西部3月20—30日，中部区4月5—30日，东部区5月10日至6月10日播种。播种前用20.6%丁硫-福美双-戊唑醇悬浮种衣剂+50%辛硫磷乳油，按药剂与种子重量比（1+0.3）：100，或用2%敌委丹（有效成分苯醚甲环唑）按药剂与种子重量比1：（1 200 ~ 1 500）拌种，防治条纹病、根腐病；防治条纹病、根腐病和金针虫。播种量水浇地225 ~ 255kg/hm^2，旱地270 ~ 300kg/hm^2。机条播，行距10 ~ 15cm。灌区每公顷施基肥磷酸二铵225 ~ 270kg、尿素75kg，3叶期结合浇头水追尿素150 ~ 225kg；旱区施基肥磷酸二铵225 ~ 270kg、尿素113kg。灌区3叶期浇头水，并结合浇水追施尿素；孕穗期和灌浆期酌情浇水。田间杂草和虫害防控同蒙啤麦3号。蜡熟末期收获，晾晒至籽粒含水量≤13%时清选、包装入库。

蒙啤麦4号

北京市大麦品种

中饲麦1号

一、品种来源

亲本及杂交组合：沧州裸大麦/G043S025E//91G318。杂交系谱选育，饲料大麦品种。育成时间：2008年育成，2015年全国小宗粮豆品种委员会鉴定，品种鉴定证书编号：国品鉴2015014。

育成单位：中国农业科学院作物科学研究所。

主要育种者：张京、郭刚刚、曾亚文、王树杰、袁兴淼。

国家农作物种质资源库大麦种质资源全国统一编号：ZDM10139。

二、特征特性

中饲麦1号为春性六棱皮大麦。中早熟，北方地区春播全生育期75～90天。幼苗匍匐，分蘖力中等，单株穗数2～3个。株型紧凑，叶片深绿，叶姿上举，叶耳黄绿。株高68～75cm，长齿芒，穗长5～6cm，穗密度稀，每穗结实35～40粒。成熟前颖壳紫脉，熟后紫脉消退，籽粒较大，粒形椭圆，粒色浅黄，千粒重45～48g，单株粒重2.8～3.9g，籽粒蛋白质含量15.99%。抗旱和抗倒伏性强，高抗黄矮病，抗根腐病和网斑病，条锈病发病慢，高感条纹病。

三、产量与生产分布

中饲麦1号2012—2014年参加第一轮国家大麦（秋播）品种区域试验，历年平均产量均超过对照，3年平均单产6 326.0kg/hm^2，比对照甘啤6号增产10.4%。在内蒙古自治区呼和浩特和海拉尔、黑龙江省哈尔滨和双鸭山、甘肃省武威和金昌、新疆维吾尔自治区哈密等地3年共21个试验点次，14个点次较对照增产，7个点次减产。在全部7个试点中，6个试点增产，1个减产。适宜在北京、黑龙江、内蒙古和新疆等省市区以及甘肃省除武威以外等北方春大麦区生产种植。

四、栽培要点

中饲麦1号株高较矮，适合密植。春播种植，播种量225～300kg/hm^2，保证基本苗数。施足底肥，用好追肥。底肥约占总施肥量80%，追肥占20%。种子播前用敌委丹100mL/100kg拌种，防治条纹病。灌好拔节、抽穗、灌浆水。结合灌溉，追施10%～15%拔节抽穗增粒肥，施好5%～10%灌浆增重肥。拔节后，注意防治蚜虫。

中饲麦1号

河南省大麦品种

豫大麦2号

一、品种来源

亲本及杂交组合：驻选二棱^{60}Co-γ辐照。物理诱变多年连续单株选育，啤酒大麦品种。

育成时间：1990年育成。1994年河南省农作物品种审定委员会审定，品种审定证书编号：豫审证字第947号。

育成单位：驻马店市农业科学院。

主要育成者：翟德昌、赵金枝、蔡春荣。

国家农作物种质资源库大麦种质资源全国统一编号：ZDM10034。

二、特征特性

豫大麦2号属二棱皮大麦，弱春性、早熟品种。幼苗半直立、叶色淡绿、分蘖力强，叶姿挺举、株型紧凑。茎秆细韧、矮秆抗倒、株高70～75cm，穗层整齐、成穗率高。穗姿直立、穗形长方、穗长6.3～8.3cm，单穗结实26～32粒。粒色浅黄、无花色素，休眠期适中、千粒重38～44g，蛋白质含量10.97%～12.0%。麦芽无水浸出率79.0%～80.14%。黄淮地区秋播种植生育期197～200天，根系发达，耐寒、耐湿性强，适应性广，高抗三锈、白粉和赤霉病，轻感黑穗病。

三、产量与生产分布

豫大麦2号1990—1992年参加黄淮流域大麦新品种区域试验，9个试点2年平均单产5 708.8kg/hm^2，比对照品种Ant-13增产8.4%。1991—1993年参加河南省大麦品种区试，全省6个试点2年平均单产5 251.5kg/hm^2，比对照豫大麦1号增产13.0%。在1993—1994年河南省大麦生产试验中，5试点平均产量5 521.5kg/hm²，比豫大麦1号增产14.3%。适宜地区：河南、湖北、安徽、陕西等省中晚茬水旱地种植。

四、栽培技术要点

黄淮地区秋播种植，10月20—30日播种为宜。播前每50kg种子，用50%多菌灵可湿性粉剂150g，加水5kg拌种。堆闷6小时后播种，防治黑穗病。同时，采用氧化乐果拌种防治地下害虫。一般地块播种量75～98kg/hm²，保证基本苗150万～195万株/hm²；高肥田块播种量60～75kg/hm²，基本苗120万～150万株/hm²。施肥以底肥为主，追肥为辅。底肥氮、磷、钾比例1∶0.8∶0.8，一般每公顷施优质农家肥45m³、纯氮120kg、磷90kg、钾90kg。地力较差可在拔节前追纯氮30～45kg/hm²。在11月下旬至12月上旬大麦分蘖期，每公顷用杜邦巨星1～1.5g，加水30kg喷雾，进行化学除。蜡熟后期收获，及时晾晒，严防湿麦堆闷，防止籽粒霉变。

豫大麦2号

驻大麦3号

一、品种来源

亲本及杂交组合：8909/TG4。杂交系谱选育，啤酒大麦品种。

育成时间：1996年育成，2001年河南省农作物品种审定委员会审定，品种审定证书编号：豫审证字2001055。

育成单位：驻马店市农业科学院。

主要育成者：翟德昌、王树杰、赵金枝、朱统泉、蔡春荣。

国家农作物种质资源库大麦种质资源全国统一编号：ZDM10035。

二、特征特性

驻大麦3号属二棱皮啤，弱春性。幼苗半直立、叶色深绿、长势旺，分蘖力强、抗寒性好、成穗率高。株型松散、茎秆粗壮、穗下节较长，株高75～80cm、抗倒伏。小穗密度中等、齿芒长、穗粒数25～30粒，粒色淡黄、千粒重40～45g，蛋白质含量10.3%～13.2%，无水麦芽浸出率79%～80%。中早熟、落黄好，黄淮地区秋播种植全生育期200天左右。高抗三锈和白粉病，轻感条纹、黑穗和赤霉病，耐渍耐旱、稳产性好。

三、产量与生产分布

驻大麦3号1997—1999年参加黄淮地区大麦品种区试，2年平均单产量5 643.0kg/hm^2，比对照苏引麦2号增产7.9%。1998—2001年参加河南省大麦品种区试和生产试验，3年平均产量6 540.0～6 414.0kg/hm^2，比对照豫大麦2号增产5.6%～15.6%。在河南省内外大面积生产种植，平均产量6 750kg/hm^2，最高可达8 250kg/hm^2。适宜在黄淮南片中高肥力农田种植。

四、栽培技术要点

黄淮地区中晚茬秋播种植。河南播期10月22日至11月5日。播量90～97.56.5kg/hm^2，基本苗180万～195万株/hm^2。播前采用多菌灵、氧化乐果拌种，防治黑穗病和地下害虫。施肥以底肥为主、追肥为辅，氮、磷、钾配比1∶0.6∶0.6。每公顷施农家肥30～45m^3、纯氮10kg、磷90～105kg、钾90～105kg。越冬前化学除草，拔节前亩喷施多效唑0.6kg/hm^2，孕穗至抽穗期喷施磷酸二氢钾2.25～3.750kg/hm^2、15%三唑酮可湿性粉剂1.5kg/hm^2，保叶增粒重。

驻大麦3号

驻大麦4号

一、品种来源

亲本及杂交组合：驻89039/85威24。杂交系谱选育，饲料大麦品种。

育成时间：1997年育成，2001年河南省农作物品种审定委员会审定，品种审定证书编号：豫审证字2001056。

育成单位：驻马店市农业科学院。

主要育成者：翟德昌、王树杰、赵金枝、朱统泉、蔡春荣。

国家农作物种质资源库大麦种质资源全国统一编号：ZDM10036。

二、特征特性

驻大麦4号为春性六棱皮大麦。幼苗直立、叶色鲜绿、分蘖力中等、成穗率高。叶片上举、株型紧凑、茎秆粗壮、抗倒性强、株高70～80cm，灌浆期穗芒红色、长齿芒、穗粒数50粒左右。籽粒椭圆、浅黄色、半粉质、千粒重37.0g。黄淮地区秋播中早熟，全生育期200天左右，高抗三锈、白粉病，轻感条纹、黑穗和赤霉病，抽穗后耐旱、耐渍性好。

三、产量与生产分布

驻大麦4号在1998—1999年黄淮区大麦品种区试中，平均单产6 771.0kg/hm^2，比对照品种苏引麦2号增产21.5%，比西引2号增产9.9%。1999—2001年在河南省区试和生产试验中，平均单产6 314.3kg/hm^2，比对照豫大麦2号增产10.7%，比西引2号增产10.3%。大面积生产示范平均单产6 750～9 000kg/hm^2。适宜河南、湖北、安徽、江苏等省晚茬高肥田块种植。

四、栽培技术要点

黄淮地区高肥晚茬水浇地秋播种植。在河南最佳播期为10月24日至11月5日。播前用多菌灵拌种防治黑穗病。施肥以底肥为主、追肥为辅，氮、磷、钾配比1：0.5：0.5。每公顷施农家肥30～45m^3、纯氮180～225kg、磷90～105kg、钾90～105kg。播种量105～120kg/hm^2，基本苗210万～240万株/hm^2。冬前灌溉，拔节期结合浇水进行追肥。孕穗至抽穗期，每公顷混合喷施40%氧化乐果1 125mL和15%可湿性三唑酮粉剂1.5kg治虫防病。

驻大麦4号

驻大麦5号

一、品种来源

亲本及杂交组合：驻大麦3号/邯95406。杂交系谱选育，啤酒大麦品种。

育成时间：2002年育成，2006年河南省种子管理站鉴定，品种鉴定证书编号：豫品鉴大麦2006001。

育成单位：驻马店市农业科学院 中国农业科学院作物研究所。

主要育成者：王树杰、张京、赵金枝、郜战宁、冯辉。

国家农作物种质资源库大麦种质资源全国统一编号：ZDM10037。

二、特征特性

驻大麦5号属弱春性二棱皮大麦。幼苗半直立、叶色浓绿、分蘖力中等、成穗率高。抗寒性强、耐旱、耐渍，综合抗病性好。中早熟、丰产稳产性突出，株高85cm左右、茎秆坚韧、弹性好、抗倒伏。株型较紧凑、旗叶长而上举，长相清秀、穗层整齐，灌浆速度快、结实性好，穗粒数25～30粒。籽粒淡黄、皮薄饱满、千粒重40～44g，蛋白质含量10.3%～11.6%。无水麦芽浸出物79%～80%，糖化力 254.1～257.1WK、库尔巴哈值40.3%～43.2%，各项指标达到国家优质麦芽标准。

三、产量与生产分布

驻大麦5号在2003—2005年河南省大麦品种区域试验中，2年平均单产6 599.9kg/hm^2，比对照豫大麦2号增产14.6%。2005—2006年参加河南省大麦生产试验，5个试点全部增产，平均单产6 952.5kg/hm^2，比对照豫大麦2号增产12.2%。

四、栽培技术要点

驻大麦5号适宜在河南省及黄淮地区其他省份，中上地力、中晚茬水旱地种植。最佳播期10月22日至11月5日。播种量90～98kg/hm^2，基本苗180万～195万株/hm^2。播前用多菌灵拌种防治黑穗病。施肥以底肥为主，氮、磷、钾配比为1：0.6：0.6。每公顷施农家肥30～45m^3、纯氮150～180kg、磷90～105kg、钾90～105kg。拔节前，喷施多效唑600g/hm^2；孕穗至抽穗期，喷施磷酸二氢钾+加粉锈宁，保叶增粒重。适时收获，及时晾晒，保证啤酒大麦酿造品质。

驻大麦5号

驻大麦6号

一、品种来源

亲本及杂交组合：驻大麦4号/87017-3。杂交系谱选育，食用裸大麦品种。

育成时间：2002年育成，2006年河南省种子管理站鉴定，品种鉴定证书编号：豫品鉴大麦2006002。

育成单位：驻马店市农业科学院　中国农业科学院作物研究所。

主要育成者：王树杰、张京、赵金枝、郜战宁、冯辉。

国家农作物种质资源库大麦种质资源全国统一编号：ZDM10038。

二、特征特性

驻大麦6号属春性二棱裸大麦。幼苗匍匐、叶色深绿、有蜡质，抗寒性稍差、分蘖力较强，成穗率中等。旗叶宽大、叶片功能期长，茎秆粗壮、株型半紧凑，穗下节较长。抽穗较晚、灌浆速度快，成熟落黄好。穗子较长、结实性好，穗粒数28～32粒、千粒重38～40g，粒色金黄。蛋白质含量13.02%、粗脂肪含量2.14%、赖氨酸、色氨酸等8种人体必需的氨基酸含量较高，食用品种好。抗旱耐渍、综合抗病性好、丰产稳产性突出。

三、产量与生产分布

驻大麦6号2003—2005年参加河南省大麦品种区域试验，2年平均单产6 462.5kg/hm^2，比对照豫大麦2号增产11.7%。2005—2006年参加河南省大麦生产试验，5个试点全部增产，平均产量6 370.1kg/hm^2，比豫大麦2号增产8.4%。适宜河南省及黄淮地区中上等地力中晚茬水旱地种植。

四、栽培技术要点

黄淮地区秋播，播期10月22日至11月5日。播前用多菌灵拌种防治黑穗病。底肥为主，氮、磷、钾配比1：0.6：0.6。每公顷施农家肥30～45m^3、纯氮150～180kg、磷90～105kg、钾90～105kg。播种量98～105kg/hm^2，基本苗180万～210万株/hm^2，群体最高茎数1 200万～1 350万/hm^2。越冬前加强肥水管理，确保幼苗安全越冬。孕穗至抽穗期喷施磷酸二氢钾、氧化乐果和粉锈宁混合液，治虫、防病增加粒重。

驻大麦6号

驻大麦7号

一、品种来源

亲本及杂交组合：85观0054/9429。杂交系谱选育，啤酒大麦品种。

育成时间：2005年育成，2009年河南省种子管理站鉴定，品种鉴定证书编号：豫品鉴大麦2009001。

育成单位：驻马店市农业科学院　中国农业科学院作物研究所。

主要育成者：王树杰、张京、郜战宁、冯辉。

国家农作物种质资源库大麦种质资源全国统一编号：ZDM10039。

二、特征特性

驻大麦7号属弱春性二棱皮大麦。幼苗半直立、叶色深绿、长势强，抗寒性好、分蘖力中等、成穗率高。株高90cm左右，茎秆坚韧、弹性好、抗倒伏。穗下节较长、旗叶上举、株型紧凑。穗层整齐、穗芒长齿，穗粒数28～32粒。粒色淡黄、皮薄饱满，千粒重45g左右、蛋白质含量12.1%，2.5mm以上选粒率96%。麦芽细粉浸出物80.1%、糖化时间8分钟，糖化力288WK、库值44.2%～46.0%。中早熟、抗旱耐渍性较好，高抗白粉病和三锈，轻感条纹病、中感黑穗病。

三、产量与生产分布

驻大麦7号在2006—2007年大麦品种比较试验中，平均单产7 915.7kg/hm^2，比对照驻大麦3号增产5.0%。2007—2008年参加河南省大麦品种区域试验，平均产量7 731.9kg/hm^2，比对照驻大麦3号增产10.1%。2008—2009年参加河南省大麦生产试验，5个试点产量均居首位，平均单产7 879.4kg/hm^2，比对照增产10.6%。适宜河南省及黄淮地区，中上等地力中晚茬水旱地种植，特别适宜与玉米、水稻、花生、芝麻接茬轮作和与烟叶间作套种。

四、栽培技术要点

驻大麦7号黄淮地区秋播种植，最佳播期10月20日至11月5日。播种量75～90kg/hm^2，基本苗150万～180万株/hm^2，群体最高茎数1 200万～1 425万/hm^2。播种前用立可秀拌种，防治黑穗病。施肥以底肥为主、追肥为辅，氮、磷、钾配比1∶0.6∶0.6。每公顷施农家肥30～45m^3、纯氮150～180kg、磷和钾各90～105kg。拔节前喷施多效唑600g/hm^2，控制旺长；孕穗至抽穗期喷施磷酸二氢钾+粉锈宁混合液，保叶、增粒重。蜡熟期时收获，晾晒防霉，确保啤用品质。

驻大麦7号

驻大麦8号

一、品种来源

亲本及杂交组合：驻9105/驻20059-92。杂交系谱选育，饲料大麦品种。

育成时间：2010年育成，2013河南省种子管理站鉴定，品种鉴定证书编号：豫品鉴大麦2013001。

育成单位：驻马店市农业科学院　中国农业科学院作物研究所。

主要育成者：王树杰、张京、郜战宁、冯辉、薛正刚。

国家农作物种质资源库大麦种质资源全国统一编号：ZDM10140。

二、特征特性

驻大麦8号属春性六棱皮大麦。幼苗半直立、叶色深绿、幼苗生长势强，抗寒耐旱性好、分蘖力中等、成穗率高。黄淮地区秋播种植，全生育期205天左右。茎秆坚韧、弹性好、抗倒伏，强株高80cm左右。穗下节长、旗叶长而上举，株型紧凑、穗层不整齐，落黄好、灌浆快、结实性好。穗粒数50～60粒，籽粒饱满、粒色淡黄、千粒重30～35g，蛋白质含量13.88%、粗灰分2.26%，达到国家优质饲料大麦标准。高抗条锈、白粉病、中感条纹病、稳产性突出。

三、产量与生产分布

驻大麦8号在2011—2012年河南省大麦品种生产试验中，4个试点均较对照增产，3个试点产量居首位，平均单产6 660.0kg/hm^2，比对照驻大麦4号增产11.1%。2012—2013年继续参加河南省大麦品种生产试验，5个试点全部比对照增产，4个试点产量居首位，平均产量8 399.3kg/hm^2，比对照驻大麦4号增产12.4%。驻大麦8号适宜河南省及黄淮地区，中上等地力水平中晚茬水旱地种植，特别适宜与玉米、水稻、花生、芝麻接茬轮作和与烟叶间作套种。

四、栽培技术要点

黄淮地区秋播种植，最佳播期10月20日至11月5日。播种量105～120kg/hm^2，基本苗210万～240万株/hm^2，成穗525万～750万/hm^2。播前用适乐时或立可秀拌种防治黑穗病。施肥以底肥为主、追肥为辅，氮、磷、钾配比1：0.5：0.5。每公顷施农家肥30～45m^2、施纯氮180～225kg、磷和钾各90～105kg。孕穗至抽穗期，混合喷施磷酸二氢钾、粉锈宁和氧化乐果，治病虫、防叶衰、增粒重。

驻大麦8号

鄂大麦6号

一、品种来源

亲本及杂交组合：皮穗波/80-17。杂交系谱选育，啤酒大麦品种。

育成时间：1992年育成，原代号为24561。1997年湖北省农作物品种审定委员会审定，品种审定证书编号：鄂审麦003-1997。

育成单位：湖北省农科院粮食作物研究所。

主要育种者：秦盈卜、王家才、郭瑞星。

国家农作物种质资源库大麦种质资源全国统一编号：ZDM10040。

二、特征特性

鄂大麦6号属半冬性二棱皮大麦。耐迟播、早熟，中、南部地区秋播种植，生育期175天左右。在武昌正常秋播，5月3日前后成熟。分蘖力强、成穗率高，一般每公顷40万穗。单茎叶片数10～11片，株高85cm、千粒重42g左右，穗长8cm、长齿芒、每穗实粒数23粒。籽粒蛋白质含量11.8%、发芽率95%、麦芽无水浸出物76%，外观和理化品质均达国家一级啤酒大麦标准。综合抗病性较好，轻感白粉病。

三、产量与生产分布

鄂大麦6号1993—1995年参加湖北省大麦品种区域试验，2年平均单产试4 986kg/hm^2，比对照品种鄂啤2号增产2.0%。该品种大田种植产量一般产在5 250kg/hm^{2}左右。该品种品质优、高产、适应性强，适宜在湖北、江苏、河南、湖南等省生产种植。1996—2006年种植面积累计约33.5万hm^2。

四、栽培要点

我国中、南部地区秋播种植。最佳播种期，湖北中南部为11月上旬，湖北省北部和河南南部为10月下旬，湖南省为11月中旬。一般播种量120～150kg/hm^2，基本苗225万株/hm^2。播种前药剂拌种，防治病虫害。每公顷施纯氮150kg，以农家肥或复合肥为主施足底肥。3叶期追施分蘖肥尿素115kg/hm^2，抽穗后不再追施氮肥，灌浆期叶面喷施磷钾肥。蜡熟期及时收割、脱粒、晒干，防止发霉，保证发芽率。

鄂大麦6号

鄂大麦7号

一、品种来源

亲本及杂交组合：Clippervolla/WT1-HMEDA。杂交系谱选育，饲料、饲草大麦品种。

育成时间：1994年育成。1997年湖北省农作物品种审定委员会认定，品种认定证书编号：鄂审麦004-1997。1998年国家饲料作物牧草品种审定。

育成单位：湖北省农科院粮食作物研究所。

主要育种者：秦盈卜、郭瑞星、王家才。

国家农作物种质资源库大麦种质资源全国统一编号：ZDM10041。

二、特征特性

鄂大麦7号为春性六棱皮大麦。耐迟播、分蘖力中等、成穗率70%以上。每公顷成穗525万穗，每穗结实40粒，千粒重32.0 g 。单茎叶片11 ~ 12张，株高90cm、穗长9cm，长齿芒。籽粒蛋白质含量11.7%，17种氨基酸、烟酸、钙、磷、锰、锌含量均高于玉米。湖北、湖南等省秋播，全生育期175天左右。高抗白粉病、锈病和条纹病，轻感黑穗病和赤霉病。

三、产量与生产分布

鄂大麦7号1994—1996年湖北省大麦品种区试，2年平均单产6 674.3kg/hm^2，比对照品种鄂皮2号增产19.6%。在湖北省内外生产种植，一般单产4 875kg/hm^2，最高可达7 500kg/hm^2。鄂大麦7号饲用品种优良，是瘦肉型猪必不可少的优质饲料，也是养鱼、养鸭、养鸡的优质配合饲料，1996—2007年在湖北省累计生产种植46.5万hm^2。

四、栽培要点

鄂大麦7号品种春性强，不宜过早播种。在湖北省武汉地区最适播种期为11月上旬，也可适当推迟到11月15日前后播种。根据播期和土壤肥力水平，基本苗适宜范围为225万～255万株/hm^2。每公顷施纯氮120～150kg、磷120kg、钾120kg，N：P：K比例1：0.6：0.6，底肥占70%，追肥占30%。底肥以农家肥或复合肥为主，4叶期每公顷追施分蘖肥尿素112.5kg。酌情施用拔节肥，抽穗扬花期结合防病，叶面喷磷酸二氢钾及尿素，提高千粒重。播种前用石灰水浸种或用大麦清拌种，预防黑穗病。抽穗开花期，每公顷用水杨多菌灵2.25L对水450kg，或用50%多菌灵可湿性粉剂1.5L对水450kg喷雾，防治赤霉病。生育期间注意防治蚜虫。蜡熟末期或完熟期收割脱粒，及时晾晒或烘干，防止霉变。

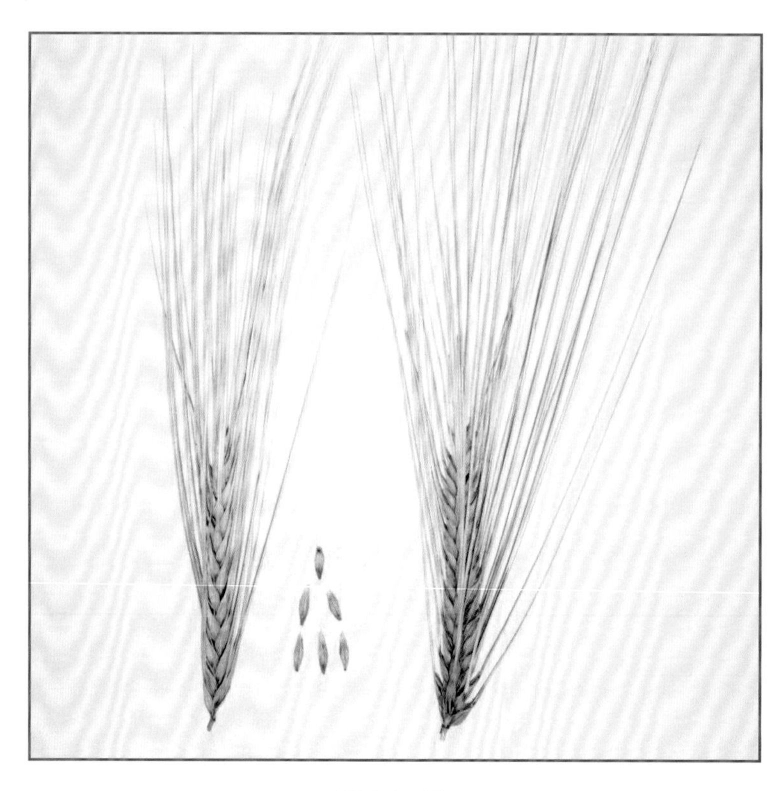

鄂大麦7号

鄂大麦8号

一、品种来源

亲本及杂交组合：82-F39//80435/82-1。杂交系统选育，啤、饲兼用大麦品种。

育成时间：1995年育成，原品系代号：52334。2000年湖北省农作物品种审定委员会的审定，品种审定证书编号：鄂审麦002-2000。

育成单位：湖北省农科院粮食作物研究所。

主要育种者：郭瑞星、鲍文杰、李水莲。

国家农作物种质资源库大麦种质资源全国统一编号：ZDM10042。

二、特征特性

鄂大麦8号属半冬性二棱皮大麦。湖北省秋播种植全生育期175天左右。苗期生长旺盛，成株叶片宽而上举，株型紧凑、冠层透光好。株高95~110cm，单茎叶片数11~12片，穗形长方、长齿芒。每穗结实25粒，灌浆时间长、籽粒饱满均匀、千粒重43~47g。籽粒发芽率97.4%、蛋白质含量12.1%，麦芽无水浸出率76.5%。高抗赤霉病、白粉病，无网斑病、黑穗病、云纹病，轻感条纹病。

三、产量与生产分布

鄂大麦8号在1996—1998年湖北省大麦品种区域试验中，2年平均产量5 901.0kg/hm^2，比对照品种鄂啤2号增产2.7%。适于湖北省种植，1998—2010年在湖北省累计推广约7万hm^2。

四、栽培要点

适期播种，湖北省秋播种植最佳播期10月25日至11月5日。适当浅播，使苗快出、齐出，早生分蘖。每公顷保证基本230万～240万株。施足底肥，早施壮蘖肥，巧施拔节肥，后期根外喷肥。每公顷施纯氮150kg、磷和钾各120kg。底肥占60%、分蘖肥占30%、拔节肥占10%。孕穗末至抽穗期，每公顷喷施磷酸二氢钾1.5kg+1%尿素溶液2～3次，提高千粒重。苗期镇压或拔节期喷施矮壮素，控旺防倒。三沟配套，清沟排渍。播种前用大麦清3号等药剂拌种，或幼苗发病初期采用500～600倍50%多菌灵喷雾，防治条纹病。

鄂大麦8号

鄂大麦9号

一、品种来源

亲本及杂交组合：88-56/10331//133/8705。复交系谱选育，饲料大麦品种。

育成时间：1999年育成，2004年湖北省农作物拼装委员会审定，品种审定证书编号：鄂审麦2004002。

育成单位：湖北省农科院作物育种栽培研究所。

主要育种者：郭瑞星、鲍文杰、李梅芳、李宝珍、葛双桃、许甫超。

国家农作物种质资源库大麦种质资源全国统一编号：ZDM10043。

二、特征特性

鄂大麦9号属半冬性二棱皮大麦。湖北省秋播种植全生育期179.5天。幼苗半匍匐、叶片有蜡粉、叶耳浅红、分蘖力较强、成穗率较高。叶片上冲、株型紧凑、株高101.3cm，穗层整齐，穗长方形、长齿芒、小穗密度中、每穗实粒数25.4粒。籽粒椭圆、粒色淡黄、粉质、千粒重45.2g，皮壳率低、粗纤维含量低、蛋白质含量12%左右。轻感赤霉病、条纹病、白粉病发病。

三、产量与生产分布

鄂大麦9号2000—2002年参加湖北省大麦品种区域试验，2年平均单产5 881.5kg/hm^2，比对照鄂啤2号增产6.5%。其中，2000—2001年度平均单产6 250.5kg/hm^2，比鄂啤2号增产6.3%；2001—2002年度产量5 511.0kg/hm^2，比鄂啤2号增产6.7%。适于湖北省种植，2004—2016年，累计生产种植53.5万hm^2。

四、栽培要点

湖北省等中部省份秋播种植。适时播种，合理施肥。鄂东南及江汉平原10月下旬至11月上旬，鄂北地区10月下旬播种，播种量150kg/hm^2。一般每公顷施纯氮180kg，底肥占70%，苗肥占20%，拔节孕穗肥占10%。后期看苗追肥，防止贪青晚熟。加强田间管理，注意清沟排渍，防止倒伏。注意防治病虫害，重点防治赤霉病、条纹病和白粉病。

鄂大麦9号

鄂大麦507号

一、品种来源

亲本及杂交组合：浙皮1号/9G318//Harrington。杂交系谱选育，食、饲兼用裸大麦品种。

育成时间：2005年育成，2009年湖北省农作物品种审定委员会审定，品种审定证书编号：鄂审麦2009008。

育成单位：湖北省农科院粮食作物研究所、中国农科院作物科学研究所。

主要育种者：李梅芳、张京、葛双桃、董静、许甫超、王贤智。

国家农作物种质资源库大麦种质资源全国统一编号：ZDM10044。

二、特征特性

鄂大麦507属半冬性二棱裸大麦。我国中、东部地区秋播生育期186天。幼苗半匍匐、分蘖力较强，抗寒性好、成穗率较高。株高90.8cm、穗层整齐度较差，穗纺锤形、长齿芒，穗和芒浅黄色、每穗结实26.3粒。籽粒白色、角质，千粒重41.0g、容重641g/L，蛋白质含量15.55%、粗纤维含量2.7%。主要品质指标达到国家饲用裸大麦品质标准（NY-T210-92）。田间赤霉病、纹枯病、白粉病发生轻，未见条纹病、叶枯病，抗倒性一般。

三、产量与生产分布

鄂大麦507在2006—2008年参加湖北省大麦品种多点比较试验，2年平均单产6 093.3kg/hm^2，比对照鄂大麦9号增产3.5%。其中，2006—2007年度平均单产5 935.7kg/hm^2，比对照品种增产4.7%；2007—2008年度平均单产6 223.8kg/hm^2，比对照增产2.4%。2009—2015年在湖北、河南、安徽等省地，累计生产种植33.5万hm^2，年最大面积4.7万hm^2。

四、栽培要点

适宜我国中、东部地区秋播种植。湖北省东南部及江汉平原适宜播期10月底至11月初，北部地区10月下旬。播种量中高肥力田块150 ~ 165kg/hm^2，基本苗240万株/hm^{2}左右；低肥力播种量在此基础上增加15kg/hm^2。延期播种，每推迟3天播种量增加0.5kg/hm^2。播种前用1%石灰水浸种，或用大麦清、粉锈灵拌种，防黑穗病和条纹病。中等肥力水平，全生育期每公顷施纯氮180kg、磷150kg和钾150kg。氮肥按底肥65%、种肥15%、拔节肥20%的比例施用。防止冬前旺长和年前拔节。生长过旺田块，5叶期喷施多效唑或烯效唑。拔节期喷施叶面肥，促进茎秆粗壮，培穗增粒，优化品质。加强田间管理，及时清沟排渍、搞好化学除草、防倒防衰。拔节后注意赤霉病防控。蜡熟后至完熟期收割脱粒，及时晾晒或烘干入库，防止淋雨、发芽、霉变。

鄂大麦507

华大麦1号

一、品种来源

亲本及杂交组合：84-123/川农大2号。杂交系谱选育，食、饲兼用大麦品种。

育成时间：1994年育成。2001年湖北省农作物品种审定委员会认定，品种认定证书编号：鄂审麦002-2001。

育成单位：华中农业大学。

主要育种者：孙东发、赵玲。

国家农作物种质资源库大麦种质资源全国统一编号：ZDM10045。

二、特征特性

华大麦1号属春性二棱裸大麦。幼苗半匍匐、叶色鲜绿、叶耳白色、蜡粉少。株高80~90cm、旗叶窄而上冲、株型紧凑。穗长7cm左右、小穗密度密、长齿芒、每穗结实27粒。籽粒乳黄色、卵圆形、硬质，千粒重34~38g、容重738g/L、蛋白质含量12.86%。我国中部地区秋播种植早熟，全生育期176天左右。分蘖力强、成穗率高，茎秆韧性好、耐肥抗倒伏。抗锈病、赤霉病、白粉病和黑穗病等大麦主要病害。

三、产量与生产分布

华大麦1号1996—1998年参加湖北省大麦品种区域试验，2年平均单产5 194.5kg/hm^2，比皮大麦对照种鄂啤2号减产9.6%，但比同期同地湖北省小麦品种区试对照种鄂恩1号增产12.5%。该品种1997—2007年，在湖北、安徽、四川等省，累计生产种植3.5万hm^2。

四、栽培要点

中南部地区秋播种植。适期播种，鄂北地区10下旬，鄂东南、江汉平原10月底至立冬为适宜播种期。播量适中，基本苗225万株/hm^2，播种量180kg/hm^{2}为宜。播期早播种量适减，晚期晚播种量适增。合理用肥，每公顷一般施纯氮90～165kg、磷60～90kg、钾45～60kg。施肥以底肥为主、追肥为辅，底肥以复合肥、农家肥为主。苗期看苗早追肥（立春前），追施尿素75kg/hm^{2}左右。加强田间管理，防渍控草。鄂东南、江汉平原地区应特别注意清沟防渍。

华大麦1号

华大麦2号

一、品种来源

亲本及杂交组合：川裸1号天然异交。单株系统选育，啤酒大麦品种。

育成时间：1994年育成，原品系代号：3155-2。湖北省农作物品种审定委员会2001年认定，品种认定证书编号：鄂审麦003-2001。

育成单位：华中农业大学。

主要育种者：孙东发、赵玲。

国家农作物种质资源库大麦种质资源全国统一编号：ZDM10046。

二、特征特性

华大麦2号系春性二棱皮大麦。幼苗半匍匐、分蘖力强、叶色鲜绿、叶耳白色，株高85cm左右。旗叶窄而上冲、株型紧凑，茎秆韧性好、蜡粉重、耐肥抗倒。成穗率高、穗芒长齿、穗长7cm左右、小穗密度密、每穗结实数26粒。籽粒浅黄、粒形卵圆、硬质，发芽率96%、千粒重38g、容重632g/L，蛋白质含量11.0%。无水麦芽无水浸出率78.3%、2.5mm以上粒选率97.9%。早熟品种，华中地区秋播种植，全生育期174天左右。抗锈病、赤霉病、白粉病和黑穗病等大麦主要病害。

三、产量与生产分布

华大麦2号1996—1998年参加湖北省大麦品种区域试验，2年平均单产5 595.0kg/hm^2，比对照品种鄂啤2号减产2.6%，不显著。该品种1997—2007年，在湖北、安徽、四川等省累计生产种植超过3万hm^2。

四、栽培要点

中南部地区秋播种植。适宜播种期，鄂北10下旬、鄂东南和江汉平原10月底至立冬。基本苗以225万株/hm^2，播量150kg/hm^{2}为宜，早播播量适减，晚播播量适增。合理用肥，一般每公顷施纯氮90～165kg、磷60～90kg、钾45～60kg。施肥以底肥为主、追肥为辅，底肥以复合肥、农家肥为主。立春前看苗早追肥，每公顷追施尿素75kg左右。加强田间管理，防渍控草。鄂东南和江汉平原，应特别注意清沟防渍。

华大麦2号

35 华大麦3号

一、品种来源

亲本及杂交组合：85V24/川农大2号。杂交系谱选育，饲料大麦品种。

育成时间：1995年育成，原品系代号：4761。湖北省农作物品种审定委员会2002年认定，品种认定证书编号：鄂审麦008-2002。

育成单位：华中农业大学。

主要育种者：孙东发、赵玲。

国家农作物种质资源库大麦种质资源全国统一编号：ZDM10047。

二、特征特性

华大麦3号系春性六棱皮大麦。幼苗半匍匐、叶片浅绿、叶耳白色，株高85cm左右。旗叶窄而上冲、植株蜡粉少、株型紧凑。茎秆韧性好、耐肥抗倒，分蘖力一般、成穗率高。穗纺锤形、芒长齿、穗长7cm左右，小穗密度密、每穗结实48粒。籽粒黄色、粒形卵圆、半硬质，千粒重33g左右、容重542g/L，蛋白质含量12.0%、粗纤维5.5%。湖北省等中部省份秋播种植早熟，全生育期179天左右。高抗白粉病、抗锈病，轻感条纹病、中感赤霉病。

三、产量与生产分布

华大麦3号1999—2001年参加湖北省大麦品种区试，2年均居第一位，平均单产5 870.5kg/hm^2，比对照增产5.7%。1999—2010年在湖北、安徽和四川等省，累计生产种植5.5万hm^2。

四、栽培要点

我国中南部地区秋播种植。适时播种，鄂北10下旬、鄂东南和江汉平原10月底至立冬为适播期。播量适中，一般基本苗以225万株/hm^{2}为宜，播种量150kg/hm^2，早播播种量适减，晚播播种量适增。合理用肥，一般每公顷需纯氮90～165kg、磷60～90kg、钾45～60kg。施肥以底肥为主、追肥为辅，底肥以复合肥、农家肥为主。苗期看苗早追肥，立春前追施尿素75kg/hm^2。加强田间管理，防渍控草。鄂东南和江汉平原应特别注意清沟防渍。

华大麦3号

华大麦4号

一、品种来源

亲本及杂交组合：85V24/川农大2号）//蒙克尔。复交系谱选育，饲料大麦品种。

育成时间：1997年育成，原品系代号：华2012。湖北省农作物品种审定委员会2004年认定，品种认定证书编号：鄂审麦010-2004。安徽省农作物品种审定委员会2006年认定鉴定，证书编号：皖品鉴登字第0607001。

育成单位：华中农业大学。

主要育种者：孙东发、赵玲。

国家农作物种质资源库大麦种质资源全国统一编号：ZDM10048。

二、特征特性

华大麦4号为半冬性六棱皮大麦。幼苗半匍匐、叶片浅绿、叶耳白色。株高80～90cm，旗叶窄而上冲、蜡粉少、株型紧凑。茎秆韧性好、耐肥抗倒，分蘖力一般、成穗率高。穗纺锤形、穗长7cm左右、芒长齿，小穗着生密、每穗结实48粒。籽粒黄色、粒形卵圆、半硬质，千粒重32g左右、容重507g/L，蛋白质含量11.8%、粗纤维5.6%。我国中南部地区秋播种植，中早熟、全生育期180天左右。高抗白粉病和条纹病轻、抗锈病，感赤霉病。

三、产量与生产分布

华大麦4号2001—2003年参加湖北省大麦品种区试，2年平均单产5 973.0kg/hm^2，居所有参试品种首位，比对照增产16.3%。该品种2000—2012年在湖北、安徽和四川等省，累计生产种植约6万hm^2。

四、栽培要点

我国中南部地区秋播种植。适时播种，鄂北10下旬、鄂东南和江汉平原10月底至立冬为适宜播期。播量适中，一般基本苗以225万株/hm^2为宜，播种量150kg/hm^2，早播播种量适减，晚播播种量适增。合理用肥，一般每公顷需施纯氮90～165kg、磷60～90kg、钾45～60kg。施肥以底肥为主、追肥为辅，底肥以复合肥、农家肥为主。苗期看苗早追肥，立春前追施尿素75kg左右。加强田间管理，防渍控草。鄂东南、江汉平原应特别注意清沟防渍。

华大麦4号

华大麦5号

一、品种来源

亲本及杂交组合：浙农大3号/川农大2号//川农大1号/W168。复合杂交系谱选育，饲料大麦品种。

育成时间：2003年育成，原品系代号：华2151。安徽省农作物品种审定委员会2007年认定鉴定，品种认定证书编号：皖品鉴登字第0501002。

育成单位：华中农业大学。

主要育种者：孙东发、赵玲。

国家农作物种质资源库大麦种质资源全国统一编号：ZDM10049。

二、特征特性

华大麦5号系春性二棱皮大麦。幼苗半匍匐、分蘖力较强、叶片浅绿、叶耳白色。株高90cm、旗叶窄而上冲、蜡粉少，株型紧凑。茎秆韧性较好，较耐肥抗倒、成穗率中等。穗长7cm左右、长齿芒，穗密度密、穗粒数27.8粒。籽粒乳黄色、卵圆形、半硬质，千粒重46g左右、蛋白质含量11.5%、粗纤维含量5.2%。湖北省秋播种植早熟，全生育期183天左右。抗锈病、中抗赤霉病，纹枯病较重，抗倒性一般。

三、产量与生产分布

华大麦5号2005—2006年参加安徽省大麦品种区试，平均单产5 674.5kg/hm^2，比对照品种西引2号增产5.7%。该品种2006—2013年，累计在安徽和湖北两省生产种植8 000hm^2。

四、栽培要点

中东部地区秋播种植。适时播种，皖北10下旬，皖中10月底至立冬为适宜播期。播量适中，一般每公顷基本苗以225万株、播种量180kg为宜，早播播种量适减，晚播播种量适增。一般每公顷施纯氮90 ~ 165kg/hm^2、磷60 ~ 90kg/hm^2、钾45 ~ 60kg/hm^2。施肥以底肥为主、追肥为辅，底肥以复合肥、农家肥为主。苗期看苗早追肥，立春前追施尿素75kg左右。加强田间管理，防渍控草。鄂东南、江汉平应特别注意清沟防渍。

华大麦5号

华大麦6号

一、品种来源

亲本及杂交组合：华大麦2号/皮棱波//美里黄金/5199。复合杂交系谱选育，啤酒大麦品种。

育成时间：2003年育成，原品系代号：华2328。湖北省农作物品种审定委员会2008年认定，品种认定证书编号：鄂审麦2008-00。

育成单位：华中农业大学。

主要育种者：孙东发、赵玲。

国家农作物种质资源库大麦种质资源全国统一编号：ZDM10050。

二、特征特性

华大麦6号系春性二棱皮大麦。幼苗半匍匐、叶片浅绿，株高85cm左右。旗叶大小中等、蜡粉少、白色叶耳，株型紧凑、茎秆韧性好、较耐肥抗倒。分蘖力强、成穗率高，穗长8cm左右、芒长齿、小穗密度密、穗粒数25.4粒。籽粒乳黄色、粒形卵圆、硬质，千粒重40g左右、容重621g/L。发芽势99%、发芽率100%，蛋白质含量8.8%、2.5mm以上粒选率81%。湖北省秋播种植早熟，全生育期192天左右。抗锈病和黑穗病、中抗赤霉病，轻感白粉病和纹枯病。

三、产量与生产分布

华大麦6号2004—2006年参加湖北大麦品种区试，2年平均单产5 827.5kg/hm^2，比对照鄂大麦9号增产3.7%。该品种2006—2015年，在湖北和安徽2省累积生产种植约3万hm^2。

四、栽培要点

我国中东部地区秋播种植。适时播种，鄂北以10月下旬，鄂东南、江汉平原10月底至立冬为适宜播期。基本苗以225万株为宜，播种量165kg/hm^2，早播减少播种量，晚播增加播量。一般每公顷需施纯氮90～165kg、磷60～90kg/hm^2、钾45～60kg/hm^2。施肥以底肥为主、追肥为辅，底肥以复合肥、农家肥为主。苗期看苗早追肥，立春前追施尿素75kg/hm^{2}左右。加强田间管理，控制杂草，鄂东南和江汉平原应特别注意清沟防渍。

华大麦6号

39 华大麦7号

一、品种来源

亲本及杂交组合：川农大2号/皮棱波//美里黄金/5199。复合杂交系谱选育，啤酒大麦品种。

育成时间：2006年育成，原品系代号：华2419。湖北省农作物品种审定委员会2008年认定，品种认定证书编号：鄂审麦2008-011。

育成单位：华中农业大学。

主要育种者：孙东发、赵玲。

国家农作物种质资源库大麦种质资源全国统一编号：ZDM10051。

二、特征特性

华大麦7号属春性二棱皮大麦。幼苗半匍匐、分蘖力强，叶片浅绿、叶耳白色。株高90cm左右、蜡粉少、剑叶中等大小、株型紧凑，茎秆韧性好、耐肥抗倒、成穗率高。穗长8cm左右、主穗小穗数32个、实粒数23.1粒，长齿芒、小穗密度密、籽粒乳黄色、粒形卵圆、半硬质。千粒重46.8g、容重659.7g/L、发芽势90%、发芽率99%，蛋白质含量10.9%、2.5mm以上粒选率92%。湖北省秋播种植早熟，全生育期180.2天，比对照鄂大麦9号早熟3.4天。抗三锈，轻感赤霉病、纹枯病，条纹病轻、中感白粉病。

三、产量与生产分布

华大麦7号2005—2007年在湖北省大麦品种区域试验中，2年平均单产5 755.5kg/hm^2，比对照鄂大麦9号增产11.4%，两年均增产极显著。该品种2007—2015年，在湖北和安徽2省累积生产种植近4万hm^2。

四、栽培要点

我国中东部秋播种植。适期播种，鄂北以10下旬，鄂东南、江汉平原10月底至立冬为适宜播期。播种量一般每公顷播量180kg，基本苗以225万株为宜。播种时间早应适当减少播种，播种晚则播种量应适当增加。合理用肥，一般每公顷需施纯氮90～165kg、磷60～90kg、钾45～60kg。施肥以底肥为主、追肥为辅，底肥以复合肥和农家肥为主。苗期看苗早追肥，立春前追施尿素75kg/hm^{2}左右。加强田间管理，做好中耕或化学除草，鄂东南、江汉平原应特别注意清沟防渍。蜡熟期收获脱粒，及时晾晒入仓，防止雨淋和霉变。

华大麦7号

40 华大麦8号

一、品种来源

亲本及杂交组合：川农大2号/甘木二条//美里黄金/浙农大3号。复合杂交系谱选育，饲料大麦品种。

育成时间：2005年育成，原品系代号：华2531。湖北省农作物品种审定委员会2009年认定，品种认定证书编号：鄂审麦2009-007。

育成单位：华中农业大学。

主要育种者：孙东发、赵玲。

国家农作物种质资源库大麦种质资源全国统一编号：ZDM10052。

二、特征特性

华大麦8号属春性二棱皮大麦。幼苗半匍匐、叶片浅绿、叶耳白色，株高90cm左右、蜡粉少、剑叶中等大小、株型紧凑。茎秆韧性好、耐肥抗倒，分蘖力强、成穗率高。穗长8cm左右、芒长齿、小穗密度密，每穗小穗数32个、实粒数26.9粒。粒色乳黄、粒形卵圆、半硬质，千粒重43g左右、容重641g/L，白质含量15.8%。湖北、安徽春播种植，全生育期182.2天。抗三锈，轻感赤霉病、纹枯病、条纹病，中感白粉病。

三、产量与生产分布

华大麦8号2006—2008年参加湖北省大麦品种区域试验，2年平均单产5 855.3kg/hm^2，比对照鄂大麦9号增产8.0%，2年均增产极显著。该品种2007—2016年，在湖北和安徽2省累积生产种植2.2万hm^2。

四、栽培要点

我国中东部地区秋播种植。适期播种，鄂北以10下旬，鄂东南、江汉平原10月底至立冬为适宜播期。播种量一般为180kg/hm^2，基本苗保证225万株/hm^2。根据播种时间早晚，适当调减播种量。早播减少播种量，晚播增加播种量。合理施肥，一般每公顷需施纯氮90～165kg、磷60～90kg、钾45～60kg。施肥以底肥为主、追肥为辅，底肥以复合肥、农家肥为主。苗期看苗早追肥，立春前追施尿素75kg/hm^2。做好田间杂草防除，鄂东南、江汉平原应特别注意清沟防渍。晚熟期收获脱粒，抓紧晾晒入库，避免雨淋受潮发霉。

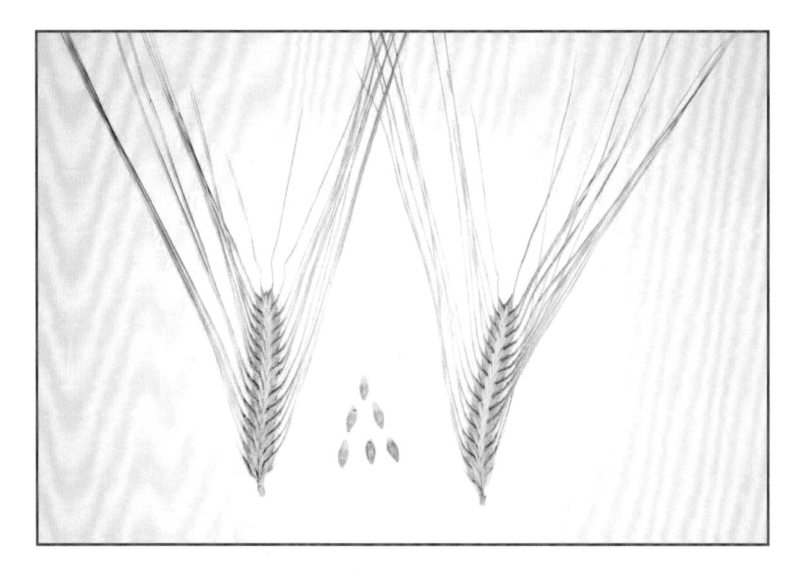

华大麦8号

华大麦9号

一、品种来源

亲本及杂交组合：美里黄金/华矮11//川农大1号/W168。复合杂交系谱选育，饲料大麦品种。

育成时间：2007年育成，原品系代号：华2759。湖北省农作物品种审定委员会2011年认定，品种认定证书编号：鄂审麦2011-001。

育成单位：华中农业大学。

主要育种者：孙东发、赵玲。

国家农作物种质资源库大麦种质资源全国统一编号：ZDM10053。

二、特征特性

华大麦9号属春性二棱皮大麦。幼苗半匍匐、分蘖力强、叶片浅绿、叶耳白色，剑叶大小中、蜡粉少、株高80cm左右。株型紧凑、茎秆韧性好、耐肥抗倒、成穗率高，穗长8cm左右、长齿芒、穗密度密、每穗结实27.3粒。籽粒卵圆、粒色乳黄、半硬质，千粒重40g、容重641g/L、蛋白质含量15.2%。我国中东部地区春播种植，全生育期190天左右。抗三锈，赤霉病和条纹病各试点均未发生，轻感白粉病、纹枯病和叶枯病重。

三、产量与生产分布

华大麦9号2008—2010年参加湖北省大麦品种区域试验，2年平均单产5 842.5kg/hm^2，比对照创大麦3号增产4.7%，增产极显著。2012年开始被用作湖北省大麦品种区域试验的对照品种。该品种2010—2015年在湖北、安徽2省累积生产种植2万hm^2。

四、栽培要点

适时播种，鄂北10下旬为适宜播期，鄂东南、江汉平原10月底至立冬为适宜播期。播种量适中，一般每公顷基本苗以225万株为宜，播种量165kg/hm^2。早播播量适减，晚播播量适增。合理施肥，一般每公顷需施纯氮90～165kg、五氧化二磷60～90kg、氯化钠45～60kg。施肥以底肥为主，追肥为辅，底肥以复合肥、农家肥为主。苗期看苗早追肥（立春前），每公顷追施尿素75kg左右。加强田管理，做好防渍、控草。鄂东南、江汉平原麦区应特别注意清沟防渍。

华大麦9号

安徽省大麦品种

皖饲麦1号

一、品种来源

亲本及杂交组合：（鹿岛麦/γ-早-80-21）F_5//1693。复交系谱选育，饲料、饲草大麦品种。

育成时间：2008年育成，原品系代号：皖饲0108（92338-1）。2012年安徽省农作物品种审定委员会非主要农作物品种鉴定，品种鉴定登记证书编号：皖品鉴登字第1007002。

育成单位：安徽省农业科学院作物研究所选育。

主要育种者：季昌好、王瑞、赵斌、陈晓东、凌大新。

国家农作物种质资源库大麦种质资源全国统一编号：ZDM10141。

二、特征特性

皖饲麦1号系春性六棱皮大麦。幼苗半直立、叶色淡绿、叶耳白色，叶片宽大、略微下披、叶夹角较小、株型稍松散。株高85~90cm，茎秆较粗壮、颜色浅黄、蜡粉少。穗全抽出、穗姿直立、穗和芒黄色，穗长5.8cm、小穗着生密、长齿芒，外稃颖脉黄色、窄护颖。每穗结实51.4粒、籽粒长圆、粉质、颜色淡黄，千粒重32g左右、蛋白质含量12.5%、淀粉含量58.0%。属中熟类型品种，在安徽沿淮、江淮地区10月下旬至11月中旬播种，翌年3月上旬拔节，3月底至4月上旬抽穗，5月15日前后成熟，生育期195天左右。安徽省沿江地区11月上中旬播种，翌年5月上旬成熟。分蘖力较强、成穗率中等，耐肥抗倒能力中等偏强，耐寒力中等。中感白粉病、赤霉病，轻感条纹病。

三、产量与生产分布

皖饲麦1号2009—2010年参加安徽省大麦品种比试验，平均产量为6 630.0kg/hm^2，较对照品种西引2号增产11.1%。2010—2011年参加安徽省大麦品种联合鉴定试验，平均产量为6 427.5kg/hm^2，较对照西引2号增产10.0%。大面积生产种植，产量一般在6 000kg/hm^{2}左右。乳熟期，植株生物产量（鲜重）45t/hm^{2}左右。2012—2015年，皖饲麦1号在安徽省江淮、沿江地区，已经累计生产种植2 000hm^2。

四、栽培要点

黄淮地区秋播种植。以收获籽粒为目的，淮河以南地区适播期10月下旬至11月下旬，播种量120 ~ 150kg/hm^2。以秋冬季畜禽放牧和粮草双收为目的，播期均可提前10天左右，播种量可适当增加。播种期推迟也应适量增加播种量。根据测土配方结果和产量水平确定施肥量。有机肥、磷钾肥、锌肥全部做基肥，氮肥总量的70%做基肥、30%做追肥。以收获青贮饲料为目的，氮肥施用时间应适当后移。注意白粉病和赤霉病防治。

皖饲麦1号

皖饲麦2号

一、品种来源

亲本及杂交组合：（鹿岛麦/γ-早-80-21）F_5//1693。复交系谱选育，饲料、饲草大麦品种。

育成时间：2008年育成，原品系代号：皖饲0138（92338-2）。安徽省农作物品种审定委员会2013年非主要农作物品种鉴定，品种登记证书编号：皖品鉴登字第1107001。2013年申请国家农作物新品种保护，2017年获国家新品种权证书，品种权号：CNA20130715.7，证书号：第20178787号。

育成单位：安徽省农业科学院作物研究所选育。

主要育种者：季昌好、王瑞、赵斌、陈晓东、凌大新。

国家农作物种质资源库大麦种质资源全国统一编号：ZDM10142。

二、特征特性

皖饲麦2号属半冬性六棱皮大麦。幼苗匍匐、叶色深绿、旗叶叶耳白色，株高88cm左右，株型较紧凑。叶片宽厚、与茎秆夹角较小，茎秆粗壮、颜色浅黄、蜡粉少。穗全抽出、穗长5.1cm、穗姿直立、小穗着生密，穗芒黄色、芒长齿。外稃颖脉黄色、窄护颖，每穗结实55.1粒。籽粒黄色、粒形椭圆、半粉质、千粒重30g左右。籽粒蛋白质含量13.0%、氨基酸总量8.43%、β-葡聚糖含量4.0%、淀粉含量57.7%。属中熟品种，在安徽省沿淮、江淮地区10月下旬至11月中旬播种，翌年3月上旬拔节，3月底至4月上旬抽穗，5月20日前后成熟，生育期195～200天。分蘖力强、成穗率中等，抗寒性好、耐肥抗倒，轻感白粉、赤霉病，植株再生性强。

三、产量与生产分布

皖饲麦2号2010—2011年在安徽省大麦品系比较试验中，平均产量6 186.0kg/hm^2。

2011—2012年参加安徽省大麦品种联合鉴定试验，平均产量为5 850.0kg/hm^2。大面积生产种植产量一般为5 250～6 000kg/hm^2。乳熟期青刈，植株生物产量（鲜重）达52.5t/hm^{2}左右。皖饲麦2号自2013年开始至2015年，已经在安徽省沿淮、江淮地区，累计生产示范种植2 000hm^2。

四、栽培要点

在黄淮地区秋播种植，以收获籽粒为目的，适宜播种期10月上中旬至11月上旬，播种量90～120kg/hm^{2}为宜。以秋冬季畜禽放牧和粮草双收为目的，播期需提前10天左右，并适当增加播种量。当播种期推迟时，播种量也需适量增加。施肥量根据田块测土配方结果和产量水平确定。有机肥、磷钾肥、锌肥全部做基肥，氮肥总量的70%做基肥，30%做追肥。以青贮饲草饲料生产为目的，氮肥施用时间应适当后移。适时收获。以收获大麦青苗为目的，应按大麦苗粉企业要求，在规定时间收割；以生产大麦青绿干草为目的，应在孕穗末期收割晾晒；以生产大麦青贮饲料为目的，应在乳熟末期至蜡熟期收获；以收获大麦籽粒为目的，在完熟期收获。全生育期注意做好白粉病和赤霉病防治。

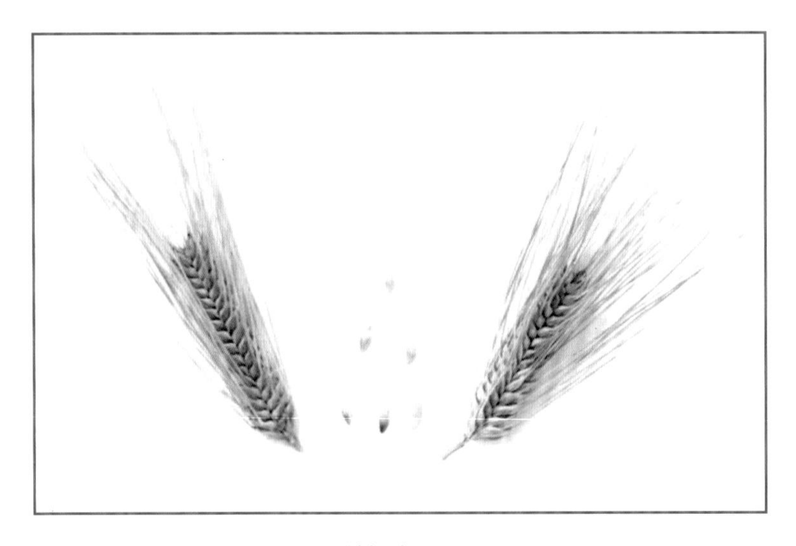

皖饲麦2号

盐麦2号

一、品种来源

亲本及杂交组合：盐55F4/81-0137//如东8072。复交系谱选育，啤饲兼用大麦品种。

育成时间：1988年育成，原品系代号：盐83055。江苏省农作物品种审定委员会1992年审定。

育成单位：江苏沿海地区农业科学研究所。

主要育种者：石岑、陈和、朱风台、黄如鑫、陈健、陈晓静。

国家农作物种质资源库大麦种质资源全国统一编号：ZDM09507。

二、特征特性

盐麦2号属春性二棱皮大麦。芽鞘绿色、幼苗直立，叶片中大、叶色浓绿，叶耳红色、蜡质较多。株高95cm左右，茎秆粗壮、株形紧凑、穗层整齐、抗倒伏。穗形长方、穗姿直立、长齿芒，穗长6～7cm，小穗密度稀、每穗结实22～24粒。粒色深黄、粒形椭圆、千粒重40g左右。熟期中熟、在江苏省盐城地区10月20日前后播种，翌年4月上中旬抽穗，5月下旬成熟，生育期一般为210天，比对照品种苏啤1号早熟2天左右。分蘖力中等、成穗率一般，有效穗数600万～675万/hm^2。抗大麦黄花叶病、高抗白粉病，中感网斑病和条纹病。

三、产量与生产分布

盐麦2号1989—1991年参加江苏省大麦品种区域试验，第一年平均单产5 176.8kg/hm^2，比对照矮早三增产5.2%，第二年平均单产5 770.2kg/hm^2，比对照矮早三增产4.5%，2年平均单产5 473.5kg/hm^2，比对照矮早三增产4.8%。1991年参加江苏省大麦生产试验，平均单产4 984.5kg/hm^2，比对照矮早三增产7.1%。1990年在江苏省盐城地区生产示范500hm^2，平均单产5 200kg/hm^2，比对照矮早三增产6.1%。1990—1995年累计生产种植8万hm^2；1993年最大种植面积为3万hm^2，主要分布江苏省盐城地区。

四、栽培要点

适宜在黄淮地区早中茬口中上等地力秋播种植。播种期江苏省盐城地区10月20—30日。播种量100～200kg/hm^2，基本苗225万～300万/hm^2。播种前用大麦清或三唑醇等药剂拌种，预防网斑、条纹、黑穗等病害。目标产量6 000kg/hm^2，适宜施氮总量185～220kg/hm^2，其中基肥占70%，追肥占30%。注意提高有机肥施用比例，配合使用磷、钾肥。抓好杂草防除，挖好田间一套沟，排水降湿。蜡熟期20%穗子弯曲即可收获、及时脱粒、摊晒入仓，切不可堆捂，防止霉变。

盐麦2号

单二大麦

一、品种来源

亲本及杂交组合：Nasu Ni jo/Kinuyu taka。F_1花药培养单倍体加倍选育，啤酒大麦品种。

育成时间：1993年育成，原品系代号：91单2。江苏省农作物品种审定委员会1997年审定。

育成单位：江苏沿海地区农业科学研究所、中国科学院遗传所。

主要育种者：陈和、李安生、朱风台、石岑、黄如鑫、陈健、陈晓静、沈会权、张敬、李鸣。

国家农作物种质资源库大麦种质资源全国统一编号：ZDM10018。

二、特征特性

单二大麦属半冬性二棱皮大麦。绿色芽鞘、幼苗直立、叶片大小中等，叶色深绿、叶耳红色。株高85～95cm、株型紧凑，穗下节长、抗倒性较好，穗层整齐。穗形长方、穗姿直立、穗芒长齿，芒尖红色、成熟后芒易脱落。穗长6cm左右，小穗排列密、每穗结实20～23粒。灌浆期间颖壳背部显3条紫脉，成熟后褪去。籽粒淡黄、大小均匀、粒形卵圆、皮壳薄、细皱纹多而密、腹沟浅，千粒重37～41g，容重720g/L左右。无水麦芽细粉浸出物80.1%、粗细粉浸出物76.0%，α-氨基氮202.3mg/100g、糖化力265WK，库尔巴哈值42.2%、黏度1.46cP。该品种在江苏省盐城地区10月25日播种，翌年4月上中旬抽穗，5月下旬成熟，全生育期一般为208天左右，比对照品种苏引麦2号迟2～3天。分蘖性强、成穗率高、有效穗数750万～825万/hm^2。在上海、如东、盐城等地，通过病土种植多年抗病性鉴定，该品种中抗大麦黄花叶病。

三、产量与生产分布

单二大麦1994—1996年参加江苏省大麦品种区域试验，第一年平均单产5 643kg/hm^2，比对照苏引麦2号增产5.6%；第二年平均单产6 475.7kg/hm²，比对照苏引麦2号增产1.1%。2年平均单产6 064.5kg/hm²，比对照苏引麦2号增产3.1%。1996年参加江苏省大麦生产试验，平均单产6 247.5kg/hm²，比对照苏引麦2号增产7.7%。单二大麦1994年在盐城地区示范1 000hm²，平均单产5 250kg/hm²，比对照苏引麦2号增产5%。1994—2005年累计生产种植48万hm²。1998年种植面积最大为12万hm²。主要分布江苏省盐城、南通、泰州等地，在浙江、河南、吉林等省也有一定种植面积。

四、栽培要点

适宜在黄淮地区旱中茬口中上等地力秋播种植。江苏省盐城地区播种期10月20—30日为宜。播种量一般为100～200kg/hm²，基本苗225万～300万株/hm²。播种前进行药剂拌种，预防网斑、条纹、黑穗等病害。施肥原则"前促、中控、后补"。产量水平6 000kg/hm²，适宜纯N施用量185～220kg/hm²。其中，基肥占70%左右、追肥占30%，配合使用磷、钾肥。挖好田间一套沟，排水降湿。注意抓好杂草防除和田间管理。蜡熟期适时收获及时脱粒、晒干入仓，切不可堆捂，防止受潮霉变，影响发芽率。

单二大麦

盐麦3号

一、品种来源

亲本及杂交组合：中4//萎缩不知/83-N15。复交系谱选育，啤酒大麦品种。

育成时间：1997年育成，原品系代号：鉴135。江苏省农作物品种审定委员会2000年审定。

育成单位：江苏沿海地区农业科学研究所。

主要育种者：陈和、黄如鑫、陈健、陈晓静、沈会权、朱风台、石岑。

国家农作物种质资源库大麦种质资源全国统一编号：ZDM10143。

二、特征特性

盐麦3号属春性二棱皮大麦。芽鞘绿色、幼苗半直立，叶片细长、叶色鲜绿，叶耳白色、蜡质中等。穗下节长、穗层欠整齐、株高90cm左右，茎秆粗壮、较抗倒伏。穗形长方、穗姿直立、长齿芒，穗长6~7cm，小穗密度稀、每穗实粒数22~24粒。籽粒黄色、均匀饱满、粒形卵圆，腹沟浅、皮壳薄、皱褶细密，千粒重40~44g、无水麦芽细粉浸出物79.5%、粗细粉浸出物差为1.58%，α-氨基氮199.41mg/100g、库尔巴哈值45.08%，黏度为1.58cP、糖化力253.24WK。在江苏省盐城地区10月30日前后播种，翌年4月上中旬抽穗，5月下旬成熟，生育期一般为195天，与对照品种苏引麦2号相当。分蘖力强、成穗率中上、每公顷有效穗数750万~820万，中抗大麦黄花叶病。

三、产量与生产分布

盐麦3号1997—1998年参加江苏省大麦品种区域试验，第一年平均单产4 425.8kg/hm^2，比对照苏引麦2号增产6.0%，第二年平均单产6 128.9kg/hm^2，比对照苏引麦2号增产8.1%，2年平均单产5 277.8kg/hm^2，比对照苏引麦2号增产7.2%。1999年参加江苏省大麦生产试验，平均单产5 723.1kg/hm^2，比对照苏引麦2号增产4.13%。该品种1998年在江苏省盐城地区示范100hm^2，平均单产5 800.0kg/hm^2，比对照苏引麦2号增产7.1%。1998—2004年在江苏省累计生产种植为3万hm^2，2003年最大种植面积1万hm^2，主要分布江苏省盐城地区。

四、栽培要点

适宜在黄淮地区中晚茬口中上等地力秋播种植。适宜播种期江苏省盐城地区10月25日至11月5日。播种量一般为100～200kg/hm^2，基本苗225万～300万/hm^2。播种前进行药剂拌种，预防网斑病、条纹病、黑穗病等病害。肥水管理要点“前促、中控、后补”，施足基肥促进早生分蘖，最高茎蘖控制在1 800万/hm^{2}以下。拔节后适当少量补充氮肥，注意提高有机肥施用比例，配合使用磷、钾肥。挖好田间一套沟，排水降湿。抓好田间中耕和杂草防除等农艺管理。蜡熟期适时收获脱粒，及时摊晒入仓，切不可堆捂，以免降低发芽率，影响啤用品质。

盐麦3号

苏啤3号

一、品种来源

亲本及杂交组合：Kinuyu taka / Kanto ni jo25//沪94-043。F_1花药培养单倍体自然加倍选育，啤酒大麦品种。

育成时间：1999年育成，原品系代号：单95168。江苏省农作物品种审定委员会2003年审定。2003年申请国家农作物新品种保护，2005年获国家新品种授权，品种权证书号：第20050688号。

育成单位：江苏沿海地区农业科学研究所、中国科学院遗传研究所。

主要育种者：陈和、李安生、黄如鑫、陈健、陈晓静、沈会权、张敬、李鸣。

国家农作物种质资源库大麦种质资源全国统一编号：ZDM10015。

二、特征特性

苏啤3号属半冬性二棱皮大麦。芽鞘绿色、幼苗半匍匐、叶片中大，叶色深绿、叶耳浅红、蜡质一般。株高75～80cm、穗层整齐，茎秆粗壮、抗倒伏。穗形长方、穗姿直立、芒长齿、穗芒黄色，穗长6～7cm、小穗排列密、每穗结实22～24粒。籽粒黄色、粒形椭圆、饱满度较好、千粒重42～44g，蛋白质含量12.5%。麦芽细粉浸出物81.3%、粗粉浸出物79.7%，α-氨基氮204mg/100g、糖化力239.9WK，库尔巴哈值40.64%、黏度为1.50cp。江苏省盐城地区10月25日左右播种，翌年4月上中旬抽穗，5月下旬成熟，生育期一般为205天，比对照品种单二早2～3天。分蘖力强、成穗率高、亩穗数达50万以上。高抗大麦黄花叶病。

三、产量与生产分布

苏啤3号2001—2003年参加江苏省大麦品种区域试验，第一年平均单产6 021.9kg/hm^2，比对照品种单二大麦增产14.2%；第二年平均单产5 141.25kg/hm^2，比单二增产6.4%。2

年平均单产5 581.65kg/hm²，比对照品种单二大麦增产10.5%。2003年参加江苏省大麦生产试验，平均单产5 630.1kg/hm²，比单二大麦增产11.9%。2002年在盐城地区生产示范6 000hm²，平均单产6 000kg/hm²，比单二大麦增产10%。2002—2005年在江苏省累计生产种植为21万hm²，主要分布江苏省盐城、南通、泰州等地，在湖北省、河南省等地也有一定种植面积，至2012年累计种植80万hm²。2005年最大种植面积达10万hm²。

四、栽培要点

适宜在黄淮地区早中茬口中上等地力秋播种植。江苏省盐城地区播种期10月25日至11月5日，其他地区比当地小麦迟7～8天为宜。播种量一般150～200kg/hm²，基本苗225万～300万/hm²。肥水管理和技术要点：掌握“前促、中控、后补”施肥原则。施足基肥促进提早分蘖，最高茎蘖控制在1 800万/hm²以下，拔节后适当少量补充氮肥。6 000kg/hm²产量目标，施纯氮188～225kg，其中，基肥占70%、追肥占30%。提高有机肥的施用比例，配合使用磷、钾肥。挖好田间一套沟，排水降湿。注意种子处理，抓好杂草防除和田间管理。播种时最好用大麦清或三唑醇等药剂拌种，预防网斑、条纹、黑穗等病害。春后及时中耕除草。当20%穗子弯曲时，蜡熟期即可收获，及时脱粒晒晒入仓，切不可堆捂，以免影响发芽率。

苏啤3号

苏啤4号

一、品种来源

亲本及杂交组合：申6/美酿黄金//单二大麦/3/单二大麦。复交系谱选育，啤酒大麦品种。

育成时间：2002年育成，原品系代号：盐97024。江苏省农作物品种审定委员会2009年认定。2004年申请国家农作物新品种保护，2005年获国家新品种保护授权，品种权证书号：第20050689号。

育成单位：江苏沿海地区农业科学研究所。

主要育种者：陈和、陈健、陈晓静、沈会权、陶红、黄如鑫。

国家农作物种质资源库大麦种质资源全国统一编号：ZDM10016。

二、特征特性

苏啤4号为半冬性二棱皮大麦。幼苗直立、叶色浓绿、叶片较长，根系发达、分蘖力强，抽穗期较迟、灌浆速度较快。江苏省盐城地区秋播种植，全生育期210天左右。分蘖成穗率较高、生长后期转色好、熟相佳，有效穗675万～750万/hm^2。株高80～85cm、茎秆粗壮，穗下节长、穗形长方、穗长7～8cm。穗姿直立、穗芒长齿，小穗着生密、每穗结实25～28粒。粒形卵圆、饱满度好，背部皮壳皱纹细密，腹沟较浅、千粒重44～46g。麦芽细粉浸出物79.5%，α-氨基氮164mg/100g、糖化力292WK，各项指标均好于对照品种港啤1号。2007年农业部抽取全国77个啤酒大麦品种原料样品测定，苏啤4号品质综合排名前5位，得到啤酒麦芽企业普遍认可。

三、产量与生产分布

苏啤4号2005年参加江苏省大麦品种区域试验，平均产量6 463.2kg/hm^2，比对照单二大麦增产6.5%。2006年继续参加江苏省大麦品种区试，平均产量6 300.45kg/hm^2，比对照单二大麦增产7.0%。2年平均产量6 381.9kg/hm^2，比对照增产6.7%。2007年参加江苏省大麦生产试验，5个试点均表现增产，平均产量6 639kg/hm^2，比对照增产7.2%。2008年在江苏省盐城地区生产示范2 000hm^2，平均单产6 400kg/hm^2，比对照单二大麦增产10.0%。2008—2013年累计生产种植44万hm^2。2011年种植面积最大为9万hm^2。主要分布在江苏省盐城、南通、泰州等地，在湖北省、河南省等地也有一定种植面积。

四、栽培要点

适宜在黄淮地区早中茬口中上等地力秋播种植。播种期江苏省盐城地区10月22—30日为宜。播种量一般为150～200kg/hm^2，基本苗225万～300万/hm^2。播种时最好用大麦清或三唑醇等药剂拌种，预防网斑、条纹、黑穗等病害。施肥以“前促、中控、后补”为原则，施足基肥促进麦苗提早分蘖，最高茎蘖控制在1 800万/hm^{2}以下，拔节后适当少量补充氮肥。产量目标在6 000kg/hm^2，适宜施氮量为185～225kg/hm^2。其中，基肥占70%，追肥占30%，注意提高有机肥施用比例，配合使用磷、钾肥。挖好田间一套沟，排水降湿。春后要及时中耕除草，促进麦苗早发，抓好杂草防除。适时收获，当田间20%穗子弯曲时即可收获，早收影响其发芽率。及时脱粒、晾晒、入仓，切不可堆捂，以免造成芽率下降，影响啤用品质。

苏啤4号

苏啤6号

一、品种来源

亲本及杂交组合：浙皮1号/单二大麦//单二大麦。回交系谱选育，啤酒大麦品种。

育成时间：2005年育成，原品系代号：盐99175。江苏省农作物品种审定委员会2011年认定。2008年申请国家农作物新品种保护，2016年获国家新品种保护权，品种权证书号：第20144398号。

育成单位：江苏沿海地区农业科学研究所。

主要育种者：陈和、陈健、沈会权、陈晓静、陶红、乔海龙、臧慧。

国家农作物种质资源库大麦种质资源全国统一编号：ZDM10017。

二、特征特性

苏啤6号属半冬性二棱皮大麦。幼苗半直立、分蘖力较强，叶色鲜绿、叶片中长、最低位叶叶鞘无茸毛。分蘖性强、成穗率高，一般每公顷有效穗825万左右。成熟期中等，在江苏省盐城地区10月25日左右播种，翌年4月上中旬抽穗，5月下旬成熟，生育期一般为205～210天。主茎比分蘖略高，株高75～85cm、茎秆粗壮、穗下节长、根系发达、耐肥抗倒能力较强。穗形塔状、穗姿直立，穗长6.5～7.0cm、小穗着生密，每穗实粒数22～26粒。芒长齿、芒尖浅红、稃壳带蜡质、稃脉浅紫。籽粒卵圆饱满、腹沟浅无茸毛、皮壳皱纹细密，千粒重高41～44g，容重700g/L左右、蛋白质含量11.0%。麦芽无水浸出率81.5%、糖化力328WK，α-氨基氮190mg/100g、库尔巴哈值47%、β-葡聚糖1.51%。各项麦芽品质指标达到优级水平，与国外进口啤麦品质相当。高抗大麦黄化叶病，对大麦网斑病、条纹病、白粉病有一定抗性。

三、产量与生产分布

苏啤6号2007—2009年秋播参加江苏省大麦品种区域试验，2007—2008年平均产量

6 240.6kg/hm^2，比对照品种单二大麦增产16.7%；2008—2009年平均产量6 843.8kg/hm^2，比单二大麦增产16.9%。2年平均产量6 542.3kg/hm^2，比单二大麦增产16.7%。2009—2010年参加生产试验，平均产量6 678.0kg/hm^2，比对照单二大麦增产17.5%。同年在江苏省盐城地区生产示范3 000hm^2，平均单产6 700.0kg/hm^2，比对照单二大麦增产15.0%。该品种2010—2017年累计生产种植45万hm^2。2014年种植面积最大为11万hm^2。主要分布在江苏省盐城、南通、泰州等地区，在湖北省等地也有一定种植面积。

四、栽培要点

适宜在黄淮地区早中茬口、中上等地力秋播种植。播种期江苏省盐城地区10月25日至11月5日为宜。播种量一般在150～200kg/hm^2，基本苗225万～300万/hm^2，最高茎蘖控制在1 800万/hm^{2}以下。产量目标6 000kg/hm^2，适宜施氮量为185～225kg/hm^2。其中，基肥占70%左右，追肥占30%。注意提高有机肥的比例，配合使用磷、钾肥，拔节后适当少量补充氮肥。挖好田间一套沟，排水降湿。进行播前种子处理，抓好生长期杂草防除和田间管理。播种时最好用大麦清或三唑醇等药剂拌种，预防网斑、条纹、黑穗等病害。春后要及时中耕除草，促进麦苗早发。适时收获，当田间40%穗子弯曲时即可收获，早收影响其发芽率。及时脱粒、摊晒入仓，保证制麦品质。切不可堆捂，以免影响发芽率，降低啤用品质。

苏啤6号

扬饲麦1号

一、品种来源

亲本及杂交组合：大麦西引2号/菲特2.10。杂交系谱选育，饲料大麦品种。

育成时间：1995年育成，原品系代号：扬6907。1998年江苏省农作物品种审定委员会审定，审定证书编号：苏种审字第337号。

育成单位：扬州大学农学院。

主要育种者：黄志仁、许如根、周美学、吕超、黄友圣。

国家农作物种质资源库大麦种质资源全国统一编号：ZDM10004。

二、特征特性

扬饲麦1号属半冬性六棱皮大麦。幼苗半匍匐、叶色深绿，叶耳白色、分蘖力较强，株高90cm左右。叶片短挺、株型紧凑，主茎总叶片数12～13片。成穗率中等偏上、穗层整齐，穗形长方、穗芒长齿、每穗实粒数45粒。粒色淡黄、粒形椭圆，千粒重在30g左右、蛋白质含量13.9%。黄淮地区秋播种植，全生育期197天左右，比西引2号提早1～2天。耐肥抗倒、耐渍耐盐，抗寒性好于西引2号，高抗大麦黄花叶病、网斑病，轻感白粉病、条纹病和赤霉病。

三、产量与生产分布

扬饲麦1号1995—1997年参加了江苏省大麦品种区域试验。其中，1995—1997年平均单产6 375.5kg/hm^2，比对照苏引麦2号减产0.4%，减产不显著；1996—1997年平均产量6 340.1kg/hm^2，比对照苏引麦2号增产7.3%，增产极显著。1997—1998年参加江苏省大麦生产试验，平均单产5 782.3kg/hm^2，比对照苏引麦2号增产11.5%。该品种1998年开始在江苏省示范推广，后引种到河南、安徽等省生产示范推广，至2015年在江淮流域及苏南地区，累积生产种植33.5万多hm^2。

四、栽培要点

黄淮地区秋播种植。适期播种，江淮流域10月下旬至11月初，苏南地区11月初播种。适量播种，基本苗以300万株/hm^{2}为宜，迟播适当增加播量。合理肥料运筹，每公顷总施肥量为尿素450kg、磷二胺225kg、氯化钾150kg，其中基肥占总量的60%。注意病虫草害防控，淮北地区重点防治黏虫、麦蜘蛛、蚜虫，淮南重点防治赤霉病、白粉病、蚜虫。冬前和春后控制杂草危害。

扬饲麦1号

扬农啤2号

一、品种来源

亲本及杂交组合：Q318/S191//苏引麦2号。复合杂交系谱选育，啤酒大麦品种。

育成时间：1997年育成，原品系代号：苏B9607。2001年江苏省农作物品种审定委员会审定，品种审定证书编号：苏种审字第390号。2003年申请国家农作物新品种保护，2006年获新品种授权，品种权证书号：CNA20030512.3。

育成单位：扬州大学农学院。

主要育种者：黄志仁、许如根、吕超、周美学、黄友圣。

国家农作物种质资源库大麦种质资源全国统一编号：ZDM10007。

二、特征特性

扬农啤1号属半冬性二棱皮大麦。幼苗直立、叶色深绿、叶耳白色，繁茂性好、分蘖性强。株高75～80cm、主茎总叶片数为11～12片，叶片长挺、株型紧凑。分蘖成穗率高、穗层整齐、熟相好，穗形长方、长齿芒、每穗粒数20～22粒。籽粒椭圆、粒色淡黄、千粒重在45g左右，蛋白质含量12.0%。麦芽细粉浸出率79.3%、糖化力332WK、库尔巴哈值38.0%，达国家优级啤酒大麦标准。在黄淮地区秋播种植，全生育期200天左右、早熟，熟期与苏引麦2号相仿。抗倒伏、耐寒、耐盐碱，高抗大麦黄花叶病和网斑病，感白粉病、条纹病和赤霉病田间发病较轻。

三、产量与生产分布

扬农啤1号1997—1999年参加江苏省大麦品种区域试验，其中，1997—1998年平均单产4 950.0kg/hm^2，比对照苏引麦2号增产18.6%；1998—1999年平均单产6 686.4kg/hm^2，比对照苏引麦2号增产17.9%。1999—2000年在江苏省大麦生产试验中，平均产量6 067.5kg/hm^2，比对照苏引麦2号增产10.4%。该品种2000年开始在江苏省生产示范，

2002年湖北省引种推广，至2005年占江苏省大麦种植面积50%以上。据不完全统计，2000—2015年，扬农啤1号在江苏和湖北2省累积生产种植53.3万hm^2。

四、栽培要点

黄淮地区秋播种植。适宜播种期，淮南地区10月25日至11月上旬，淮北10月20日到11初。保证基本苗，一般掌握在240万～300万株/hm^2，最高成穗900万～1 050万穗/hm^2。肥料运筹分基肥、苗肥和拔节肥3期施用，比例以7：2：1为好。全生育期总施氮量225～270kg/hm^2，N：P：K施用比例为1：0.4：0.3。拔节肥适当早施，此后不宜再追肥。注意病虫害防治，播种前进行种子处理，防止种传病害；抽穗期注意赤霉病防治，齐穗后防治蚜虫。

扬农啤2号

扬饲麦3号

一、品种来源

亲本及杂交组合：泾大1号/Hiproly。杂交系谱选育，饲料大麦品种。

育成时间：1996年育成，原品系代号：苏B9602。2002年江苏省农作物品种审定委员会审定，审定证书编号：苏审麦200207。2008年湖北省农作物品种审定委员会审定，审定证书编号：鄂审麦2008008。2003年申请国家农作物新品种保护，2007年获国家新品种授权，品种权证书号：CNA20030513.3。

育成单位：扬州大学农学院。

主要育种者：许如根、黄志仁、吕超、周美学、黄友圣。

国家农作物种质资源库大麦种质资源全国统一编号：ZDM10005。

二、特征特性

扬饲麦3号属半冬性二棱皮大麦。幼苗直立、叶色深绿，叶耳及基部叶鞘红色，苗期繁茂性好、分蘖力强。株高85～90cm、主茎总叶片数11片，叶片长挺、株型紧凑。茎秆粗壮、抗倒性强，成穗率高、穗层整齐、熟相好。穗形长方、穗芒长齿、易脱落，每穗粒数24～28粒。粒形椭圆、粒色淡黄，千粒重在42g左右、白质含量15.56%。黄淮地区秋播种植早熟，全生育期200天左右，熟期与苏引麦2号相仿。抗寒性好、耐渍、耐盐性强，高抗大麦黄花叶病，田间白粉病、条纹病、赤霉病较轻。

三、产量与生产分布

扬饲麦3号1999—2001年度江苏省大麦区试，平均产量6 747.6kg/hm^2，比对照单二大麦减产0.5%，减产不显著；其中，2000—2001年区试平均产量6 792.2kg/hm^2，比对照单二大麦增产4.3%，增产极显著。在2001—2002年江苏省大麦生产试验中，平均产量5 155.5kg/hm^2，比单二大麦增产9.4%。该品种2000年开始在江苏省示范推广，2002年在湖北省示范推广，至2015年累计生产推广40多万hm^2。

四、栽培要点

黄淮地区秋播种植。适期播种，淮南地区适宜播种期为10月底至11月10日，淮北地区10月25日到11月初。精细整地、精量播种，基本苗保证在225万～300万株/hm^2。合理肥水运筹，施足基肥，早施苗肥，促早发壮苗，提高分蘖成穗率。重施拔节肥孕穗肥，巧施穗肥。全生育期总施纯氮225～270kg/hm^2，其中，基蘖肥占总量的60%～70%。注意病虫害防治，播前搞好种子处理，播后搞好冬前化除。抽穗扬花期，根据气候做好防治赤霉病、白粉病防控，齐穗后注意蚜虫的防治。

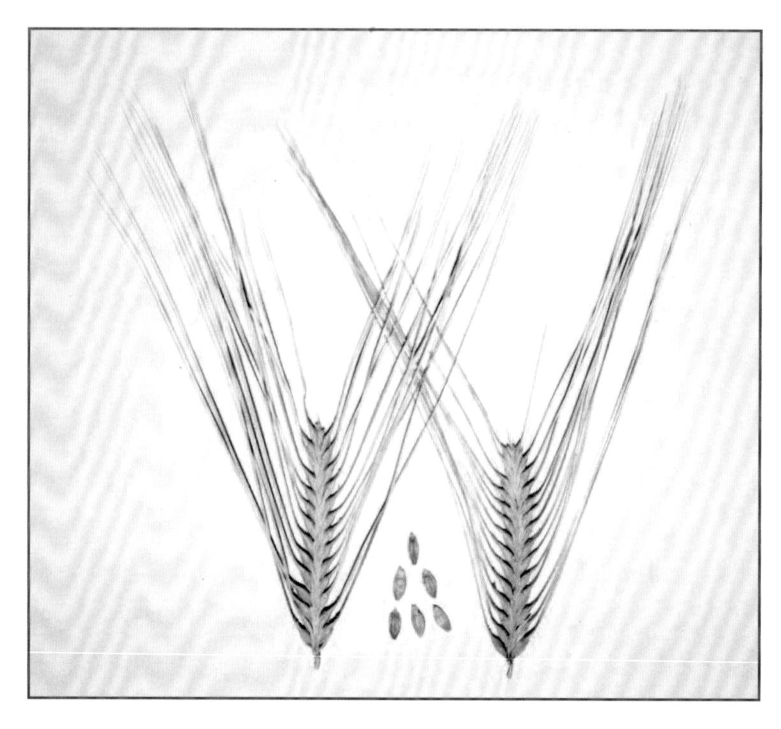

扬饲麦3号

扬农啤4号

一、品种来源

亲本及杂交组合：苏农91-7112/通引麦1号。杂交系谱选育，啤酒大麦品种。

育成时间：2000年育成，原品系代号：苏B0001。2004年江苏省农作物品种审定委员会审定，鉴定证书编号：苏审麦200409。2006年申请国家农作物新品种保护，2009年获国家新品种授权，品种权证书号：CNA20060125.3。

育成单位：扬州大学农学院。

主要育种者：许如根、吕超、黄志仁、黄祖六、黄友圣。

国家农作物种质资源库大麦种质资源全国统一编号：ZDM10008。

二、特征特性

扬农啤4号属半冬性二棱皮大麦。幼苗直立、叶片深绿、分蘖力强，主茎总叶片数11片。株高90cm左右，株型紧凑、茎秆弹性好。成穗率高、穗层整齐、熟相好，穗形长方、长齿芒、每穗实粒数24～26粒。籽粒椭圆、颜色淡黄、皮壳薄有光泽、千粒重40g左右，蛋白质含量11.83%。麦芽细粉浸出率78.4%、糖化力332WK，库尔巴哈值38.0%、α-氨基氮175mg/100g、糖化时间10分钟，达到国家优级啤酒大麦标准。江苏省北部秋播，全生育期195天左右，比单2大麦早2～3天。高抗大麦黄花叶病，抗大麦条纹病和白粉病，抗到伏性一般。

三、产量与生产分布

扬农啤4号2001—2003年参加江苏省大麦品种区试，2001—2002年平均产量5 565.0kg/hm^2，比对照单2大麦增产5.6%，2002—2003年平均产量5 166.2kg/hm^2，比对照单2大麦增产6.9%。2003—2004年参加江苏省大麦生产试验，平均产量5 410.5kg/hm^2，比对照单2大麦增产8.9%。该品种2004年开始在江苏省示范推广，至2006年在江苏省生产种植超过2万hm^2。

四、栽培要点

江苏省北部地区秋播种植。适期播种，淮南麦区10月25日至11月上旬，淮北麦区10月20日到11初播种。保证基本苗195万～225万株/hm^2为宜，迟播应适当增加基本苗。合理肥料运筹，一般每公顷施氮量225～270kg，N：P：K配比为1：0.4：0.3。分基肥、苗肥、拔节肥3次施用，按7：2：1占比施用。注意病虫害防治，播前进行种子处理，防止种子传播病害；抽穗扬花期根据气候，做好赤霉病防治，抽穗后注意蚜虫防治。

扬农啤4号

扬农啤5号

一、品种来源

亲本及杂交组合：如东6109/苏农22。杂交系谱选育，啤酒大麦品种。

育成时间：2003年育成，原品系代号：苏B0306。2006年通过江苏省农作物品种审定委员会鉴定，品种鉴定证书编号：苏鉴大麦200601。2006年申请国家农作物新品种保护，2009年获得国家新品种授权，品种权证书号：CNA20060125.3。

育成单位：扬州大学农学院。

主要育种者：许如根、吕超、黄志仁、黄友圣、黄祖六。

国家农作物种质资源库大麦种质资源全国统一编号：ZDM10144。

二、特征特性

扬农啤5号属半冬性二棱皮大麦。幼苗直立、叶色较绿、分蘖性强，株高85cm左右。主茎总叶片数11片，株型紧凑、成穗率高，穗层整齐、熟相好。每穗结实24粒左右，籽粒椭圆、颜色淡黄、皮壳较薄，千粒重40g左右。麦芽蛋白质含量10.1%、细粉浸出率79.8%，糖化力377WK、库尔巴哈值44.0%，α-氨基氮162mg/100g、糖化时间10分钟，达到或超过国标优级麦芽标准。江苏省秋播种植，全生育期在198天左右，比对照品种单2大麦早2～3天。耐肥抗倒，高抗大麦黄花叶病和白粉病。

三、产量与生产分布

扬农啤5号2004—2006年参加江苏省大麦品种区域试验，其中，2004—2005年平均产量6 800.4kg/hm^2，比对照品种单2大麦增产14.2%；2005—2006年平均产量为6 766.8kg/hm^2，比单2大麦增产11.5%。2005—2006年在江苏省大麦生产试验中，平均单产6 486.0kg/hm^2，比单2大麦增产16.8%。该品种2005年开始在江苏省示范推广，2008年成为江苏省大麦品种区试的对照品种，到2011年在江苏省累计生产种植53.5万hm^2，2015年仍有一定种植面积。

四、栽培要点

江苏省秋播种植。适宜播种期通常为10月25日至11月5日，淮南地区可适当推迟，淮北地区可适当提前。基本苗一般掌握在225万～300万株/hm^2，播期推迟，基本苗应适当增加。播种方式以条播为好，行距为20cm。肥料施用以基肥为主，早施苗肥，看苗情施好拔节孕穗肥。全生育期共施纯氮180kg/hm^{2}左右，按8∶2的比例进行基苗肥和拔节孕穗肥施用调配。苗期进行杂草化除时，应注意除草剂的种类、用量及施用的均匀性，拔节抽穗后注意田间排水防渍和赤霉病、蚜虫等病虫害防治。

扬农啤5号

扬农啤6号

一、品种来源

亲本及杂交组合：6308/5078//苏农22。复合杂交系谱选育，啤酒大麦品种。

育成时间：2004年育成，原品系代号：苏B0403。2009年江苏省农作物品种审定委员会鉴定，品种鉴定证书编号：苏鉴大麦200903。2007年申请国家农作物新品种保护，2012年获国家新品种授权，品种权证书号：CNA20070481.8。

育成单位：扬州大学农学院。

主要育种者：许如根、吕超、李忠芹、黄祖六、黄志仁、黄友圣。

国家农作物种质资源库大麦种质资源全国统一编号：ZDM10009。

二、特征特性

扬农啤6号属春性二棱皮大麦。幼苗半直立、叶色较绿、叶片较长、分蘖力中等偏上。株高80～85cm、主茎总叶片数11片，株型较紧凑、成穗率较高，穗层整齐、熟相好，每穗实粒数22粒左右。粒形椭圆、粒色淡黄、皮壳薄，胚乳糊粉层蓝色、千粒重45g左右。麦芽蛋白质含量12.0%、细粉浸出率78.3%，糖化力309WK、库尔巴哈值37.0%，α-氨基氮146mg/100g、糖化时间10分钟，达到国标一级麦芽标准。在江苏省秋播种植，全生育期197天左右，比对照单2早大麦2～3天。耐肥抗倒、高抗大麦黄花叶病。

三、产量与生产分布

扬农啤6号2005—2007年参加江苏省大麦品种区域试验，2年平均单产6 443.2kg/hm^2，比对照品种单2大麦增产6.6%，增产极显著。2007—2008年参加江苏省大麦生产试验，平均产量6 537.0kg/hm^2，比单2大麦增产5.6%。该品种2009年开始在江苏省示范推广，至2012年在江苏省累计生产种植近3万hm^2。

四、栽培要点

江苏省北部地区秋播种植。播种期一般以10月底为宜，淮南地区可适当推迟，淮北地区可适当提前。播种量保证基本苗225万～300万株/hm^2，如播期推迟基本苗应适当增加。播种方式以条播为好，行距为20cm。施肥方式以基肥为主，追肥为辅。早施苗肥，看苗情追施拔节孕穗肥。每公顷施纯氮225kg，施用量调配比例为基蘖肥占70%，拔节孕穗肥占30%。苗期进行杂草化除，注意除草剂的种类、用量及施用的均匀性。拔节抽穗后注意田间排水防渍，并做好赤霉病、蚜虫防治。

扬农啤6号

扬农啤7号

一、品种来源

亲本及杂交组合：扬农啤2号/甘木二条。杂交系谱选育，啤酒大麦品种。

育成时间：2005年育成，原品系代号：苏B0505。2010年江苏省农作物品种审定委员会鉴定，品种鉴定证书编号：苏鉴大麦201001。2007年申请国家农作物新品种保护，2011年获国家新品种授权，品种权证书号：CNA20070482.6。

育成单位：扬州大学农学院。

主要育种者：许如根、吕超、李忠芹、黄祖六、黄志仁、黄友圣。

国家农作物种质资源库大麦种质资源全国统一编号：ZDM10010。

二、特征特性

扬农啤7号属春性二棱皮大麦。幼苗半直立、叶色深绿、分蘖性强，株高80cm左右、主茎总叶片数12片。株型紧凑、茎秆粗壮、抗倒性强，成穗率较高、穗层整齐，熟相较好、每穗实粒数24粒左右。籽粒椭圆、皮壳较薄、颜色淡黄色、千粒重40g左右。麦芽蛋白质含量13.9%、细粉浸出率79.2%，糖化力为310.5WK、库尔巴哈值44.4%、α-氨基氮151.9mg/100g，达到国标优级麦芽标准。在江苏省秋播种植，全生育期199天左右。高抗大麦黄花叶病。

三、产量与生产分布

扬农啤7号2006—2008年参加江苏省大麦品种区域试验，2年平均单产6 343.5kg/hm^2，比对照品种单2大麦增产9.13.1%。在2008—2009年江苏省大麦生产试验中，平均产量6 499.5kg/hm^2，比对照单二大麦增产11.9%。该品种自2009年开始在江苏省示范推广，面积不断扩大，成为江苏省啤酒大麦主导品种之一，被百威英博啤酒公司指定为江苏省啤酒大麦订单生产品种。2015年在江苏省种植面积接近5万hm^2。

四、栽培要点

江苏省北部地区秋播种植，适宜播种期为10月底，淮南地区可适当推迟，淮北地区可适当提前。播种量以基本苗225万～300万株/hm^{2}为宜，播期推迟基本苗应适当增加。采用机械条播，行距20cm。每公顷施纯氮225kg，以基肥为主，早施壮苗肥，看苗情追施拔节孕穗肥，较适宜的氮肥运筹方式为基蘖肥：拔节穗肥为7：3。苗期杂草化除要注意除草剂的种类、用量及施用的均匀性。大麦生长后期注意排水防渍和赤霉病与蚜虫等病虫害防治。

扬农啤7号

扬农啤8号

一、品种来源

亲本及杂交组合：扬农啤2号/苏农16。杂交系谱系谱选育，啤酒大麦品种。

育成时间：2006年育成，原品系代号：苏B0608。2011年江苏省农作物品种审定委员会鉴定，品种鉴定证书编号：苏鉴大麦201101。2014年申请国家新品种保护，公告号：CNA005686E。

育成单位：扬州大学农学院。

主要育种者：黄志仁、许如根、周美学、黄友圣。

国家农作物种质资源库大麦种质资源全国统一编号：ZDM10011。

二、特征特性

扬农啤8号属春性二棱皮大麦。幼苗半直立、叶色淡绿，叶片较长、分蘖性中等偏上，株高85cm左右、主茎总叶片11片。株型较紧凑、成穗率较高、穗层整齐，每穗实粒数25粒左右。籽粒椭圆、皮壳较薄、粒色淡黄，千粒重45g左右、蛋白质含量11.29%。麦芽细粉浸出率80.2%、α-氨基氮170mg/100g，库尔巴哈值45.0%、糖化力350WK，主要品质指标达到国标优级麦芽标准。黄淮地区秋播全生育期195天，与对照单2大麦相仿。耐肥抗倒性强，高抗大麦黄花叶病。

三、产量与生产分布

扬农啤8号参加了2007—2009年江苏省大麦品种区域试验。其中，2007—2008年平均产量6 214.5kg/hm^2，比对照品种单2大麦增产16.2%；2008—2009年平均产量6 861.0kg/hm^2，比单2大麦增产17.2%。在2009—2010年江苏省大麦生产试验中，平均产量6 693.2kg/hm^2，比单2增产17.8%。该品种2011年在江苏、湖北2省示范推广，至2015年累计生产种植26万多hm^2。

四、栽培要点

中东部地区秋播种植，播种期以10月底为宜。淮南地区可适当推迟，淮北地区可适当提前。适宜基本苗225万～300万株/hm²，播期推迟，播种量应适当增加。机械条播，行距为20cm。施肥方式以基肥为主、追肥为辅，早施壮苗肥，看苗情追施拔节孕穗肥。纯氮施用量以225kg/hm²为宜，基蘖肥占70%，拔节穗肥占30%。做好苗期杂草化控防除，拔节抽穗后注意田间排水防渍和注意赤霉病与蚜虫防治。

扬农啤8号

扬农啤9号

一、品种来源

亲本及杂交组合：苏农2004-7214/苏引麦3号。杂交系谱选育，啤酒大麦品种。

育成时间：2009年育成，原品系代号：苏B0902。2013年江苏省农作物品种审定委员会鉴定，品种鉴定证书编号：苏鉴大麦201301。2015年申请国家新品种保护，公告号：CNA014329E。

育成单位：扬州大学农学院。

主要育种者：吕超、许如根、周美学、黄友圣。

国家农作物种质资源库大麦种质资源全国统一编号：ZDM10145。

二、特征特性

扬农啤9号属春性二棱皮大麦。幼苗半直立、叶色绿，叶片较长、分蘖力强，株高85cm左右、主茎总叶片数11片。株型紧凑、成穗率高，穗层整齐、熟相好，每穗结实25粒左右。籽粒椭圆、皮壳薄，粒色淡黄、千粒重在40g左右。麦芽蛋白质含量11.1%、细粉浸出率为79.8%，糖化力为210.5WK、库尔巴哈值36.5%、α-氨基氮156.2mg/100g，主要麦芽指标达到国标优级麦芽标准。江苏省秋播种植早熟，全生育期195天左右。抗寒性和耐肥抗倒性较好，高抗大麦黄花叶病。

三、产量与生产分布

扬农啤9号2010—2012年参加江苏省大麦区试，其中2010—2011年平均单产7 187.0kg/hm^2，比对照品种扬农啤5号增产12.5%；2011—2012年平均单产6 554.0kg/hm^2，比扬农啤5号增产8.9%。在2011—2012年江苏省大麦生产试验中，平均产量6 439.5kg/hm^2，比扬农啤5号增产7.3%。该品种2013年开始在江苏省示范推广，2015年大面积生产种植。

四、栽培要点

扬农啤9号适宜在江苏省秋播种植。适宜播种期为10月底至11月上旬，淮南地区可适当推迟，淮北地区可适当提前。基本苗一般掌握225万～300万株/hm^2，播种期推迟基本苗应适当增加。机械条播，行距20cm。每公顷施纯氮225kg，以基肥为主，早施壮苗分蘖肥，看苗情追施拔节孕穗肥。基蘖肥与拔节孕穗肥的施用量分别占总施肥量的70%和30%。苗期杂草化控防除要注意除草剂的种类、用量及施用的均匀性，拔节抽穗后做好田间排水防渍和赤霉病与蚜虫防治。

扬农啤9号

59 扬农啤10号

一、品种来源

亲本及杂交组合：苏引麦3号/扬农啤5号。杂交系谱选育，啤酒大麦品种。

育成时间：2009年育成，原品系代号：苏B0901。2014年江苏省农作物品种审定委员会鉴定，品种鉴定证书编号：苏鉴大麦201401。2015年安徽省非主要农作物品种登记，登记证书编号：皖品鉴登第1407003。2012年申请国家农作物新品种保护，2015年获国家新品种授权、品种权证书号：CNA20140537.4。

育成单位：扬州大学农学院。

主要育种者：许如根、吕超、周美学、黄友圣。

国家农作物种质资源库大麦种质资源全国统一编号：ZDM10146。

二、特征特性

扬农啤10号属春性二棱皮大麦。幼苗半直立、分蘖力强、耐寒性好，叶色浓绿、叶片较长。株高85cm左右、主茎总叶片数11片，株型紧凑、成穗率高，穗层整齐、熟相好，每穗实粒数24粒左右。籽粒椭圆、皮壳薄、淡黄色，千粒重40.6g、蛋白质含量12.5%、2.5mm筛选率90.5%。麦芽细粉浸出率79.5%、糖化力261WK，α-氨基氮213mg/100g、库尔巴哈值46.3%。主要品质指标达到国标优级麦芽标准。江苏省和安徽省北部秋播种植，全生育期204天左右。耐肥抗倒，高抗大麦黄花叶病。

三、产量与生产分布

扬农啤10号2010—2012年参加江苏省大麦品种区域试验，其中2010—2011年平均单产6 524.1kg/hm^2，比对照品种扬农啤5号增产2.1%；2010—2012年平均单产6 344.0kg/hm^2，比扬农啤5号增产5.4%。在2012—2013年江苏省大麦生产试验中，平均产量为7 044.0kg/hm^2，比扬农啤5号增产11.1%。该品种自2014年开始分别在江苏和安徽2省示范推广。

四、栽培要点

江苏和安徽2省北部秋播种植。适期播种，淮南地区适宜播种期为10月底至11月10日；淮北地区为10月25日至11月初。精量播种、合理密植，每公顷基本苗225万株左右。科学肥水管理，纯氮施用量270kg/hm^{2}左右；基肥、苗肥、拔节孕穗肥比例以7∶2∶1为宜，配合使用磷、钾肥。田间沟系配套，注意防涝、防旱。苗期注意除草，后期做好赤霉病和蚜虫防治。

扬农啤10号

60 扬农啤11

一、品种来源

亲本及杂交组合：扬农啤5号/连9015。杂交系谱选育，啤酒大麦品种。

育成时间：2011年育成，原品系代号：苏B1105。2015年江苏省农作物品种审定委员会鉴定，品种鉴定证书编号：苏鉴大麦201504。2014年申请国家农作物新品种保护，2017年获国家新品种授权，品种权证书号：CNA20140414.0。

育成单位：扬州大学农学院。

主要育种者：许如根、吕超、张新忠、郭宝健。

国家农作物种质资源库大麦种质资源全国统一编号：ZDM10147。

二、特征特性

扬农啤11属春性二棱皮大麦。幼苗半直立、幼苗分蘖力中等偏上，叶色深绿、叶片较长。株高87cm、主茎总叶片11片，株型较紧凑、成穗率较高、穗层整齐，每穗实粒数25粒左右。粒形椭圆、粒色淡黄、皮壳较薄、千粒重41.6g，蛋白质含量12.31%、2.5mm筛选率88.0%。麦芽细粉浸出率80.1%、α-氨基氮176mg/100g，库尔巴哈值43%。主要品质指标达到国标优级麦芽标准。江苏省北部秋播种植，全生育期198天左右。抗寒性好、耐肥抗倒性中等，高抗大麦黄花叶病。

三、产量和分布

扬农啤11在2012—2014年江苏省大麦品种鉴定试验中，2012—2013年平均单产7 380.0kg/hm^2，比扬对照品种农啤5号增产6.9%；2013—2014年平均产量为7 653.0kg/hm^2，比扬农啤5号增产6.8%。2014—2015年参加江苏省大麦生产试验，平均单产7 029.0kg/hm^2，比扬农啤5号增产15.4%。该品种自2015年起在江苏省生产示范推广。

四、栽培要点

江苏省北部秋播种植。适宜播种期一般自10月底至11月上旬，淮南地区可适当推迟，淮北地区可适当提前。适宜基本苗为225万～300万株/hm^2，播期推迟基本苗应适当增加。播种方式以机械条播为好，行距为20cm。施肥以基肥为主、追肥为辅，早施壮苗肥，看苗情追施拔节孕穗肥。总施纯氮225kg/hm^2，基蘖肥与拔节孕穗肥的施用比例掌握在7：3。苗期进行杂草化控防除时，注意除草剂的种类、用量及施用的均匀性。大麦生长后期注意田间排水防渍，并做好赤霉病和蚜虫防治。

扬农啤11

61 扬农啤12

一、品种来源

亲本及杂交组合：苏啤3号///870187/83125//甘木二条。复合杂交系谱选育，啤酒大麦品种。

育成时间：2012年育成，原品系代号：苏B1202。2015年江苏省农作物品种审定委员会鉴定，品种鉴定证书编号：苏鉴大麦201506。

育成单位：扬州大学农学院。

主要育种者：许如根、吕超、李晓蓉、张新忠、郭宝健、李国生。

国家农作物种质资源库大麦种质资源全国统一编号：ZDM10148。

二、特征特性

扬农啤12属春性二棱皮大麦。幼苗半直立、叶色绿、叶片较长、分蘖力强，株高85cm左右、主茎总叶片11片，株型较紧凑、成穗率中等、穗层整齐，每穗实粒数24粒左右。籽粒椭圆、皮壳薄、颜色淡黄，千粒重40g左右、蛋白质含量12.37%，2.5mm筛选率87.0%。麦芽细粉浸出率79.6%、α-氨基氮174mg/100g、库尔巴哈值44%，主要品质指标达到国标优级麦芽标准。在江苏省北部地区秋播种植，全生育期198天左右。抗寒性中等、耐肥抗倒性较好，高抗大麦黄花叶病。

三、产量与生产分布

扬农啤12参加2012—2014年江苏省大麦品种鉴定试验，其中，2012—2013年平均产量为7 352.9kg/hm^2，比扬对照品种农啤5号增产2.6%；2013—2014年平均产量为7 323.9kg/hm^2，比扬农啤5号增产8.0%。该品种自2015年开始在江苏省生产示范推广。

四、栽培要点

江苏省秋播种植。适宜播种期，淮南地区10月底至11月10日；淮北地区10月25日至11月初。每公顷基本苗225万株左右，施纯氮225kg。基肥、苗肥、拔节孕穗肥施用比例以7：2：1为宜，配合使用磷、钾肥。做好田间沟系配套，注意防涝、防旱。苗期进行化控除草，拔节抽穗后注意赤霉病和蚜虫防治。

扬农啤12

空诱啤麦1号

一、品种来源

亲本及杂交组合：秀麦3号/冈2。F2选单株花药培养，染色体加倍后代花03-2卫星搭载，小孢子盐胁迫培养，染色体加倍系选，品酒大麦品种。

育成时间：2008年育成，原品系代号：花07-32-02。上海市农作物品种审定委员会2010年认定。2010年申请国家植物新品种保护，2015年获国家新品种授权，品种权证书号：20156000。

育成单位：上海市农科院生物技术研究所。

主要育种者：黄剑华、陆瑞菊、王亦菲。

国家农作物种质资源库大麦种质资源全国统一编号：ZDM09934。

二、特征特性

空诱啤麦1号春性二棱皮大麦。叶片宽大、叶色深绿，分蘖力强、成穗率高。株高75cm左右、茎秆粗壮，穗长7cm左右、芒长齿、易脱落，每穗结实25粒左右。粒型椭圆、粒色淡黄、皮壳薄，千粒重42g左右。麦芽蛋白质含量10.80%、无水浸出率81.4%。在上海市秋播种植生育期185天左右。耐寒耐湿性较强、抗大麦白粉和赤霉病，耐大麦黄花叶病、轻感条纹叶枯病。

三、产量与生产分布

空诱啤麦1号2008—2010年参加上海市大麦品种比较和生产试验，平均单6 075kg/hm^2，比对照品种花30增产15.7%，增产极显著。该品种2011年开始在上海市郊区示范推广，至

2015年累计生产种植5 000hm^2。

四、栽培要点

适宜上海市、浙江省和江苏省秋播种植。最佳播种期10月下旬至11月上旬，播种量150kg/hm^2，基本苗掌握在225万～240万株/hm^2。施足基肥、早施苗肥，提高分蘖成穗率。基肥每公顷施尿素150kg、过磷酸钙525kg、氯化钾225kg、猪圈肥15 000kg，2叶期追施尿素75kg。抽穗期每公顷追施尿素150kg、氯化钾75kg，促进小穗发育，提高结实率，增加千粒重。该品种轻度感染条纹病，播种前需种子药剂拌种处理，进行病害防控。

空诱啤麦1号

海花1号

一、品种来源

亲本及杂交组合：花30/99050（冈2/沪麦10号）。F1花药培养、染色体加倍系选，啤酒大麦品种。

育成年份：2005年育成，原品系代号：花-05-01。上海市农作物品种审定委员会2010年认定。

育成单位：上海市农科院生物技术研究所。

主要育种者：黄剑华、陆瑞菊、王亦菲。

国家农作物种质资源库大麦种质资源全国统一编号：ZDM09935。

二、特征特性

海花1号属春性二棱皮大麦。在上海和江苏等地秋播种植，一般全生育期210天左右，但随播种时间不同有所变化。地上部节间6节、基部节间短，茎秆壁厚、弹性好，矮秆抗倒伏、株高75cm左右。穗形长方、穗长6.8cm，每穗结实26.6粒、结实率92.7%。粒色淡黄、粒形椭圆皮壳薄，千粒重44.9g、蛋白质含量11.0%，无水麦芽浸出率80.0%。田间未见黄花叶病、白粉病和赤霉病发生。

三、产量与生产分布

海花1号2006—2010年参加上海市大麦品种区域试验和生产试验，4年平均单产7 270.0kg/hm^2，较对照品种单二大麦增产25.9%，较主栽品种扬农啤5号增产8.8%，较苏啤3号增产7.5%，较苏啤4号增产3.5%。该品种2011—2015年在上海市和江苏省累计生产种植2万多hm^2。

四、栽培要点

适宜上海市和江苏省秋播种植。播种期10月25日至11月5日，播种量以基本苗270万株/hm^2左右为宜。随播期的延迟，适当增加播种量。合理用肥，氮、磷、钾肥配合施用。一般每公顷施尿素375kg、过磷酸钙450kg。其中，氮肥70%作为基和苗期分蘖追肥，30%用于拔节孕穗追肥。磷、钾肥全部作为基肥1次施入。施肥原则是“施足基肥，早追苗肥，增施穗肥”。加强田间管理，整好田间排水沟渠，防止积水发生渍害。播种后3天内每公顷用50%瑞飞特750～825g和50%异丙隆1 200g，对水600kg均匀喷洒田面，防除田间杂草。注意苗期和灌浆期蚜虫防治。

海花1号

花11

一、品种来源

亲本及杂交组合：82164/秀麦1号。F1花药胁迫处理培养，染色体加倍系选，啤酒大麦品种。

育成时间：2002年育成，原品系代号：花-98-11。上海市农作物品种委员会2006年认定；2009年安徽省农作物品种委员会鉴定。

育成单位：上海市农科院生物技术研究所、嘉兴市农科院。

主要育种者：黄剑华、何南杨、龚来庭、陆瑞菊、王亦菲。

国家农作物种质资源库大麦种质资源全国统一编号：ZDM09936。

二、特征特性

花11属春性二棱皮大麦。幼苗半直立、叶片细卷、呈半螺旋状卷曲，叶色深绿上举、分蘖力强、成穗率高。株高81cm、株型紧凑、穗层整齐、每穗结实26粒左右。籽粒千粒重41g左右、蛋白质含量11.5%。麦芽细粉浸出率80.6%、粗粉浸出率79.6%，库尔巴哈值40.7%。抗白粉病和赤霉病，耐大麦黄花叶病。

三、产量与生产分布

花11在2003—2005年浙江省嘉兴市大麦品种比较试验中，平均单产6 750.0kg/hm^2，比对照品种花30增产8.5%，达极显著水平。2008年在上海跃进农场，百亩示范方实收单产7 317kg/hm^2，比对照品种沪麦16增产7.8%。2009年在上海跃进和新海农场，示范种植190.35hm^2，在播种期阴雨播期推迟，播种质量下降的情况下，平均单产7 041.8kg/hm^2，较沪麦16增产6.2%。该品种2006—2015年主要在上海、江苏、浙江、安徽、湖北等省市种植，累计生产面积约10万hm^2。

四、栽培要点

长江中下游地区秋播种植。适宜播种期11月上旬，播种量保证基本苗270万株/hm^{2}左右。合理增施磷钾肥，适当增加基蘖肥的施用比例，控制后期施氮量，争取有效穗数达到750万穗/hm^2。田间排水沟渠修整配套，注意防治病虫草害。蜡熟期及时收获，防止雨淋受潮霉变，以免影响麦芽加工和啤酒酿造品质。

花11

65 花22

一、品种来源

亲本及杂交组合：秀麦1号/秀麦3号。F2单株花药NaCl胁迫培养，染色体加倍系选，啤酒大麦品种。

育成时间：1996年育成，原品系代号：花-96-22。上海市农作物品种委员会2006年认定。

育成单位：上海市农科院生物技术研究所、嘉兴市农科院。

主要育种者：黄剑华、何南杨、龚来庭、陆瑞菊、王亦菲。

国家农作物种质资源库大麦种质资源全国统一编号：ZDM09937。

二、特征特性

花22属春性二棱皮大麦。叶片较宽大、叶色翠绿、分蘖中等偏强，茎秆粗壮。株高85cm左右，茎基和叶耳微紫、生长清秀、成穗率高。穗长7.2cm、穗姿直立，芒色淡紫、易脱落，灌浆期颖脉淡紫色、成熟后褪掉，每穗结实24粒。粒型椭圆、皮壳较厚，千粒重45～50g、蛋白质含量10.9%，无水麦芽浸出率80.7%。早熟抗倒、耐盐性强，适宜在沿海地区秋播种植。冻害恢复能力强，中抗赤霉病和白粉病，耐黄花叶病，轻感大麦条纹叶枯病。

三、产量与生产分布

花22参加1998—1999年上海市大麦品种区域试验，平均单产4 654.5kg/hm^2，比对照品种如东7号增产8.2%，增产极显著。2003—2005年在上海跃进农场进行2年生产试验，在2003—2004年单产达7 140.0kg/hm^2，比对照品种沪麦10号增产7.6%。2004—2005年单产7 091.3kg/hm^2，比沪麦10号增产15.3%。在江苏省海丰农场大面积生产示范，产量达6 364.5kg/hm^2。该品种2006—2015年，主要在上海、江苏、浙江等省市推广，累计生产种植20余万hm^2。

四、栽培要点

我国东南部地区秋播种植。适宜播种期11月5—15日，不宜早播。合理密植，基本苗以240万株/hm^2左右为宜。肥力差或播种推迟要适当增加播种量。科学施肥，掌握前促、中控、后补总的施肥原则。目标产量在6 000kg/hm^2水平，适宜施纯氮总量185～225kg/hm^2，其中基肥占70%，追肥占30%，并注意氮、磷、钾配合施用。播种前用纹枯净或纹枯灵浸种，防控大麦条纹病。

花22

花30

一、品种来源

亲本及杂交组合：82164/秀麦 1 号。F2单株花药培养，染色体加倍系选，啤酒大麦品种。

育成时间：1994年育成，原品系代号：花-94-30。1999年上海市农作物品种委员会认定，2001年浙江省农作物品种委员会认定，2003年江苏省农作物品种委员会认定，2005年分别通过河南省种子管理站鉴定和安徽省农作物品种委员会鉴定，2008年通过湖北省农作物品种委员会审定。

育成单位：上海市农科院生物技术研究所、嘉兴市农科院。

主要育种者：黄剑华、何南杨、龚来庭、陆瑞菊、王亦菲。

国家农作物种质资源库大麦种质资源全国统一编号：ZDM09938。

二、特征特性

花30属春性二棱皮大麦。苗期半匍匐、叶色深绿、叶片窄而卷曲，次生根多、分蘖力特强、成穗率高。后期不早衰、茎秆细韧、耐肥抗倒，适宜机械收割。株高80cm左右、株型紧凑、穗层整齐，穗长7cm、每穗结实26～27粒。籽粒颜色浅白、饱满均匀，千粒重40～42g、蛋白质含量11.53%，麦芽细粉浸出率80.8%、粗粉浸出率80.1%。耐寒耐湿性好，既适宜稻田，也适宜旱地种植。耐大麦黄花叶病和赤霉病，抗白粉病，轻感条纹叶枯病和网斑病。

三、产量与生产分布

花30在1995—1997年参加上海市大麦品种区域试验和生产试验，产量比对照品种如东7号高9.0%，增产极显著。1997—1999年在浙江省大麦品种区域试验和生产试验中，比对照浙农大6号增产21.4%，增产极显著。同期在江苏省大麦品种区试和生产试验中，比对照单二大麦增产8.0%～9.6%；在安徽省大麦品种同类试验中，比对照苏引1号增产23.5%。2004—2005年参加湖北省大麦品种区域试验，平均单产6 247.8kg/hm^2，比对照品种鄂大麦9号增产4.7%，达极显著水平。该品种主要在上海、江苏、浙江、安徽、湖北等省市示范推广，1999—2015年累计生产种植53.5万hm^2。

四、栽培要点

适宜长江中下游地区秋播种植。花30耐寒性较强，播种期弹性大，在上海一般以11月初开始播种为宜。播种量188kg/hm^2，基本苗掌握在270万～300万株/hm^2。施足基肥、早施苗肥，提高分蘖成穗率。每公顷施尿素150kg、磷酸钙525kg、氯化钾225kg、圈肥15 000kg作基肥。2叶期追施尿素75kg，8叶期前后追施尿素150kg、氯化钾75kg，促进分蘖和小穗发育，提高结实率，增加千粒重。该品系叶色浓绿，不要误认为肥料足而减少施用量。播种前注意做好种子处理，防治大麦条纹病。

花30

浙江省大麦品种

浙皮2号

一、品种来源

亲本及杂交组合：78-843/78-932。杂交系谱选育，啤酒大麦品种。

育成时间：1983年育成，原品系代号：83-122。1988年浙江省湖州市农作物品种审定委员会审定。

育成单位：浙江省农业科学院。

主要育种者：赵理清等。

国家农作物种质资源库大麦种质资源全国统一编号：ZDM10149。

二、特征特性

浙皮2号属春性二棱大麦。幼苗半匍匐、分蘖力强，叶片绿色、叶耳紫色。茎秆黄色、粗细中等，株高80cm、株型紧凑，成穗率高、穗全抽出、穗层整齐。穗长方形、窄护颖、侧小穗顶部钝，穗长5.2cm、小穗着生密，穗芒黄色、芒长齿，每穗结实18～20粒。籽粒黄色、粒形椭圆，饱满均匀、半硬质、千粒重36～40g，蛋白质含量11.0%、淀粉含量62.5%～63.0%。在浙江省秋播种植，全生育期165天左右。成熟早、耐迟播、耐肥抗倒，中抗赤霉病，不抗黄花叶病。

三、产量与生产分布

浙皮2号1985—1987年参加浙江省大麦区域试验，年度平均单产分别为3 258.0kg/hm^{2}和3 559.5kg/hm^2，比对照品种早熟3号分别增产5.6%和5.9%。1988年参加浙江省大麦生产试验，在迟播条件下平均单产3 130.5kg/hm^2，比对照早熟3号增产14.8%。该品种自1989

年起，主要在浙江省生产种植。

四、栽培要点

选择浙江省无黄花叶病的地区秋播种植。浙皮2号春性强、成熟早、耐迟播，适宜与晚稻迟茬口搭配种植。该品种较耐肥抗倒，施肥量可适当增加。

浙皮2号

浙皮3号

一、品种来源

亲本及杂交组合：79-1050/浙皮1号。杂交系谱选育，啤酒大麦品种。

育成时间：1986年育成，原品系代号：86-166。浙江省农作物品种审定委员会1994年审定。

育成单位：浙江省农业科学院。

主要育种者：赵理清等。

国家农作物种质资源库大麦种质资源全国统一编号：ZDM09991。

二、特征特性

浙皮3号属春性二棱皮大麦。幼苗半匍匐、叶片绿色，叶耳紫色，茎秆黄色、蜡粉中等偏多、株高90cm。穗全抽出、穗层整齐，穗长方形、侧小穗顶部钝，穗长5.2cm、小穗着生密、芒长齿、易脱落，外颖脉黄色、每穗结实20～23粒。粒形卵圆、粒色淡黄，千粒重39～42g、蛋白质含量10.3%～11.3%，淀粉含量60.6%。无水麦芽浸出率78.44%、糖化力241.7WK，α-氨基氮225.38mg/100g、库尔巴哈值44.7%。在浙江省秋播种植，全生育期162天。早熟、耐湿，中抗赤霉病，不抗黄花叶病。

三、产量和分布

浙皮3号大田生产一般单产3 345.0～4 095.0kg/hm^2。1986—1988年参加浙江省大麦品种联合鉴定，年度平均单分别为3 799.5kg/hm^{2}和4 830kg/hm^2，比对照品种早熟3号分别增产7.5%和11.5%。1988年在浙江省嘉兴市大麦生产试验中，平均单产5 127.0kg/hm^2，比对照品种浙农大3号增产11.8%。浙皮3号自1995年开始主要在浙江省大面积生产种植。

四、栽培要点

浙江省秋播种植，11月中旬适期播种。适当增加播种量，撒播每公顷播种180～225kg。总施纯氮150kg/hm^2左右，施足基肥，早施壮苗分蘖肥，看苗情追施穗粒增重肥。

浙皮3号

浙皮4号

一、品种来源

亲本及杂交组合：沪麦8号/浙皮1号。杂交系谱选育，啤酒大麦品种。

育成时间：1989年育成，原品系代号：87-179。浙江省农作物品种审定委员会1996年审定，品种审定证书编号：浙品审第145号。

育成单位：浙江省农业科学院。

主要育种者：赵理清等。

国家农作物种质资源库大麦种质资源全国统一编号：ZDM09992。

二、特征特性

浙皮4号属春性二棱皮大麦。幼苗半匍匐、叶片绿色、叶耳紫色，茎秆黄色、粗细中等，株高88cm。穗全抽出、穗层整齐，穗形长方、侧小穗顶部钝，穗和芒黄色、长齿芒。穗长5.8cm、小穗着生密、每穗结实23粒，千粒重39g、发芽率98%，蛋白质含量10.6%、淀粉含量65.6%。麦芽无水浸出率79%、糖化力282WK、库尔巴哈值40.3%。在浙江省秋播种植，全生育期158天。早熟、抗倒，中抗赤霉病和黄花叶病。

三、产量和分布

浙皮4号1991—1993年参加浙江省大麦品种库尔巴区域试验，年度平均单产分别为3 994.5kg/hm^{2}和3 141.0kg/hm^2，比对照品种浙农大3号分别增产12.3%和4.7%。1994年参加浙江省大麦生产试验，平均单产3 883.5kg/hm^2，比对照浙农大3号增产6.9%。该品种自1995年开始在浙江、江苏等省推广种植，1996—2000年累计生产种植面积5.3万hm^2。

四、栽培要点

南方地区秋播种植。适期播种，浙江省适宜播种期11月上中旬播种。合理密植，播种量165～210kg/hm^2。科学施肥，每公顷施纯氮150kg；施足基肥，早施壮苗分蘖蘖肥，巧施孕穗增粒肥。

浙皮4号

浙原18

一、品种来源

亲本及杂交组合：朝日19/G11。杂种F1种子^{137}Cs-γ射线辐照，系谱选育，饲料大麦品种。

育成时间：1988年育成，原品系代号：浙原88-18。浙江省农作物品种审定委员会1996年审定，品种审定证书编号：浙品审第143号。

育成单位：浙江省农业科学院。

主要育种者：杨建明、沈秋泉。

国家农作物种质资源库大麦种质资源全国统一编号：ZDM09997。

二、特征特性

浙原18系半冬性二棱皮大麦。苗期生长半匍匐、叶色深绿，根系较发达、分蘖中等。株高80～85cm、茎秆粗壮、株型较紧凑，后期熟相清秀、灌浆速度快。穗形纺锤、小穗着生密，穗芒长齿、不易脱落，每穗结实25～30粒。籽粒颖壳较薄、粒色浅黄，千粒重40～42g、蛋白质含量14.6%。在浙江省秋播种植，全生育期165～170天。中熟、耐肥抗倒、耐湿耐盐，中抗赤霉病和黄花叶病。

三、产量和分布

浙原18 1991—1993年在浙江省绍兴市大麦品种区域试验中，年度平均单产分别为3 969.0kg/hm^{2}和3 826.5kg/hm^2，比对照品种浙农大3号分别增产5.7%和13.1%。1992—1993年参加绍兴市大麦生产试验，平均单产3 697.5kg/hm^2，比对照品种秀麦1号增产13.2%。该品种自1995年开始在浙江省示范推广，1996—2000年累计生产种植近2万hm^2。

四、栽培要点

浙江省秋播种植。11月中下旬适期播种。播种密度保证基本苗300万～375万株/hm^2。科学施肥，氮、磷、钾配施。施足基肥，重施壮苗分蘖肥，看苗情追施孕穗增粒肥。做好田间清沟排水和化学除草，防控大麦赤霉病和白粉病等病害发生。蜡熟期适时收获，防止雨淋发生霉变。

浙原18

浙皮6号

一、品种来源

亲本及杂交组合：浙92034/浙皮4号。杂交系谱选育，饲料大麦品种。

育成时间：1996年育成，原品系代号：浙96-113。浙江省农作物新品种审定委员会和浙江省种子管理站2002年鉴定。

育成单位：浙江省农业科学院。

主要育种者：杨建明、沈秋泉。

国家农作物种质资源库大麦种质资源全国统一编号：ZDM09993。

二、特征特性

浙皮6号属春性二棱皮大麦。幼苗半直立、根系较发达，株高80～85cm。茎叶清秀、株型紧凑，茎秆弹性强、耐肥抗倒。穗长中等、纺锤穗形，长齿芒、小穗着生密、每穗结实25～27粒。粒形卵圆、皮壳薄，千粒重39～41g、蛋白质含量12%～15%。浙江省秋播种植全生育期160～165天。早熟、耐湿，抗黄花叶病，中抗赤霉病。

三、产量和分布

浙皮6号1999—2001年连续2年参加浙江省大麦品质区域试验，年度平均单产分别为3 961.5kg/hm^{2}和3 477.0kg/hm^2，比对照品种浙农大3号分别增产3.4%和9.3%。在2001年浙江省大麦生产试验中，平均产量3 883.5kg/hm^2，比对照浙农大3号增产7.3%。该品种自2003年起在浙江省生产示范推广。

四、栽培要点

浙江省秋播种植。适时、适量播种，保证基本苗350万～370万株/hm^2。施足基肥，重施拔节孕穗肥，酌情追施穗粒，促进分蘖成穗和籽粒灌浆。做好田间排涝防渍，注意田间杂草和赤霉病、条纹病、白粉病防治。蜡熟期收获，及时晾晒烘干，防止雨淋受潮霉变。

浙皮6号

72 浙皮7号

一、品种来源

亲本及杂交组合：上93-1758/浙90-142。杂交系谱选育，饲料大麦品种。
育成时间：1998年育成，原品系代号：浙98-26。浙江省种子管理站2003年鉴定。
育成单位：浙江省农业科学院。
主要育种者：杨建明、沈秋泉。
国家农作物种质资源库大麦种质资源全国统一编号：ZDM09994。

浙皮7号

二、特征特性

浙皮7号属春性二棱皮大麦。苗期生长半直立、根系较发达，株高80～85cm、株型紧凑，茎秆弹性强、耐肥抗倒。穗长中等、穗形纺锤，穗芒长齿、易脱落，小穗着生密、每穗结实25～28粒。籽粒短圆、皮壳薄，千粒重46～48g、蛋白质含量13%～15%。浙江省秋播种植早熟，全生育期162天。高抗黄花叶病，中抗赤霉病。

三、产量和分布

浙皮7号2000—2002年连续2年参加浙江省大麦品种区域试验，年度平均单产分别为23 673.5kg/hm^{2}和3 906.0kg/hm^2，比对照品种浙农大3号分别增产15.5%和9.2%。2年总平均产量为3 790.5kg/hm^2，比对照浙农大3号增产12.1%，达极显著水平。该品种自2004年起在浙江省生产示范推广。

四、栽培要点

浙江省秋播种植。11月中、下旬适期播种，保证基本苗375万株/hm^2。施足基肥，重施拔节孕穗肥，酌情追施穗粒。做好田间排涝防渍和杂草防除与赤霉病、条纹病、白粉病等病害防治。蜡熟期收获并及时晾晒烘干，防止雨淋防霉变。

73 浙皮8号

一、品种来源

亲本及杂交组合：浙皮2号/浙93-125。杂交系谱选育，啤酒大麦品种。

育成时间：2001年育成，原品系代号浙01-13。浙江省非主要农作物审定委员会2006年审定，品种审定证书编号：浙认麦2006002。2005年申请国家新品种保护，2009年获国家新品种授权，品种权证书号：第20092065号，品种权号：CNA20050548.3。

育成单位：浙江省农业科学院。

主要育种者：杨建明、汪军妹、朱靖环、贾巧君、沈秋泉。

国家农作物种质资源库大麦种质资源全国统一编号：ZDM09995。

二、特征特性

浙皮8号属半冬性二棱皮大麦。幼苗半直立、叶色鲜绿，根系较发达、分蘖力中等，株高90～95cm、株型紧凑，茎秆粗壮、弹性好。穗长6.5～7.5cm、穗形纺锤、侧小穗小，长齿芒、穗密度稀，每穗结实24～26粒。籽粒卵圆、皮壳薄、白色，千粒重50～53g。无水麦芽浸出率79.0%、糖化力205WK，蛋白质含量8.5%、库尔巴哈值44.0%、α-氨基氮143mg/100g。在浙江省秋播种植，全生育期165～173天。中熟、抗倒、耐湿性强，中抗赤霉病，高抗黄花叶病。

三、产量和分布

浙皮8号2003—2005年连续2年参加浙江省大麦品种区域试验，年度平均单产分别为4 912.5kg/hm^{2}和4 414.5kg/hm^2，2年平均单产4 663.5kg/hm^2，比对照品种花30增产4.9%。在2004—2005年浙江省大麦生产试验中，平均产量4 308.2kg/hm^2，与对照花30相同。该品种2007年开始在浙江省生产示范种植。

四、栽培要点

浙江省秋播种植。适期播种、合理密植，保证基本苗350万～370万株/hm^2。科学施肥，施足基肥、早施分蘖肥、酌情追施孕穗增粒肥。做好田间排水防渍和化学除草，防治赤霉病、条纹病和白粉病。蜡熟期及时收获脱粒，防治雨淋受潮发生霉变。

浙皮8号

浙秀12

一、品种来源

亲本及杂交组合：岗2//秀82-164/秀麦1号。杂交系谱选育，啤饲兼用大麦品种。

育成时间：1999年育成，原品系代号：浙秀99-12。浙江省非主要农作物认定委员会2006年认定，品种认定证书编号：浙认麦2006001。2009年申请国家农作物新品种保护，2015年国家新品种授权，品种权证书号：第20155998号，品种权号：CNA20090393.2。

育成单位：浙江省农业科学院作物与核技术利用研究所、嘉兴市农业科学研究所。

主要育种者：杨建明、汪军妹、朱靖环、贾巧君、郎淑平、林峰、华为。

国家农作物种质资源库大麦种质资源全国统一编号：ZDM09998。

二、特征特性

浙秀12属春性二棱皮大麦。叶细微卷、叶色深绿，根系发达、茎秆细韧。株高75～80cm，分蘖成穗率高、成熟期穗姿略弯。穗芒长齿、每穗结实24～26粒，籽粒白色、外颖脊边内侧脉有细刺。千粒重39～40g、蛋白质含量9.3%，粗纤维5.36%、灰分2.6%。麦芽细分浸出率78.0%、糖化力239WK，蛋白质含量9.2%、库尔巴哈值49.0%、α-氨基氮147mg/100g。在浙江省秋播种植早熟，全生育期165～172天。耐肥抗倒，中抗赤霉病，轻感黄花叶病。

三、产量和分布

浙秀12参加2003—2005年浙江省大麦品种区域试验，2年平均单产4 702.5kg/hm^2，比对照品种花30增产5.9%。在2005年浙江省大麦生产试验中，平均单产4 638.3kg/hm^2，比对照花30增产7.1%。该品种2005年开始在浙江省嘉兴地区示范推广，累计生产种植面积2万hm^2。

四、栽培要点

浙江省秋播种植。适期、适量播种。播种前药剂拌种，防条纹病。施足底肥，早施壮苗肥分蘖肥，氮、磷、钾搭配施用。蜡熟期及时收获。

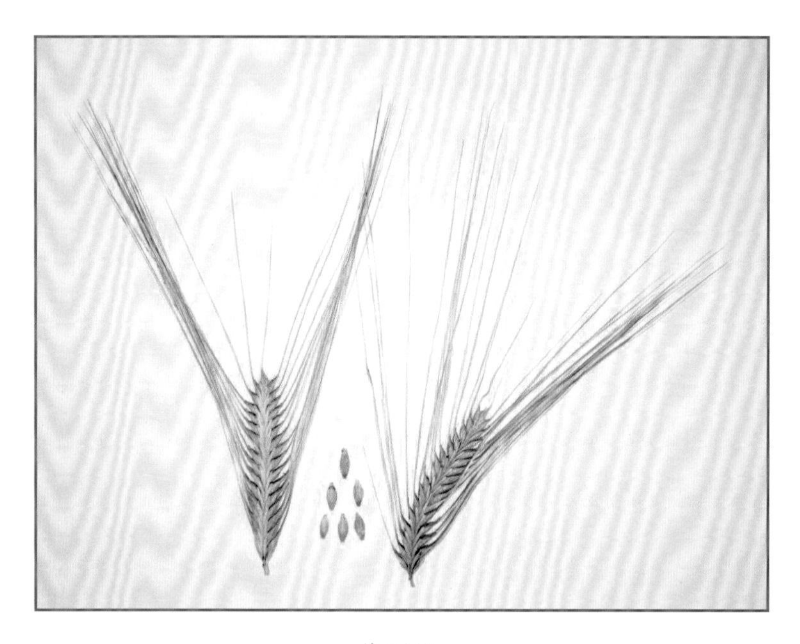

浙秀12

75 浙啤33

一、品种来源

亲本及杂交组合：[（岗2/秀麦3号）F3//秀麦3号] F3///岗2。复合杂交系谱选育，啤酒大麦品种。

育成时间：2003年育成，原品系代号：浙03-3。浙江省非主要农作物审定委员会2008年认定，品种认定证书编号：浙认麦2008001。2009年申请国家农作物新品种保护，2015年获国家新品种授权，品种权证书号：第20155999号，品种权号：CNA2009043.6。

育成单位：浙江省农业科学院、浙江省嘉兴市农业科学研究所。

主要育种者：杨建明、汪军妹、朱靖环、贾巧君、郎淑平、林峰、华为。

国家农作物种质资源库大麦种质资源全国统一编号：ZDM09996。

二、特征特性

浙啤33属春性二棱皮大麦。幼苗半直立、叶色浓绿、叶片微卷，株高75～80cm。株型紧凑、茎秆粗壮，旗叶稍宽、叶耳有色。乳熟期外稃紫脉，穗姿直立、穗形纺锤、小穗着生密，芒长齿、易脱脱落。每穗结实25～28粒，粒色浅黄、粒形卵圆、千粒重42～43g。麦芽细分浸出率81.3%、糖化力217.8WK，蛋白质含量9.83%、α-氨基氮169.12mg/100g，库尔巴哈值50.59%、黏度0.91。在浙江省秋播种植中早熟，全生育期165～175天。抗倒性好、耐湿性强，中抗赤霉病。

三、产量与生产分布

浙啤33参加2004—2006年浙江省大麦品种比较试验，2年平均单产5 154.0kg/hm^2，比对照品种花30增产2.3%。在2007年浙江省大麦生产试验中，平均单产5 226.0kg/hm^2，比对照花30增产5.2%。该品种2008年开始在浙江省示范推广，2014年成为浙江省大麦生产主导品种，年最大种植面积1.2万hm^2，至2015年累计生产种植约7.5万hm^2。

四、栽培要点

浙江省秋播种植。一般在11月中下旬适期播种。晚稻茬免耕直播，合理密植，保证基本苗300万～375万株/hm^2。施足基肥，重施壮苗分蘖肥，适施孕穗增粒肥，氮、磷、钾配施。做好田间清沟排水和化学除草，注意赤霉病和白粉病防治。蜡熟期适时收获，防止雨淋发生霉变。

浙啤33

浙秀22

一、品种来源

亲本及杂交组合：冈2/秀8946//秀8946/浙91268。杂交系谱选育，饲料大麦品种。

育成时间审：1996年育成，原品系代号：秀96-22。浙江省非主要农作物认定委员会2008年认定，品种认定证书编号：浙认麦2008002。

育成单位：浙江省农业科学院作物与核技术利用研究所、嘉兴市农业科学研究所。

主要育种者：杨建明、汪军妹、朱靖环、贾巧君、郎淑平、林峰、华为。

国家农作物种质资源库大麦种质资源全国统一编号：ZDM09999。

二、特征特性

浙秀22为春性二棱皮大麦。叶片较宽大、叶色翠绿、分蘖中等偏强，株高75cm左右、茎秆粗壮、生长清秀。茎基部、叶耳和穗芒呈浅紫色，灌浆期颖壳显3条紫脉，成熟后褪掉。穗姿直立、长齿芒，每穗结实23～25粒。粒型椭圆、皮壳较厚，千粒重44～45g、蛋白质含量9.2%，粗纤维含量3.61%、灰分含量2.45%。浙江省秋播种植早熟，全生育期165～171天。抗倒伏、中抗赤霉病，中感黄花叶病。

三、产量与生产分布

浙秀22参加2003—2005年浙江省大麦品种比较试验，2年平均单产4 381.5kg/hm^2，比对照品种花30减产1.3%，减产不显著。在2005年浙江省大麦生产试验中，平均单产4 344.0kg/hm^2，比对照花30增产0.3%。浙秀22自2002年开始在浙江省嘉兴地区示范推广，累计生产种植面积1万hm^2。

四、栽培要点

浙江省东南部地区秋播种植。适期播种，播前进行种子处理防条纹病，适当增加播种量。施足基肥，重施壮苗分蘖肥适施孕穗增粒肥。蜡熟期及时收获，做好晾晒烘干，防止雨淋受潮霉变。

浙秀22

秀麦11

一、品种来源

亲本及杂交组合：82164/秀麦3号。F1代经花药培养选育，饲料大麦品种。

育成时间：1998年育成，原品系代号：秀98-11。浙江省非主要农作物认定委员会2008年认定，品种认定证书编号：浙认麦2008003。

育成单位：嘉兴市农业科学研究所、浙江省农业科学院作物与核技术利用研究所。

主要育种者：郎淑平、杨建明、汪军妹、朱靖环。

国家农作物种质资源库大麦种质资源全国统一编号：ZDM10000。

二、特征特性

秀麦11属春性二棱皮大麦。播种出苗快、分蘖早、耐寒性强，叶片呈半螺旋状卷曲，叶色深绿、叶姿上举，叶舌、叶耳淡黄。根系发达、次生根多、灌浆后期根系活力强，株高75cm、株型紧凑。每穗结实24～25粒，籽粒易脱粒、千粒重38～40g，蛋白质含量9.4%、粗纤维含量4.31%、灰分含量2.49%。浙江省秋播早熟，全生育期165～171天。耐湿性强，中抗赤霉病，感黄花叶病。

三、产量与生产分布

浙秀11在2004—2006年浙江省大麦品种区域试验中，2年平均单产4 503.0kg/hm^2，比对照品种花30增产1.4%，增产不显著。2007年参加浙江省大麦生产试验，平均单产4 497.3kg/hm^2，比对照花30增产3.8%。该品种自2008年开始在浙江省嘉兴地区示范推广，2012年最大年种植面积7 800hm^2。

四、栽培要点

浙江省东南部地区秋播种植。适时、适量播种，保证基本苗300万～375万株/hm^2。施足基肥，重施拔节孕穗肥，适施穗粒增重肥，促进分蘖成穗和籽粒灌浆。

秀麦11

78 浙大8号

一、品种来源

亲本及杂交组合：92-11（85-16/81-66 F6）/岗2。杂交系谱选育，啤酒大麦品种。

育成时间：2003年育成，原品系代号：03-34。浙江省农作物品种审定委员会2009年认定。

育成单位：浙江大学。

主要育种者：张国平、丁守仁。

国家农作物种质资源库大麦种质资源全国统一编号：ZDM10003。

二、特征特性

浙大8号属春性二棱皮大麦。幼苗半直立、叶色浓绿，分蘖旺盛、成穗率中等。浙江省杭州种植主茎叶片11张，旗叶较宽、叶耳中等大小、淡黄色。株高90cm左右，茎秆粗壮、坚韧抗倒，穗全抽出，穗芒长齿、黄色，每穗结实24～26粒。籽粒椭圆形、黄颜色，千粒重45g左右、蛋白质含量11.8%，无水麦芽浸出率77.9%、糖化力302.6WK。全生育期171～173天，属中熟偏早类型。耐湿性强、抗赤霉病，病穗率22.7%、病粒率3.4%，病情指数4.0%，中抗白粉病。

三、产量和分布

浙大8号2006—2008年参加浙江省大麦品种比较试验，2年平均单产5 140.5kg/hm^2，比对照品种花30增产6.%。其中，2006—2007年平均产量5 463.0kg/hm^2，比对照花30增产5.9%；2007—2008年平均单4 816.5kg/hm^2，比花30增产6.1%。2005年始在浙江省桐乡市等地小面积试种，2009年起在浙江省嘉兴市各地种植，年最大推广面积4 000hm^2。

四、栽培要点

东南地区秋播种植。适期播种：浙江省北部11月5—15日，浙江省中部11月10—20日播种。播种量188kg/hm²，迟播酌情增加播种量。科学施肥，产量目标400kg/hm²，肥力中等田块每公顷总用肥量为尿素450kg、过磷酸钙450kg、氯化钾225kg，或复合肥（N：P：K=15：15：15）300～375kg、尿素300kg。其中，氮肥60%～70%作为基和苗肥，30%～40%作为穗肥，一般磷、钾肥全部作为基肥1次施入。播种之前做好种子处理，预防大麦条纹病、网斑病和黑穗病等病害。田间杂草用除草剂防。

浙大8号

79 浙大9号

一、品种来源

亲本及杂交组合：89-0917/97-33（82-4/上84-165）。杂交系谱选育，啤酒大麦品种。

育成时间：2004年育成，原品系代号：04-9。浙江省农作物品种审定委员会2010年认定。

育成单位：浙江大学.

主要育种者：张国平、丁守仁。

国家农作物种质资源库大麦种质资源全国统一编号：ZDM10001。

二、特征特性

浙大9号属春性二棱皮大麦。幼苗生长旺盛、叶色淡绿，在浙江省杭州种植，主茎叶11片左右。株高85～88cm，旗叶宽大、叶耳淡黄，株型紧凑、茎秆粗壮、坚韧抗倒。穗全抽出、穗芒长齿芒、每穗结实26～28粒。粒色浅黄、粒形椭圆，千粒重43～45g、蛋白质含量10.3%，无水麦芽浸出率80.0%、库尔巴哈值46.16%。全生育期176～178天，属迟熟品种类型。耐湿性强、抗赤霉病，病穗率18.6%、病粒率2.4%、病情指数1.9%，中抗白粉病。

三、产量和分布

浙大9号2007—2009年参加浙江省大麦品种比较试验，2年平均单5 476.5kg/hm^2，比对照品种花30增产9.5%。其中，2007—2008年度平均单5 059.5kg/hm^2，比花30增产11.5%；2008—2009年度平均单产5 893.5kg/hm^2，比花30增产7.9%。该品种2008年始在浙江省嘉兴市多地试种，2010年起在浙江省嘉兴市和宁波市各地种植，年最大推广面积1.2万hm^2。

四、栽培要点

浙江省秋播种植。适时早播，最佳播种期浙北地区11月5—10日，浙中地区11月10—15日。该品种籽粒较大，应适当增加播种量，一般195～210kg/hm^{2}为宜，迟播酌情增加播种量。合理施肥，高产田块每公顷总用肥量为：尿素450kg、过磷酸钙450kg、氯化钾225kg；或用复合肥（N：P：K=15：15：15）300～375kg、尿素300kg。其中，氮肥60%～70%作为基肥、苗肥，30%～40%作为穗肥；磷、钾肥一般全部作为基肥1次施入。杂草防除，稻茬麦田播种前喷洒10%草甘膦，2叶1心期和4叶1心至5叶期，分别进行两次喷药除草。播种时用“大麦清”或三唑醇等药剂处理种子，预防大麦条纹病、网斑病和黑穗病等病害。

浙大9号

浙皮9号

一、品种来源

亲本及杂交组合：浙03-9/沪98087。杂交系谱选育，饲料大麦品种。

育成时间审：2008年育成，原品系代号：浙08-104。浙江省非主要农作物审定委员会2012年审定，品种审定证书编号：浙（非）审麦2012001。2013年申请国家新品种保护，2017年获国家新品种授权，品种权证书号：第20178785号，品种权号：CNA20130436.5。

育成单位：浙江省农业科学院。

主要育种者：朱靖环、杨建明、汪军妹、贾巧君、华为、尚毅、林峰。

国家农作物种质资源库大麦种质资源全国统一编号：ZDM10150。

二、特征特性

浙皮9号属春性二棱皮大麦。幼苗叶色深绿、叶片宽度中等，分蘖力强、拔节早、成穗率高。株高80～85cm、株型紧凑，叶片上挺、叶尖稍卷曲。植株后期叶持绿性强、灌浆充分，穗茎半弯曲、每穗结实25～28粒，籽粒饱满、粒色浅黄，千粒重42～44g、蛋白质含量13.56%。浙江省秋播种植，全生育期165～176天。早中熟、抗倒、耐湿，中抗赤霉病。

三、产量与生产分布

浙皮9号2008—2010年参加浙江省大麦品种比较试验，其中，2008—2009年平均单产4 963.5kg/hm^2，比对照品种花30增产5.8%，达显著水平；2009—2010年平均产量5 518.5kg/hm^2，比对照花30增产8.4%，达显著水平。2年试验平均单5 241.0kg/hm^2，比对照花30增产7.1%。在2011—2012年浙江省大麦生产试验中，平均单4 003.5kg/hm^2，比对照花30增产8.1%。该品种自2013年开始在浙江省生产示范推广，2015年生产种植面积

3 750hm^2。

四、栽培要点

浙江省秋播种植。适宜播种期为11月中、下旬。合理密植，稻茬种植基本苗在375万株/hm^2。科学施肥，施足基肥、早施苗肥，氮、磷、钾配施。做好田间排水防渍和冰虫草害防控，及时收获晾晒烘干。

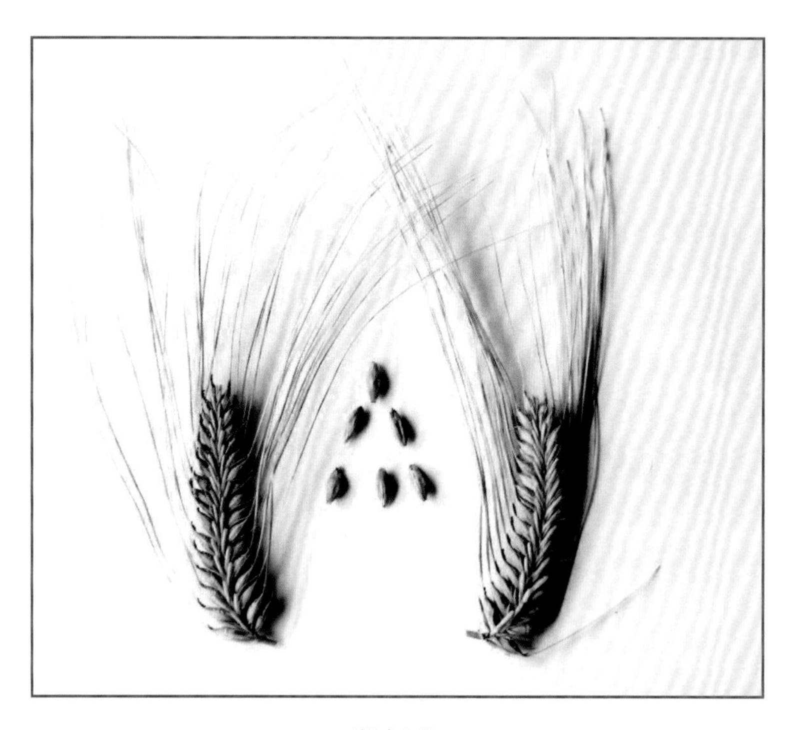

浙皮9号

浙云1号

一、品种来源

亲本及杂交组合：花30/红日啤麦二号。杂交系谱选育，饲料大麦品种。

育成时间：2010年育成，原品系代号：ZYK10-31。云南省农作物审定委员会2012年登记，品种登记证书编号：云登记大麦2012011。

育成单位：浙江省农科院作物与核技术利用研究所、云南省农科院生物技术与种质资源研究所、保山市农业科学研究所。

主要育种者：朱靖环、杨建明、曾亚文、刘猛道、尚毅、汪军妹、杨涛、贾巧君、林峰、华为。

国家农作物种质资源库大麦种质资源全国统一编号：ZDM10152。

二、特征特性

浙云1号属春性二棱皮大麦。幼苗半匍匐、分蘖力强、苗期长势中等，叶片中长、叶色鲜绿、叶耳白色。株高56～60cm、茎秆粗壮、蜡质较厚，株型紧凑、穗层整齐、熟相好。穗棍棒形、穗长6～7cm，黄色穗芒、长齿芒，侧小穗不完全退化、每穗结实22～25粒。籽粒黄色、粒形椭圆，千粒重43～45g。浙江省秋播种植，全生育期156天。早熟、抗倒伏，抗锈病、中抗白粉病，抗旱性稍差、抗寒性中等。

三、产量与生产分布

浙云1号2010—2012年参加云南省大麦品种区域试验，2年平均单产5 446.5kg/hm^2，比平均对照增产1.3%。该品种自2013年起在云南省玉溪、文山和保山地区生产示范种植。

四、栽培要点

云南省秋播种植。适宜播种期10月下旬至11月上旬。播种量120 ~ 150kg/hm^2。施足底肥，每公顷施优质农家肥15 000 ~ 30 000kg或复合肥450 ~ 600kg。此外，施用尿素375 ~ 525kg，分别用于种肥、分蘖肥和拔节肥。各个生长期尿素施用量根据土壤、苗情而定，全生长期灌水3 ~ 4次。及时防治病、虫、草害。

浙云1号

浙皮10号

一、品种来源

亲本及杂交组合：浙农大3号/浙秀12。杂交系谱选育，饲料大麦品种。

育成时间：2009年育成，原品系代号：浙09-67。浙江省非主要农作物审定委员会2014年审定，品种审定证书编号：浙（非）审麦2014001，安徽省非主要农作物品种鉴定登记委员会2016年鉴定，品种登记证书编号：皖品鉴登字第1407002。

育成单位：浙江省农业科学院。

主要育种者：朱靖环、杨建明、汪军妹、贾巧君、华为、尚毅、王瑞、陈晓冬。

国家农作物种质资源库大麦种质资源全国统一编号：ZDM10151。

二、特征特性

浙皮10号属春性二棱皮大麦。幼苗半直立、分蘖力中等，叶色浓绿、叶片较宽、旗叶挺举。株高78 ~ 80cm、株型紧凑，穗下节间较短。穗长6 ~ 7cm、穗姿直立，穗形纺锤、小穗着生密，每穗结实粒数25 ~ 28粒。籽粒饱满度中等，千粒重41 ~ 44g、蛋白质含量13.1%。浙江省秋播全生育期165 ~ 171天。早中熟、抗倒耐寒，耐迟播、抗早衰，中抗赤霉病和白粉病。

三、产量与生产分布

浙皮10号2011—2013年连续2年参加浙江省大麦品种区域试验，年度平均产量均居参试品种首位，分别为4 093.5kg/hm^{2}和5 304.0kg/hm^2，比对照品种花30分别显著增产12.8%和6.8%。在2012—2013年浙江省大麦品种生产试验中，平均单产5 370.0kg/hm^2，比对照花30增产13.7%。该品种2015年开始在浙江省示范推广。

四、栽培要点

适宜浙江和安徽2省秋播种植。适合播种期11月中、下旬，播种量225kg/hm^2。播种较迟时，播种量需适当增加。基肥重施，一般基肥应占总施肥量60%，磷、钾肥全部随基肥一次性施入。4～5叶期追施壮苗分蘖肥，拔节抽穗期酌情追施成穗增粒肥。

浙皮10号

莆大麦7号

一、品种来源

亲本及杂交组合：植3/85-10。杂交系谱选育，饲料大麦品种。

育成时间：1995年育成，原品系代号：895067。福建省农作物品种审定委员会2001年审定，品种审定证书编号：闽审麦2001001。

育成单位：福建省莆田市农业科学研究所。

主要育种者：郭媛贞、陈德禄、黄金堂、陈炳坤。

国家农作物种质资源库大麦种质资源全国统一编号：ZDM10153。

二、特征特性

莆大麦7号为二棱春性皮大麦。幼苗直立，分蘖力强，成穗率高。株型紧凑，茎秆粗壮，耐肥抗倒，株高97cm。中早熟，秋播全生育期127～144天。穗层整齐，长方穗型，穗长6.8～7.9cm，穗粒数25粒，单穗粒重1.25g。籽粒均匀、饱满，粒形隋圆，种皮较薄，粒色浅黄，千粒重48～53g。籽粒蛋白质含量14.73%，淀粉含量50.64%。

三、产量和分布

莆大麦7号丰产性好，产量潜力一般4 500kg/hm^2，最高可达5 250kg/hm^2。1997—1998年度参加福建省大麦新品种选育攻关组联合区试，平均单产4 842kg/hm^2，比对照品种莆大5号增产19.8%。同年参加湖北省武汉市东西湖农业科学研究科所大麦品种比较试验，平均单产5 561.5kg/hm^2，比对照鄂啤2号增产14.6%。1998年在福建省莆田县东峤镇诸林村种植0.4hm^2，平均单产4 545kg/hm^2。1999年在福建省莆田县黄石镇示范种植133hm^2，平均单产4 794kg/hm^2。莆大麦7号适宜在我国南方地区秋播种植。该品种自1998开始主要在福建省莆田地区生产应用，在湖北省也有种植。

四、栽培要点

适期播种，在福建莆田地区11月中旬播种，播种量180kg/hm^2，基本苗255万株/hm^2。适当增加施肥量，一般施纯氮180kg/hm^2，注意氮、磷、钾肥的合理搭配。防止田间积水和渍害发生。

嘉陵3号

一、品种来源

亲本及杂交组合：88-8034/81-8。杂交系谱选育，啤酒大麦品种。
育成时间：1992年育成，原代号：92-4372。四川省农作物品种审定委员会1997年审定。
育成单位：四川省南充市农业科学研究所。
主要育种者：雄寿福、张京等。
国家农作物种质资源库大麦种质资源全国统一编号：ZDM10154。

二、特征特性

嘉陵3号属春性二棱皮大麦。幼苗半直立，芽鞘绿色，分蘖力强。早熟，秋播全生育期180天。株高93cm，穗长芒，单穗粒数25粒左右。籽粒浅黄，粒形卵圆，种皮较薄，千粒重42g，蛋白质含量9.7%，容重680g/L、无水麦芽浸出率79.1%。耐旱、耐湿，较抗倒伏。高抗条锈和叶锈病，中抗赤霉病，轻感白粉病。

三、产量和分布

嘉陵3号1994—1995年2年参加四川省大麦品种联合试验试，平均单产4 336.5kg/hm^2，比对照品种浙农大3号增产13.3%。1996年参加四川省大麦品种联合生产试验，平均单产3 939kg/hm^2，比对照浙农大3号增产13.6%。1998—2005年在四川省大面积生产种植。

四、栽培要点

嘉陵3号适宜在南方丘陵、平坝地区种植。适期播种，合理密植，基本苗210万/hm^2，播种量75kg/hm^2，播前注意进行种子包衣或药剂拌种，防治白粉病。氮肥施用注意前期重后期轻，防止发生倒伏。

嘉陵4号

一、品种来源

亲本及杂交组合：渝裸123/川裸1号。杂交系谱选育，食用裸大麦品种。
育成时间：1994年育成。1999年四川省农作物品种审定委员会审定。
育成单位：四川省南充市农业科学研究所。
主要育种者：熊寿福 等。
国家农作物种质资源库大麦种质资源全国统一编号：ZDM10155。

二、特征特性

嘉陵4号大麦品种属二棱春性裸大麦。幼苗直立，芽鞘绿色，分蘖力强，成穗率高。秋播全生育期178天，株高87cm，茎秆中粗，弹性较强。株型紧凑，穗层整齐，穗型长方，穗长7.2cm，长齿芒，穗粒数25.9粒。籽粒黄色、饱满，腹沟较浅，粒形椭圆，千粒重40g左右，蛋白质含量13.5%，粗纤维含量1.03%，容重748g/L。耐旱、耐瘠，耐湿抗倒，抗病性强。

三、产量与生产分布

嘉陵4号1996和1997年2年参加四川省大麦品种联合区域试验，其中，1996年平均单产3 513kg/hm^2，比对照品种威24增产8.6%；1997年平均单产3 294kg/hm^2，比威24增产16.9%。2年区试平均单产3 403.5kg/hm^2，较对照品种增产12.5%。1998—2005年主要在四川省生产种植。

四、栽培要点

嘉陵4号适宜在南方山区、丘陵和坝区旱地秋播种植。最佳播种期11月上旬，播种量85kg/hm^2，基本苗225万株/hm^2。肥料施用要重施底肥，早施追肥。总施纯氮105～150kg/hm^2，注意氮、磷、钾合理搭配，底肥占总肥量的70%，两季田要施足磷肥。

嘉陵6号

一、品种来源

亲本及杂交组合：Manker/川裸1号。杂交系谱选育，啤酒大麦品种。

育成时间：1995年育成，原品系代号：95-9265。四川省农作物品种审定委员会2000年审定。

育成单位：四川省南充市农业科学研究所。

主要育种者：熊寿福 等。

国家农作物种质资源库大麦种质资源全国统一编号：ZDM10156。

二、特征特性

嘉陵6号大麦品种属六棱春性皮大麦。幼苗直立，叶耳浅绿色，分蘖力强，成穗率高。秋播全生育期176天，株高85cm，茎秆粗壮，富有弹性。株型紧凑，长方穗型，穗长6.5cm，长齿芒，穗粒数45粒。粒色淡黄、饱满，粒形卵圆，千粒重38.5g。耐旱、耐瘠，耐湿抗倒，抗倒伏、抗病性强。条锈病免疫，中抗赤霉病，特感白粉病。经广州麦芽有限公司测试，籽粒蛋白质含量、容重、一级麦粒率、发芽势、发芽率、糖化力、总蛋白、库值、浸出率及EBC色度等指标，均达到或超过国标优级指标。

三、产量与生产分布

嘉陵6号1997—1998年参加四川省大麦品种联合区域试验，平均单产3 973.5kg/hm^2，比对照品种浙农大3号增产12.9%，1999年参加四川省联合生产试验，平均单产4 501.5kg/hm^2，增产27.9%。1998—1999年在南充市生产示范种植335hm^2，平均单产3 840hm^2，比浙农大3号增产10%以上。该品种适宜在南方山区、丘陵和坝区旱地种植。1998—2005年主要在四川省生产种植。

四、栽培要点

我国南方地区秋播，最适播种期11月上旬，播种量以基本苗210万～225万株/hm^{2}为宜。播前采取杀菌剂种子包衣或拌种，防治白粉病等。施纯氮105～150kg/hm^2，底肥应占总用肥量70%以上，注意氮、磷、钾配合施用，两季田应适量增施磷肥。春季拔节抽穗时，看苗酌施追肥。注意排水除渍和防治鼠害、蚜虫、杂草，蜡熟末期至完熟收获。

川农啤麦1号

一、品种来源

亲本及杂交组合：川农大3号/浙农大5号。杂交系谱选育，啤酒大麦品种。

育成时间：2008年育成，原品系代号F0635。四川省农作物品种审定委员会2011年审定，品种审定证书编号：川审麦2011006。

育成单位：四川农业大学、成都农业科技职业学院。

主要育种者：冯宗云、叶少平等。

国家农作物种质资源库大麦种质资源全国统一编号：ZDM10221。

二、特征特性

川农啤麦1号属春性二棱皮大麦。胚芽鞘淡绿色，幼苗直立、叶色淡绿，分蘖力中等、成穗率高。植株紧凑、株高90cm左右，穗层整齐、落黄转色好。穗长方形、穗长6.4cm，长齿芒、穗和芒黄色，每穗结实27.7粒。籽粒黄色、椭圆形，饱满度好、千粒重39.9g，发芽率达98%，蛋白质含量11.8%。无水麦芽浸出率78.2%、α-氨基氮166mg/100g，总氮1.81%、可溶性氮0.76%。库尔巴哈值42%、色度3.5EBC，糖化力266WK、黏度1.73mpa·s。四川省秋播中熟，全生育期167～180天。抗倒伏，高抗条锈病和、白粉病，中抗赤霉病。

三、产量与生产分布

川农啤麦1号2009—2011年参加四川省大麦品种区域试验。其中，2009—2010年平均单产5 095.5kg/hm^2，较对照品种云啤4号增产19.8%；2010—2011年平均单产5 154.0kg/hm^2，比云啤4号增产19.3%。该品种2011—2015年，主要在四川省德阳市市场推广，年最大种植面积5 500hm^2。

四、栽培要点

四川省秋播种植。10月中旬至11月上旬适时播种。合理密植，播种量150～180kg/hm^2，一般要求基本苗在210万～225万株/hm^2。播种方式可撒播、条播（20～25cm）、窝播（12～20cm）。平衡施肥，采用底肥1次清简易施肥法。根据土壤肥力，农家肥用量和天气状况，适施底肥。底肥每公顷施农家肥15 000kg，复合肥450kg、尿素75kg。合理灌溉，播种后，如遇连续干旱应及时灌水，速灌速排。根据天气状况，可分别于分蘖期、孕穗期和灌浆期浇灌3次。在播后苗前使用“麦歌”进行芽前化学除草1次，分蘖期至拔节期中耕除草1次。适时防治病虫，及时收获。

川农啤麦1号

川农饲麦1号

一、品种来源

亲本及杂交组合：川农90-18单株系统选育。饲料大麦品种

育成时间：2009年育成，原品系代号F0797。四川省农作物品质审定委员会2011年审定，品种审定证书编号：川审麦2011005。

育成单位：四川农业大学、西昌学院、冕宁县农业局。

主要育种者：冯宗云、何天祥、李达忠等。

国家农作物种质资源库大麦种质资源全国统一编号：ZDM10222。

二、特征特性

川农饲麦1号属春性六棱皮大麦。芽鞘淡绿色、幼苗直立、长势旺盛，叶色淡绿、分蘖力强、成穗率高。植株紧凑，平均株高90cm左右。穗层整齐，落黄转色好。穗形长方、护颖较宽，穗芒黄色、长齿芒，穗长5.1cm，穗粒数31粒左右。籽粒黄色、椭圆形、饱满度好，千粒重39.1g，蛋白质含量12.2%。在四川省秋播种植中熟，全生育期178～184天。高抗条锈病、白粉病，中抗赤霉病，田间未见条纹病、黑穗病。

三、产量与生产分布

川农饲麦1号2009—2010年在四川省大麦新品种（系）区域试验中，平均单产5 224.5kg/hm^2，比对照云啤4号平均增产22.8%。继续参加2010—2011年度四川省大麦新品种（系）区域试验，平均单产4 932.0kg/hm^2，较对照云啤4号增产13.7%。该品种自2011年至今，在四川省凉山州生产推广，最大种植面积1.7万hm^2。

四、栽培要点

四川省秋播种植，适适宜播种期为10月中旬至11月上旬。适合播种量120～180kg/hm^2，一般要求基本苗在180万～210万株/hm^2。播种方式可撒播、条播（20～25cm）、窝播（12～20cm）。平衡施肥，采用底肥一次清简易施肥法，每公顷施农家肥15 000kg、复合肥450kg、尿素75～120kg。合理灌溉，播种后如遇连续干旱应及时灌水，速灌速排。根据天气状况，可分别于分蘖期、孕穗期和灌浆期浇灌3次。在播后出苗之前，施用“麦歌”进行1次化学除草。分蘖期至拔节期中耕除草1次。注意适时防治病虫害，及时收获。

川农饲麦1号

西大麦1号

一、品种来源

亲本及杂交组合：盐源花花麦/淌塘乡雷打牛//川农90-18，复合杂交系谱选育，饲料大麦品种。

育成时间：2007年育成，原品系代号05-36。四川省农作物品种审定委员会2009年审定，品种审定证书编号：川审麦2009012。

育成单位：西昌学院。

主要育种者：何天祥、蔡光泽、陈从顺等。

国家农作物种质资源库大麦种质资源全国统一编号：ZDM10223。

二、特征特性

西大麦1号属春性六棱皮大麦。幼苗直立、叶色浓绿、叶耳乳白色，分蘖力强、成穗率高。株型紧凑、茎秆蜡粉多、弹性强，平均株高90cm。穗层整齐、穗颈半弯、护颖较宽，穗形长方、穗芒长齿，落黄转色好。穗长7.2cm、穗粒数65粒左右，籽粒白色、卵圆形、饱满度好，千粒重36 ~ 46g，蛋白质含量13.0%、淀粉含量53.4%。该品种在四川省秋播种植，全生育期151 ~ 167天。田间白粉病发生，未见其他病害，抗倒伏、抗旱性强。

三、产量与生产分布

西大麦1号参加2007—2008四川省凉山州大麦多点品比试验，平均单产量9 210.0kg/hm^2，比对照品种川农90-18增产8.3%。在2008—2009年多点品比试验中，平均单产9 979.5kg/hm^2，比对照川农90-18增产8.9%。该品种参加2008—2009年大麦生产试验，在5个不同生态点平均单产9 145.5kg/hm^2。该品种2010年至今，主要在四川省凉山州生产推广，年最大种植面积0.4万hm^2。

四、栽培要点

四川省西部地区秋播种植。播种前晒种1～2天，适宜播种期10月中旬至11上旬。适量播种，合理密植，每公顷播种量120～150kg，一般要求基本苗在150万～210万株/hm^2。播种方式可撒播、条播（20～25cm）。平衡施肥，根据土壤肥力，适施底肥。每公顷总施农家肥30 000kg、过磷酸钙300～450kg、钾肥150～225kg、尿素300～375kg。其中，全部农家肥和2/3化肥用作底肥，1/3化肥分别在分蘖和拔节期施用。播种后如遇连续干旱应及时灌水，根据天气和土壤干湿状况，可分别于出苗、分蘖、拔节、孕穗和灌浆各灌水1次。在播种后出苗前，进行1次化学除草。适时防治病虫害，及时收获。

一、品种来源

亲本及杂交组合：盐源大麦/马龙紫芒麦//川农90-18，复合杂交系谱选育，饲料大麦品种。

育成时间：2007年育成，原品系代号05-98。四川省农作物审定委员会2009年审定，品种审定证书编号：川审麦2009 013名称为西大麦2号。

育成单位：西昌学院.

主要育种者：何天祥、蔡光泽、陈从顺等。

国家农作物种质资源库大麦种质资源全国统一编号：ZDM10224。

二、特征特性

西大麦2号属春性六棱皮大麦。幼苗直立、叶色浓绿，叶耳乳白色，分蘖力强、成穗率高。株型紧凑，弹性强、蜡粉多，平均株高85cm。穗层整齐、穗颈半弯，穗形长方、长齿芒，落黄转色好，穗长6.6cm，穗粒数63粒左右。籽粒白色、卵圆形，饱满度好、平均千粒重36g，蛋白质含量14.1%，淀粉含量52.5%。四川省秋播种植中熟，全生育期

149～165天。田间白粉病轻发，未见其他病害，抗倒伏、抗旱性强。

三、产量与生产分布

西大麦1号2007—2008年参加四川省凉山州大麦品种多点品比较试验，平均单产9 180.0kg/hm^2，比对照川农90-18增产7.5%。在2008—2009年多点品比试验中，平均产量9 411.0kg/hm^2，比对照川农90-18增产8.6%。在2008年大麦生产试验中，5个不同的生态点平均单产8 991.0kg/hm^2，比对照川农90-18增产7.4%。该品种2010年至今，在四川省凉山州推广，年最大种植面积0.4万hm^2。

四、栽培要点

四川省西部地区秋播种植。播种前晒种1～2天，10月中旬至11上旬播种。每公顷播种量120～150kg，一般要求基本苗在180万～210万株/hm^2。播种方式可撒播、条播（20～25cm）。根据土壤肥力，适施底肥，每hm^{2}施用农家肥30 000kg。每公顷共施过磷酸钙300～450kg、钾肥150～225kg、尿素300～375kg，其中，2/3用作底肥，1/3分别用作分蘖和拔节肥。根据天气和土壤干湿状况，可分别于出苗、分蘖、拔节、孕穗和灌浆各灌水1次。在播种后出苗前进行1次化学除草。做好病虫害防治，及时收获。

西大麦2号

西大麦3号

一、品种来源

亲本及杂交组合：hd99-1/xc99-1//川农90-18，复合杂交系谱法选育，饲料大麦品种。

育成时间：2010年育成，原品系代号05-86。四川省农作物品种审定委员会2012年审定，品种审定证书编号：川审麦2012007。

育成单位：西昌学院、四川农业大学、冕宁农业局。

主要育种者：何天祥、冯宗云、李达忠等。

国家农作物种质资源库大麦种质资源全国统一编号：ZDM10225。

二、特征特性

西大麦3号属春性六棱皮大麦。幼苗直立、叶色绿、叶耳乳白色，叶姿直立、株型紧凑。植株整齐、蜡粉多，茎秆粗壮、弹性强，株高87.8cm。穗全抽出、穗轴直立，穗形长方、护颖较宽，穗芒黄色、长光芒，穗长5.1cm，穗粒数29.9粒。籽粒黄色、饱满、粉质均匀，千粒重41.4g，蛋白质含量11.04%。中熟品种，在四川省西部秋播，全生育期185天。抗倒伏、抗落粒，抗旱性强。

三、产量与生产分布

西大麦3号在2010—2011年四川省大麦品种多点比较试验中，平均产量5 260.5kg/hm^2，比对照云啤4号增产18.3%。在2011—2012年品比试验中，平均产量6 079.5kg/hm^2，比对照增产12.3%，增产极显著。两年品种试验共11个试验点全部增产，8个第一位，2个第二位，1个第三位。该品种2010年至今，主要在四川省生产推广，年最大种植0.5万hm^2。

四、栽培要点

四川省秋播种植。播种前晒种1～2天，适宜播种期10月中旬至11上旬。合理密植，播种量120～150kg/hm^2，一般基本苗在180万～210万株/hm^2，播种方式可撒播、条播（20～25cm）。根据土壤肥力，适量施肥。每公顷施农家肥30 000kg、过磷酸钙300～450kg、钾肥150～225kg、尿素20～25kg。其中，全部农家肥和2/3化肥作底肥施用，1/3化肥分别在分蘖和拔节期追施。播种后，如遇连续干旱应及时灌水。根据天气和土壤干湿状况，一般可分别在出苗、分蘖、拔节、孕穗和灌浆期各灌1次水。播种后出苗之前，进行1次化学除草。注意做好病虫害防治，及时收获。

康青3号

一、品种来源

亲本及杂交组合：甘肃岷县青稞/1211//1172/青海69早。复合杂交系谱选育，食用青稞品种。

育成时间：1982年育成，原品系代号：82376。四川省农作物品种审定委员会1988年审定。

育成单位：甘孜藏族自治州农业科学研究所。

主要育种者：何光纤、向秋曲珍、童志秀、陆红、甲措。

国家农作物种质资源库大麦种质资源全国统一编号：ZDM10066。

二、特征特性

康青3号属六棱春性裸大麦。幼苗直立、叶色深绿，分蘖力强、成穗率较高，叶耳抽穗后由白色转为紫色。株高95～110cm，株型半松散、茎秆弹性强，较抗倒伏。穗姿弯垂、穗芒长齿，颖壳黄色、外颖脉紫色，穗长6.6cm、每穗结实40～52粒。粒色浅黄、粒形长椭圆，硬质、千粒重44.6～48.2g，蛋白11.3%、赖氨酸含量0.30%、淀粉含量

59.6%。四川省甘孜地区春播中熟，生育期127～10天。耐寒、耐旱性强，抗大麦条锈病和网斑病、不抗黄矮病，中感云纹病。

三、产量与生产分布

康青3号1982—1984年连续3年参加四川省青裸品种区域试验，平均单产4 309.5kg/hm^2，比对照品种甘孜黑六棱和809青稞，分别增产22.3%和16.7%。同期多点生产试验平均产量4 276.0/hm^2，比对照品种增产12%～36%。该品种自1989年开始在四川省甘孜地区生产示范，逐步推广到云南、西藏、青海和甘肃等省藏区种植。据不完全统计，1989—2015年累计生产种植面积80万hm^2。

四、栽培要点

适宜青藏高原海拔4 000m以下地区种植。春播种植，播种期3月下旬至4月中旬；冬播种植，播种期应比小麦推迟5～7天。播种前进行种子拌种或种子包衣处理。播种量150～195kg/hm^2，保证基本苗225万～270万株/hm^2。每公顷施用优质农家肥15 000～22 500kg，拔节期根据苗情追施适量尿素，3～5叶期进行杂草防除。保证有效穗300万～330万穗/hm^2。

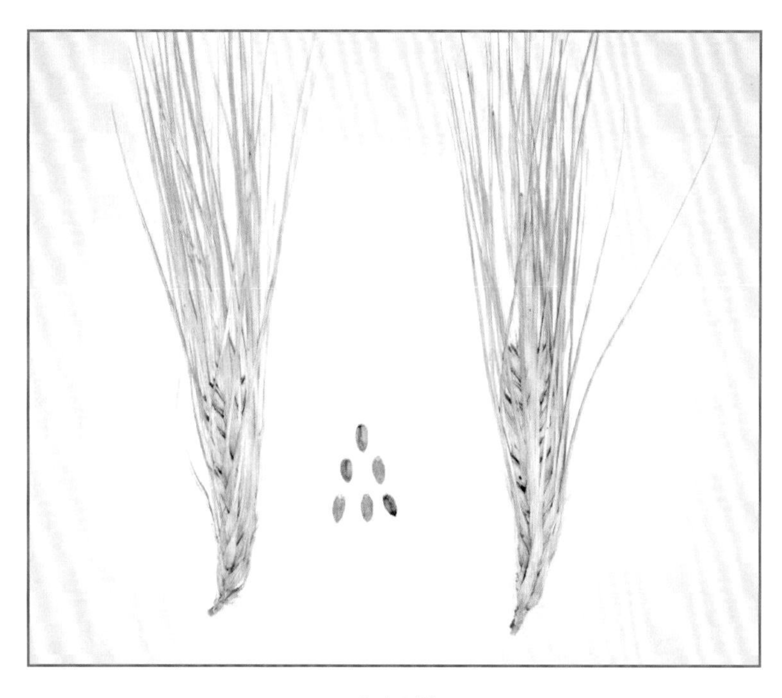

康青3号

康青6号

一、品种来源

亲本及杂交组合：康青3号/藏青80//hiploly。复合杂交系谱法选育，食用青稞品种。

育成时间：1994年育成，原品系代号：9404。四川省农作物品种审定委员会2005年审定。

育成单位：甘孜藏族自治州农业科学研究所。

主要育种者：冯继林、杨开俊、甲措、刘廷辉、马辉。

国家农作物种质资源库大麦种质资源全国统一编号：ZDM10067。

二、特征特性

康青6号属春性六棱裸大麦。幼苗直立、叶色深绿，叶耳在抽穗后由白色转紫色，分蘖力较强、成穗率中等。株高98～105cm，株型紧凑、茎秆弹性强，较抗倒伏。穗姿弯垂、穗形长方、穗芒长齿，颖壳黄色、外颖脉紫色，穗长6.6cm、穗粒数38～43粒。粒色浅黄、粒形椭圆，硬质、千粒重44～48g，蛋白质含量12.4%、赖氨酸含量0.46%、淀粉含量69.5%。四川省甘孜地区种植中熟，生育期125～140天。较耐肥、耐旱，抗大麦条锈病和网斑病，中感云纹病、不抗黄矮病。

三、产量和分布

康青6号2002—2004年参加四川省青稞品种区域试验，3年平均产量3 562.5kg/hm^2，比对照品种康青3号增产12．5%；多点生产试验平均单量4 080.6kg/hm^2，比对照品种康青3号增产11.6%。该品种自2006年在四川省甘孜地区开始推广，逐步扩大到云南、西藏、青海和甘肃等省青稞产区，至2015年累计生产种植33.5万hm^2。

四、栽培要点

适宜川西北高原春播青稞产区种植。适宜播种期4月上旬至4月中旬。冬播春麦区种植，应比当地小麦迟播5～10天。合理密植，春播基本苗一般225万～330万株/hm^2，冬播为150万～225万株/hm^2。土壤肥力充足播种宜稀，旱坡瘦地适当密植。前茬以豆、薯和休闲地为佳，底肥一般施有机肥12 000～15 000kg/hm^2，重茬地需适当增加施肥量，每公顷施有机肥15 000～22 500kg、尿素45～75kg。5叶期至拔节前注意进行田间杂草防除，并视苗情适量追肥。注意防治赤霉病、云纹病。

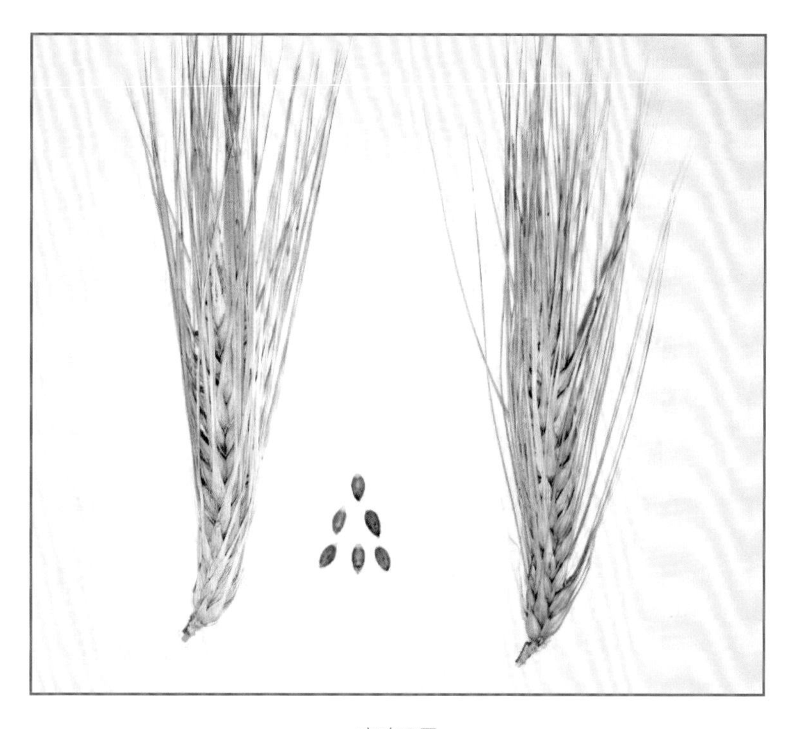

康青6号

康青7号

一、品种来源

亲本及杂交组合：康青3号/甘孜白六棱//乾宁本地青稞/康青3号。复合杂交系谱法选育，食用青稞品种。

育成时间：1990年育成，原品系代号：9022。四川省农作物品种审定委员会2006年审定。

育成单位：甘孜藏族自治州农业科学研究所。

主要育种者：冯继林、杨开俊、甲措、刘廷辉、马辉。

国家农作物种质资源库大麦种质资源全国统一编号：ZDM10068。

二、特征特性

康青7号属春性六棱裸大麦。幼苗直立、叶色深绿、叶耳紫色，分蘖力较强、成穗率较高。株型半松散、株高105 ~ 113cm，茎秆弹性强、较抗倒伏。穗姿弯垂、芒长齿，颖壳黄色、外颖脉紫色，穗长6.9cm、穗粒数42 ~ 46粒。籽粒浅褐色、椭圆形，粒质硬质、千粒重41 ~ 45g，蛋白质含量12.2%、赖氨酸含量0.42%、淀粉含量73.2%。四川省甘孜州春播中熟，生育期128 ~ 148天。较耐肥、抗旱，抗条锈病和网斑病、中感云纹病，不抗黄矮病。

三、产量和分布

康青7号2002—2004年连续3年参加四川省青稞品种区域试验，平均单产3 639.0kg/hm^2，比对照品种康青3号增产14.9%。同期参加四川省青稞多点生产试验，平均产量3 838.8kg/hm^2，比对照品种康青3号增产13.7%。在2003—2005年国家青稞品种区域试验和生产试验中，平均产量为3 878.4kg/hm^2，比第一对照北青3号增产22.6%，比第二对照康青3号增产8.9%。该品种2007年首先在四川省示范推广，之后引种到四川、云南、西藏、青海和甘肃等省青稞产区，至2015年累计生产种植26.7万hm^2。

四、栽培要点

适宜青藏高原海拔2 300～3 800m春播麦区，也适合冬播麦区种植。前茬以豆、薯和休闲地为佳。适期播种，春播区4月上旬至4月中旬播种为宜；冬播麦区播种期应比当地小麦迟播5～10天。合理密植，春播基本苗一般保证在225万～330万株/hm^2，冬播基本苗以150万～220万株/hm^2为好。科学施肥，土地肥沃宜稀播，坡瘦旱地地宜密植。施肥以基肥为主，每公顷施有机肥12 000～15 000kg；重茬地有机肥应增至15 000～22 500kg，并加施尿素45～75kg。5叶期至拔节前进行田间除草，并视苗情适量追肥。注意做好赤霉病和云纹病防治。

康青7号

康青8号

一、品种来源

亲本及杂交组合：光芒六棱/9022//色查2号/92003。复合杂交系谱法选育成，食用青稞品种。

育成时间：2006年育成，原品系代号：0379。四川省农作物品种审定委员会2011年审定。

育成单位：甘孜藏族自治州农业科学研究所。

主要育种者：冯继林、杨开俊、刘廷辉、罗孝贵、马辉。

国家农作物种质资源库大麦种质资源全国统一编号：ZDM10157。

二、特征特性

康青8号系春性六棱裸大麦。幼苗半直立、分蘖力中等，叶色深绿、叶耳和茎节白色。株高105cm左右、株型半松散、成穗率较高，茎秆弹性强、较抗倒伏。穗姿弯垂、黄色颖壳、外颖脉白色，穗芒长光、穗长6.9cm，穗粒数45～48粒。粒色浅黄、粒形椭圆，粒质半硬、千粒重43～45g，蛋白质含量12.4%、淀粉含量73.2%、赖氨酸含量0.41%。四川省甘孜地区春播中熟，生育期140天左右。较耐肥、抗旱，高抗大麦条锈病和白粉病，高感赤霉病。

三、产量和分布

康青8号2009—2010年参加四川省青稞品种区域试验，2年平均单产3 328.5kg/hm^2，比对照品种康青3号增产12.7%。2010年参加青稞生产试验，平均产量3 322.5kg/hm^2，比对照康青3号增产13.4%。该品种2012—2015年在四川省甘孜地区，累计生产种植3.5万hm^2。

四、栽培要点

四川省甘孜州海拔2 000～3 800m区域种植。适合播种期，海拔2 000～3 000m光热条件较好区域在3月中、下旬至5月上旬；海拔3 100～3 800m温凉区域为4月上中旬；冬播春性麦区10月下旬至11月上旬播种为宜。春播每公顷基本苗225万～270万株，冬播120万～150万株。每公顷施纯氮75～120kg，配合施磷120～150kg、钾肥75kg。5叶期喷施除草剂防治田间杂草，拔节抽穗期做好赤霉病防治。

康青8号

96 康青9号

一、品种来源

亲本及杂交组合：色查2号/95801//乾宁本地青稞/甘孜白六棱。复合杂交系谱选育。食用青稞品种。

育成时间：2007年育成，原品系代号：9022。四川省农作物品种审定委员会2012年审定。

育成单位：甘孜藏族自治州农业科学研究所。

主要育种者：冯继林、杨开俊、刘廷辉、罗孝贵、马辉。

国家农作物种质资源库大麦种质资源全国统一编号：ZDM10158。

二、特征特性

康青9号系春性六棱裸大麦。幼苗半直立、叶色深绿，茎节和叶耳白色，分蘖力中等、成穗率较高。株型松散、株高80～110cm，茎秆弹性强、较抗倒伏。穗姿弯垂、长齿芒、颖壳黄色，穗长6.9cm、穗粒数43～46粒。籽粒浅黄色、粒形椭圆、粒质半硬，千粒重45～47g、蛋白质含量14.8%，粗淀粉含量77.0%、赖氨酸含量0.52%。中熟、较耐肥抗旱，四川省甘孜地区春播生育期130天左右。高抗大麦条锈病和抗白粉病，高感赤霉病。

三、产量和分布

康青9号2009—2010年参加四川省青稞品种区域试验，2年平均产量3 528.9kg/hm^2，比对照品种康青3号增产19.4%。2010年参加青稞品种生产试验，平均产量3 347.6kg，比对照康青3号增产14.2%。该品种主要在四川省甘孜州生产推广，2012—2015年累计种植面积约5.5万hm^2。

四、栽培要点

适宜在四川省甘孜州海拔2 000～3 800m区域春播和冬播春麦区冬播种植。海拔2 000～3 000m温热地区3月中下旬至5月上旬播种；海拔3 100～3 800m温凉地区4月上中旬播种；冬播春性麦区10月下旬至11月上旬播种。春播基本苗270万株/hm^2左右，冬播150万～225万株/hm^2。每公顷施纯氮75～120kg、磷120～150kg、钾75kg。应特别注意做好赤霉病防控，3～5叶期防治草害和虫害。

康青9号

贵州省大麦品种

黔中饲1号

一、品种来源

亲本及杂交组合：墨西哥高代品系单株系选。饲料大麦品种。

育成时间：1994年育成，原品系代号：品88V163-166。贵州省农作物品种审定委员会1998年审定。品种审定证书编号：176

育成单位：贵州省农业科学院、中国农业科学院原作物品种资源研究所。

主要育种者：王先俊、张京、丁小玲、崔崑。

国家农作物种质资源库大麦种质资源全国统一编号：ZDM09216。

二、特征特性

黔中饲1号属春性六棱皮大麦。幼苗直立、叶耳浅绿、叶片宽而上举，分蘖力较强、成穗率较高。中早熟，南方地区秋播全生育期185天。株型紧凑、株高90cm，茎秆粗壮、弹性较好。穗形长方、穗长6.7cm，长齿芒、落黄好，穗粒数45粒左右。粒色淡黄、饱满度好，粒形卵圆、千粒重35.7g，蛋白质含量14.3%。抗旱、耐寒、抗倒伏，高抗白粉和叶锈病，中抗秆锈、条锈、条纹、云纹和网斑病，轻感霉病。

三、产量与生产分布

黔中饲1号1994—1995年在中国农业科学院原作物品种资源研究所试验农场大麦品种比较试验中，2年平均单产4 245kg/hm^2，较对照品种早熟3号增产10.3%。1995—1997年分别参加南方地区和贵州省大麦品种区域试验，平均单产3 840kg/hm^2，较生产对照品种显著增产。在贵州山旱地种植，产量一般3 000kg/hm^{2}以上。该品种适宜在我国南方山区、丘陵和坝区旱地秋播和北方地区春播种植。1998—2005年主要在贵州省毕节和龙里等县大面积生产种植。

四、栽培要点

在我国南方地区秋播，霜降至立冬期间播种，高海拔地区宜早，低海拔偏热地区宜迟。播种量105～120kg/hm^2。北方地区春播，播种期越早越好，春季土壤表层解冻3～4cm即可播种。播种量225kg/hm^2。施足底肥，拔节期增施追肥，一般总施纯氮150kg/hm^2，底肥占70%，土壤肥力较差的农田适量多施，肥力较好农田少施或不施。南方低洼农田应挖好排水沟渠，防涝防渍、防止倒伏。抽穗期注意防治赤霉病。

黔中饲1号

云南省大麦品种

S500

一、品种来源

亲本及杂交组合：CIMMYT大麦高代材料中鉴定选育，啤酒大麦品种。

育成时间：1995年育成，原品系代号：S500。云南省种子管理站2002年审定，品种审定证书编号：DS022-2002，用作啤酒大麦。

育成单位：弥渡县种子管理站、弥渡县良种场。

主要育种者：弥渡县种子管理站、弥渡县良种场。

国家农作物种质资源库大麦种质资源全国统一编号：ZDM09979。

二、特征特性

S500属半冬性二棱皮大麦。幼苗匍匐、分蘖力强、成穗率高，叶片大小中等、叶耳紫色，株高60.4cm、芒长齿，穗粒数19粒。籽粒椭圆形、皮壳黄色，饱满度好、千粒重38.0g，发芽率99%、水敏性3%，蛋白质含量10.8%～11.5%、碳水化合物70%～85%，矿物质2%～4%、脂肪2%～5%。无水麦芽浸出率79.4%、α-氨基氮134mg/100g，总氮1.45%、可溶性氮0.59%，库植40.8%、黏度1.6mpa·s，色度3.0EBC、糖化力285WK、脆度74.9%。云南省秋播中熟，生育期157天左右。抗倒性强，抗条锈和白粉病。

三、产量与生产分布

S500在1998年云南省大麦品种区域试验中，平均单产6 786.0kg/hm^2，比对照品种85V24增产14.4%。2007—2011年在云南省昆明、保山、楚雄、大理、临沧和曲靖6个试点，4年平均单产5 427.0kg/hm^2。该品种1990年开始在大理、楚雄和保山示范推广，

1991—2002年累计示范近10万hm^2，2003—2013年在云南省累计生产种植45.2万hm^2。其中，2008年最大种植面积达6.1万hm^2。

四、栽培要点

适宜云南省秋播大麦产区，海拔800～2 400m区域中高肥水农田种植。适期播种、合理密植。一般10月中、下旬至11月上旬播种，播种量120～150kg/hm^2。分蘖期和拔节孕穗期适量追施速效氮肥，促进早生快发提高产量。拔节抽穗之后，注意防治蚜虫。

S500

澳选3号

一、品种来源

亲本及杂交组合：Schooner单株系选，啤酒大麦品种。

育成年份：2003年育成，原品系代号：澳选3号。2012年云南省非主要农作物品种登记委员会登记，品种登记证书编号：云登记大麦2012029号。

育成单位：云南省农业科学院生物技术与种质资源研究所、沾益县农业局、云南澜沧江啤酒企业（集团）曲靖有限公司、中国农业科学院作物科学研究所、嵩明县种子管理站、中国食品发酵工业研究院。

主要育种者：曾亚文、普晓英、杜娟、杨树明、罗勇、袁开选、何树林、张京、陈远伟、杨涛、张五九。

国家农作物种质资源库大麦种质资源全国统一编号：ZDM09980。

二、特征特性

澳选3号属半冬性二棱皮大麦。幼苗半匍匐、前期生长缓慢，幼穗分化时间长、分蘖成穗率高。叶色深绿色、叶耳白色、叶片窄小上举，株型紧凑、株高76cm、茎秆细而弹性好。穗全抽出、穗层整齐，穗长5.8cm、长齿芒、穗粒数22粒左右，灌浆快、落黄好。籽粒大而均匀、皮壳薄，椭圆形、淡黄色，千粒重42.5g、发芽率93%、水敏性0%，蛋白质含量9.1%。无水麦芽浸出率79.3%、α-氨基氮153mg/100g，总氮1.49%、可溶性氮0.60%，库植40.3%、黏度1.85mpa·s，色度4.5EBC、糖化力214WK、脆度78.0%。晚熟品种，云南省秋播全生育期166天左右。抗倒性中等、耐旱、耐寒，中抗白粉病。

三、产量与生产分布

澳选3号2002—2003年参加云南省啤酒大麦多点鉴定，7个试点平均单产6 375.0kg/hm^2，比对照品种港啤1号增产27.0%。在2003—2005年云南省啤酒大麦品种区域试验中，平均产量为5 240.0kg/hm^2，比港啤1号增产27.5%。该品种2003年开始在云南省曲靖、昆明和保山等地示范推广，至2015年在云南10个州市累计生产种植13.2万hm^2。其中，2011年最大种植面积为1.7万hm^2。

四、栽培要点

适宜云南省及周边省份海拔800～2 400m冬大麦区秋播种植。适期早播，通常10月中、下旬播种。合理密植，一般水田播种量12kg/hm^2，旱地150～180kg/hm^2，确保基本苗225万～300万株/hm^2。科学肥水运筹，播种后2～3天内视天气情况灌1次出苗水；每公顷施尿素150～225kg、钾肥75～150kg种肥，2叶1心时结合2次浇水或降雨，追施450～750kg碳酸氢铵。加强田间管理，抽穗期若发现蚜虫宜及早防治。蜡熟期选择无露水晴朗天气收获，及时脱粒晒干入仓。

澳选3号

S–4

一、品种来源

亲本及杂交组合：ARUPO/K8755//MORA/3/ARUPO/K8755/MORACBSS95MOO243S-12M-2Y-OM。中国农业科学院原作物品种资源研究所提供的叙利亚国际干旱研究中心大麦观察圃材料中单株系选，啤酒大麦品种。

育成时间：2004年育成，原品系代号：S-4。云南省非主要农作物品种登记委员会2012年登记，品种登记证书编号：云登记大麦2012017号。

育成单位：云南省弥渡县种子管理站、云南省农业科学院生物技术与种质资源研究所。

主要育种者：曹丽英、潘超、李明、曾亚文、普晓英。

国家农作物种质资源库大麦种质资源全国统一编号：ZDM10100。

二、特征特性

S-4属半冬性二棱皮大麦。幼苗半匍匐、长势中等，分蘖力强、成穗率较高，叶片深绿、叶耳白色。叶姿直立、株型紧凑，茎秆粗壮、蜡质较多，株高60.5cm、抗到伏性强。穗全抽出、穗层整齐，穗长6.5cm、穗芒黄色，长齿芒、穗形长方、小穗密度密，熟相好、结实率高，每穗结实24.4粒。籽粒黄色、椭圆形，皮壳较薄、饱满均匀，千粒重49.5g、发芽率90%、水敏性0%、蛋白质9.6%。无水麦芽浸出率79.4%、α-氨基氮153mg/100g，总氮1.46%、可溶性氮0.61%，库值41.8%、黏度1.88mpa·s，色度4.5EBC、糖化力258WK、脆度67.0%。云南省秋播中晚熟，全生育期158天左右。抗白粉病和抗锈病，抗旱性中等、抗寒性较差。

三、产量与生产分布

S-8在2011—2012年云南省啤酒大麦品种多点鉴定试验中，6个试点平均单产5 436.0kg/hm^2，比平均对照增产1.1%。增产点次50.0%。2013年在云南省丽江市玉龙县黎明乡茨科村高产示范0.13hm^2，实收产量11 199.0kg/hm^2。该品种2005年开始在云南大理、楚雄和红河等地示范推广，2006—2015年在云南省10个州市累计生产种植13.7万hm^2，其中，2015年最大种植面积接近2.5万hm^2。

四、栽培要点

云南省及周边省份秋播种植。适宜播种期10月25日至11月20日。播种量掌握基本苗240万株/hm^{2}左右，采用机械条播。播种前每公顷施厩肥22 500kg做基肥，尿素120 ~ 150kg和普钙450kg做种肥；2叶1心期兑水浇施碳铵300kg壮苗增蘖；拔节期随浇水追施尿素225 ~ 300kg和硫酸钾150kg，促进拔节和幼穗发育。灌好出苗、拔节、抽穗、灌浆、麦黄5次水。注意病害防控，做好田间杂草防除。

S-4

云啤2号

一、品种来源

亲本及杂交组合：澳选3号/S500。1年3代杂交系谱选育，啤酒大麦品种。

育成时间：2004年育成。云南省非主要农作物品种登记委员会2012年登记，品种登记证书编号：云登记大麦2012030号。2005年申请国家植物新品种保护，2009年获国家新品种授权，品种权号：CNA20050704.4，品种证书号：第20092180号。

育成单位：云南省农业科学院生物技术与种质资源研究所、中国农业科学院作物科学研究所、沾益县农业技术推广中心、保山市农业科学研究所、楚雄州种子管理站、中国食品发酵工业研究院。

主要育种者：曾亚文、普晓英、杜娟、张京、谷方红、杨树明、罗勇、袁开选、刘猛道、何树林、陈远伟、杨涛、杨加珍、杨晓梦、李霞。

国家农作物种质资源库大麦种质资源全国统一编号：ZDM09977。

二、特征特性

云啤2号属半冬性二棱皮大麦。幼苗半直立、叶色深绿色、叶耳紫色，分蘖力较强、成穗率高。株高81cm左右、茎秆黄色、茎基部叶鞘紫色。叶片窄小上举、株型紧凑，穗茎节较长、穗全抽出、穗层整齐。穗长6.8cm、长齿芒、芒尖紫色，每穗结实21粒左右、落黄好、易脱粒。前期生长速度中等，后期灌浆期长。籽粒饱满均匀、椭圆形、淡黄色，千粒重44.5g、发芽率99%、水敏性1%，蛋白质含量8.9%。无水麦芽浸出率80.1%、α-氨基氮138mg/100g，总氮1.46%、可溶性氮0.63%，库值43.2%、黏度1.60mpa·s，色度4.0EBC、糖化力389WK、脆度74.0%。云南省秋播种植全生育期158天左右。晚熟、较抗到伏，抗旱和耐寒能力强，抗白粉病。

三、产量与生产分布

云啤2号2005—2007年参加云南省啤酒大麦多点试验，9个试点2年平均单产5 595.0kg/hm^2，比对照品种港啤1号增产34.7%，增产点次94.1%。2007年开始在云南省昆明市示范推广，2008—2015年云南省10个州市及四川省和贵州省，累计生产种植约12万hm^2。

四、栽培要点

适宜云南省及周边省份海拔1 200～2 100m冬大麦区秋播种植。播种时间10月中、下旬至11月上旬。播种量一般水田约120kg/hm^2，旱地150kg/hm^2，肥力中下旱地适当增加播种量。播种前采取药剂拌种，药剂拌种防治黑穗病。施足底肥，早施分蘖肥，看苗情酌量追施拔节肥，肥水条件好的田块注意防止倒伏。加强田间杂草防除，蜡熟期适时收获、充分晾晒。

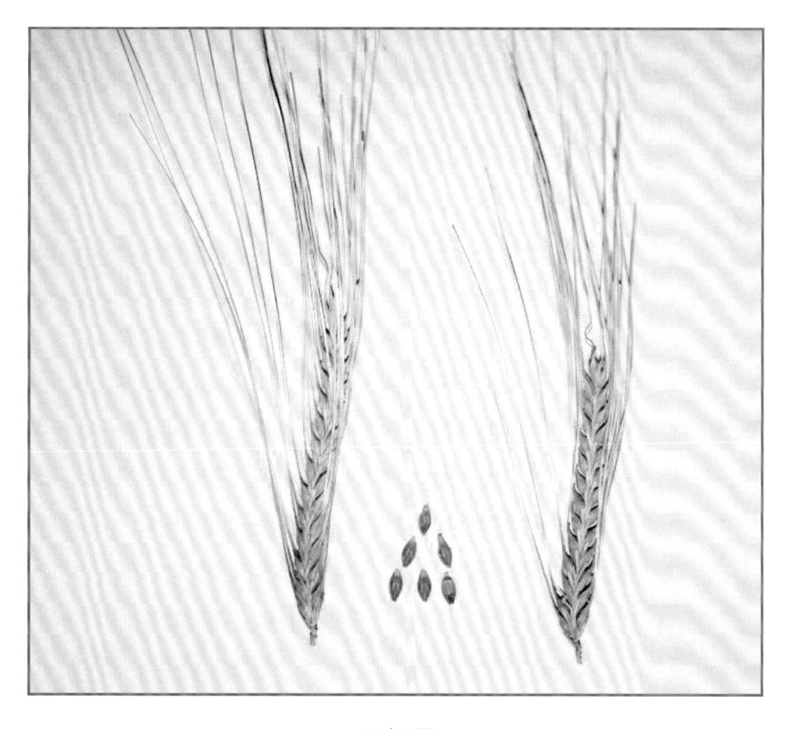

云啤2号

云啤4号

一、品种来源

亲本及杂交组合：澳选3号×Harrington。1年3代杂交系谱选育，啤酒大麦品种。

育成时间：2004年育成。2012年云南省非主要农作物品种登记委员会登记，品种登记证书编号：云登记大麦2012031号。2007年申请国家植物新品种保护，20010年获国家新品种授权，品种权号：CNA20070060.X，品种证书号：第201003132号。

育成单位：云南省农业科学院生物技术与种质资源研究所、中国农业科学院作物科学研究所、祥云县农业技术推广中心、曲靖市农业科学院。

主要育种者：曾亚文、普晓英、杨树明、杜娟、张京、余伟才、丁云双、杨涛、杨晓梦、李霞、杨加珍。

国家农作物种质资源库大麦种质资源全国统一编号：ZDM10160。

二、特征特性

云啤4号属二棱春性皮大麦。幼苗半直立、叶色深绿、叶耳浅白色，分蘖力强、成穗率高。株高81.5cm、株型紧凑，地上部茎节间5~6节、穗茎节较长，茎秆黄色、叶清秀、叶片中宽上举。穗全抽出、穗层整齐，穗长5.8cm、长齿芒，每穗结实18.4~22.8粒。籽粒饱满、均匀，椭圆形、黄颜色，皮壳薄有光泽，千粒结重41.3g、发芽率96%，水敏性2%、蛋白质含量9.9%。无水麦芽浸出率81.4%、α-氨基氮156mg/100g，总氮1.62%、可溶性氮0.66%，库值40.7%、黏度1.64mpa·s，色度4.5EBC、糖化力218WK。在云南省秋播种植晚熟，前期生长速度中等，籽粒灌浆期长、落黄好，全生育期158天左右。抗倒伏、耐瘠、耐旱、抗寒性好，条锈病免疫、轻感白粉病。

三、产量与生产分布

云啤4号2005—2007年参加云南省啤酒大麦区域试验，9个试点2年平均单产

4 839.6kg/hm^2，比对照品种港啤1号增产15.9%，增产点次85.3%。该品种自2007年开始在云南昆明市示范推广，至2015年在云南省昆明、楚雄、红河、大理和曲靖10个市州，累计生产种植4 100余hm^2。

四、栽培要点

适宜云南省及周边省份海拔1 200 ~ 2 100m冬播大麦产区种植。播种时间一般为10月中下旬至11月上旬。播种量水田一般为90 ~ 120kg/hm^2，旱地为120 ~ 150kg/hm^2。施足底肥，早施分蘖肥，根据苗情酌量追施拔节孕穗肥。施肥注意控制氮肥，适量增磷钾肥，减少无效分蘖。肥水条件好的田块注意防止倒伏。做好白粉病和田间杂草防控。

云啤4号

103 云啤5号

一、品种来源

亲本及杂交组合：澳选1号×甘啤3号。1年3代杂交系谱选育，啤酒大麦品种。

育成时间：2004年育成。2012年云南省非主要农作物品种登记委员会登记，品种登记证书编号：云登记大麦2012027号。2007年申请国家植物新品种保护，2010年获国家新品种授权，品种权号：CNA20070264.5，品种证书号：20103133。

育成单位：云南省农业科学院生物技术与种质资源研究所、浙江省农业科学院作物与核技术利用研究所、寻甸回族彝族自治县农业局植保植检工作站。

主要育种者：曾亚文、普晓英、杜娟、杨树明、杨建明、杨涛、赵旭、杨加珍、杨晓梦、李霞。

国家农作物种质资源库大麦种质资源全国统一编号：ZDM10161。

二、特征特性

云啤5号属春性二棱皮大麦。幼苗直立、叶色绿色、叶耳白色，分蘖力强、成穗率高。株型紧凑、茎秆黄色、株高83cm左右，穗全抽出、穗层整齐。穗长6.2cm、长齿芒，每穗结实19粒。籽粒椭圆形、淡黄色、均匀饱满，千粒重46.6g、发芽率97%，水敏性2%、蛋白质含量9.6%。无水麦芽浸出率80.9%、α-氨基氮155mg/100g，总氮1.52%、可溶性氮0.62%，库值40.8%、黏度1.69mpa·s，色度5.0EBC、糖化力205WK。云南省秋播晚熟，前期生长速度中等，后前籽粒灌浆期长、落黄好，全生育期157天左右。抗旱、耐寒，抗倒性中等，轻感条锈病和白粉病。

三、产量与生产分布

云啤5号2007—2009年参加云南省大麦区域试验，6个试点2年平均单产5 022.0kg/hm^2。2010年开始在云南省示范推广，至2015年在云南省10个州市累计示范种植2 500多hm^2。

四、栽培要点

适宜云南省及周边省份海拔800～2 400m冬播大麦产区种植。10月中、下旬播种，播种量为水田120kg/hm^{2}左右，旱地150～180kg/hm^2。播前底肥施尿素150～225kg/hm^2，播种后及时浇灌出苗水。在2叶1心和5叶1心时，结合灌水或降雨追施尿素150kg/hm^2。加强田间管理，注意防治休兵和白粉病，及时防治蚜虫。

云啤5号

云大麦2号

一、品种来源

亲本及杂交组合：ESCOBA/3/MOLA/SHYTI//ARUPO*2/JET/4/ALELI。单株系统选育，饲料大麦品种。

育成时间：2005年育成。云南省非主要农作物品种登记委员会2013年登记，品种登记证书编号：滇登记大麦2013015号。

育成单位：云南省农业科学院粮食作物研究所。

主要育种者：于亚雄、杨金华、郑家文、杨国敏、程加省、刘猛道、王志伟。

国家农作物种质资源库大麦种质资源全国统一编号：ZDM09976。

二、特征特性

云大麦2号属半冬性二棱皮大麦。幼苗半匍匐、叶色深绿，分蘖力特强、成穗率高。株型紧凑、株高70～85cm，穗长6.5～7.0cm，侧小花退化、颖壳和穗芒含极少量花青素。每穗结实22～25粒，千粒重43～45g、蛋白质含量10.5%、水敏感性6.0%，3天发芽率95%、5天发芽率95%。云南省昆明秋播种植，中熟、全生育期155天左右。极抗倒伏，中抗白粉病、锈病和条纹病，灌浆和成熟期耐旱性稍差，耐肥性好。

三、产量与生产分布

云大麦2号在2006年品种比较试验中，平均单产6 150kg/hm^2，较对照品种S500增产8.9%，居参试品种第一位。2007—2009参加云南省啤饲大麦品种区域试验，2年平均单产5 527.5kg/hm^2，比对照S500增产4.8%。2009年在保山市腾冲县罗坪村14hm^{2}云大麦2号连片高产样板田，经云南省组织专家组现场实收平均单9 444.0kg/hm^2，最高单产10 812.0kg/hm^2，创造了我国较大面积连片大麦平均单产最高纪录。该品种2005年开始在云南省进行生产示范，2008—2010年的3年累计生产种植2万多hm^2。大田单产6 750kg/hm^2

左右。适宜云南省保山、临沧、丽江、昆明、玉溪、大理、曲靖、楚雄等市州，海拔900～2 400m区域高肥力田地种植。

四、栽培要点

适期播种：水田种植11月上、中旬播种，播前晒种1～2天，提高整地播种质量，确保麦苗齐全匀壮。合理密植：每公顷播种量，水田120～150kg，基本苗在180万～240万苗；水浇地播种量150～180kg，基本苗在240万～300万苗。科学施肥：每公顷种肥施尿素225～300kg、普钙450～600kg，分蘖肥施尿素150～225kg。稻茬免耕大麦一般不追施分蘖肥，中后期拔节孕穗肥可施尿素75～120kg。加强田间管理：灌好出苗、拔节、孕穗抽穗和灌浆水，做好田间除草和蚜虫、白粉病、条纹病防治，在蜡熟末期或完熟期及时人工或机械收获，收后尽快脱粒、晾晒，入仓保管。

云大麦2号

105 云大麦4号

一、品种来源

亲本及杂交组合：TRIUMPH-BAR/TYRA//ARUPO*2/ABN-B/3/CANELA/4/MSEL。墨西哥品系单株系选，饲料大麦品种。

育成时间：2007年育成，原品系代号：07YD-8。云南省非主要农作物品种登记委员会2012年登记，品种登记证书编号：云登记大麦2012020号。

育成单位：云南省农业科学院粮食作物研究所、楚雄州农业科学研究推广所。

主要育种者：于亚雄、邹萍、杨金华、程加省、陈朝良、王志伟、程耿、胡银星、刘琼娣。

国家农作物种质资源库大麦种质资源全国统一编号：ZDM09982。

二、特征特性

云大麦4号属半冬性二棱皮大麦。幼苗直立、叶耳白色、叶片大小中等，耐寒抗冻、分蘖力强。株型紧凑、株高82.1cm，穗芒长齿、穗粒数21粒左右。籽粒椭圆形、黄色皮壳、千粒重44.6g，饲用品质较好。云南省秋播种植中熟，生育期156天左右。抗倒性强，抗白粉病、中抗条锈病。

三、产量与生产分布

云大麦4号2007—2009年在云南省昆明、保山、大理、临沧、曲靖、德宏或楚雄6个试鉴定，2年平均单产6 037.5kg/hm^2，比对照增产14.4%，居所有参试品种之首。该品种适宜在海拔1 400 ~ 2 000m区域中上等肥力农田秋播种植，产量4 500 ~ 9 750kg/hm^2。2010年在云南省开始示范推广，2011—2015年在楚雄等地累计生产种植超过1万hm^2。

四、栽培要点

云南省及周边地区秋播种植。适宜播种期10月下旬至11月上旬。最佳播种量120～150kg/hm^2。施足底肥，每公顷施优质农家肥15 000～30 000kg或复合肥450～600kg。施尿素375～525kg/hm^2，分别用于种肥、壮苗分蘖肥、拔节孕穗肥，各期施用量可根据土壤、长势酌情而定。整个生育期灌水3～4次。及时防治病、虫、草害。

云大麦4号

106 云大麦5号

一、品种来源

亲本及杂交组合：GOB/ALELI//CANELA/3/MSEL。墨西哥杂交后代单株系选，饲料大麦品种。

育成时间：2007年育成，原品系代号：08YD-4。云南省非主要农作物品种登记委员会2012年登记，品种登记证书编号：云登记大麦2012021号。

育成单位：云南省农业科学院粮食作物研究所。

主要育种者：于亚雄、杨金华、程加省、王志伟、程耿、胡银星、刘琼娣。

国家农作物种质资源库大麦种质资源全国统一编号：ZDM09981。

二、特征特性

云大麦5号系半冬性六棱皮大麦。幼苗直立、叶片大小中等、叶耳白色，株高76cm。穗芒长齿，籽粒大、椭圆形、黄颜色，饲用品质中等。晚熟品种，云南省秋播种植生育期153天左右。耐旱抗倒，感条锈和叶锈病、高感白粉病。

三、产量与生产分布

云大麦5号2007—2009年参加云南省大麦品种鉴定，6个试点2年平均单产5 286.0kg/hm^2，较对照品种S500增产9.3%，居11个参试品种第三位。该品种2014—2015年在云南德宏等地，累计示范种植350多hm^2。

四、栽培要点

适宜云南省海拔700 ~ 2 400m适宜区域秋播种植。播期播期10月下旬至11月上旬，播种量120 ~ 150kg/hm^2。每公顷底肥施优质农家肥15 000 ~ 30 000kg或复合肥450 ~ 600kg。

施尿素375～525kg分别用于种肥和分蘖、拔节追肥。整个生育期灌水3～4次。应特别注意播种前进行种子拌种处理，重点防控大麦白粉病和条锈与叶锈病。做好苗期除草和拔节后治虫。

云大麦5号

云大麦6号

一、品种来源

亲本及杂交组合：ARUPO/K8755//MORA/3/ARUPO/K8755//MORA/4/ALELI。CIMMYT/ICARDA国际大麦观察圃F_4代群体单株系选，啤酒大麦品种。

育成时间：2007年育成，原品系代号：08YD-9。云南省非主要农作物品种登记委员会2012年登记，品种登记证书编号：云登记大麦2012018号。

育成单位：云南省农业科学院粮食作物研究所。

主要育种者：杨金华、于亚雄、程加省、王志伟、程耿、胡银星、刘琼娣。

国家农作物种质资源库大麦种质资源全国统一编号：ZDM09983。

二、特征特性

云大麦6号属半冬性二棱皮大麦。幼苗半匍匐、叶片大小中等、叶耳白色，株高64cm左右，长齿芒。籽粒大、椭圆形和黄颜色，啤用品质中等。晚熟品种，云南省秋播种植生育期156天左右。抗倒性强，感条锈和叶锈病、中抗白粉病。

三、产量与生产分布

云大麦6号2007—2009年在云南省大麦品种鉴定中，2007—2008年6个试点平均单产6 075.0kg/hm^2，较对照品种S500增产22.6%，居11个参试品种第一位。2008—2009年6个试点平均单产达5 106.0kg/hm^2，居9个参试品种第一位。该品种2013—2015年在云南德宏等地累计示范种植约350hm^2。

四、栽培要点

云南省海拔700～2 400m区域秋播种植。播种期10月下旬至11月上旬，播种量

120～150kg/hm^2。施足底肥，每公顷施优质农肥15 000～30 000kg或复合肥450～600kg。另施尿素375～525kg，分别用于种肥、壮苗分蘖肥和拔节抽穗肥。整个生育期灌水3～4次。特别注意大麦条锈和叶锈病防治，及时防除田间杂草，做好虫害防控。

云大麦6号

108 云啤7号

一、品种来源

亲本及杂交组合：美国安海斯布希公司高代品系Z043R053S单株系选，啤酒大麦品种。

育成时间：2005年育成，原品系代号：2005-1441（选）。2013年云南省非主要农作物品种登记委员会登记，品种登记证书编号：云登记大麦2012026号。

育成单位：云南省农业科学院生物技术与种质资源研究所、中国农业科学院作物科学研究所、云南省楚雄州种子管理站。

主要育种者：曾亚文、张京、普晓英、郭刚刚、杨涛、杜娟、杨树明、白建明、杨晓梦、杨加珍、李霞。

国家农作物种质资源库大麦种质资源全国统一编号：ZDM10162。

二、特征特性

云啤7号属半冬性二棱皮大麦。幼苗直立、分蘖力强、成穗率高，叶片大小中等、叶耳白色。株型半紧凑、株高75cm，穗长7.5cm、长齿芒，每穗结实23粒左右。籽粒椭圆形、皮壳黄色，饱满粒97.6%、水敏性0%，千粒重39.4g、蛋白质含量9.1%。无水麦芽浸出率80.6%、α-氨基氮144mg/100g，总氮1.44%、可溶性氮0.59%，库植41.0%、黏度1.60mpa·s、色度4.5EBC，糖化力250WK、脆度88.3%。晚熟品种，云南省秋播种植生育期156天左右。高抗条锈病和白粉病，抗倒伏性较差。

三、产量与生产分布

云啤7号2007—2008年参加云南省大麦品种多点鉴定试验，在昆明、保山、楚雄、大理、临沧和曲靖6个试点，平均单产5 947.5kg/hm^2。2009—2011年参加云南省大麦品种区域试验，6个试点2年平均单产5 961.0kg/hm^2，比对照品种S500增产7.1%。该品种2012年在昆明生产示范6.7hm^2，平均单产6 075.0kg/hm^2，比S500增产7.0%。适宜在云南省昆明、保山、大理、楚雄、临沧和曲靖等地，海拔800～2 000m区域种植。2014—2016年在楚雄、大理和昆明等地，最大生产示范面积超过250hm^2，平均产量4 365.0kg/hm^2。

四、栽培要点

云南省适期秋播种植，播种量120kg/hm^2。合理肥水运筹，施足底肥，早施壮苗分蘖肥，酌情适施拔节孕穗肥。种肥施用尿素150～225kg/hm^2，2叶1心和5叶1心时，水浇地结合灌水、旱地结合降水进行追肥。追肥用碳酸氢铵450～750kg/hm^2。加强田间管理，防止发生倒伏，注意大麦锈病防治。旱地一般与烟草搭茬配套种植。

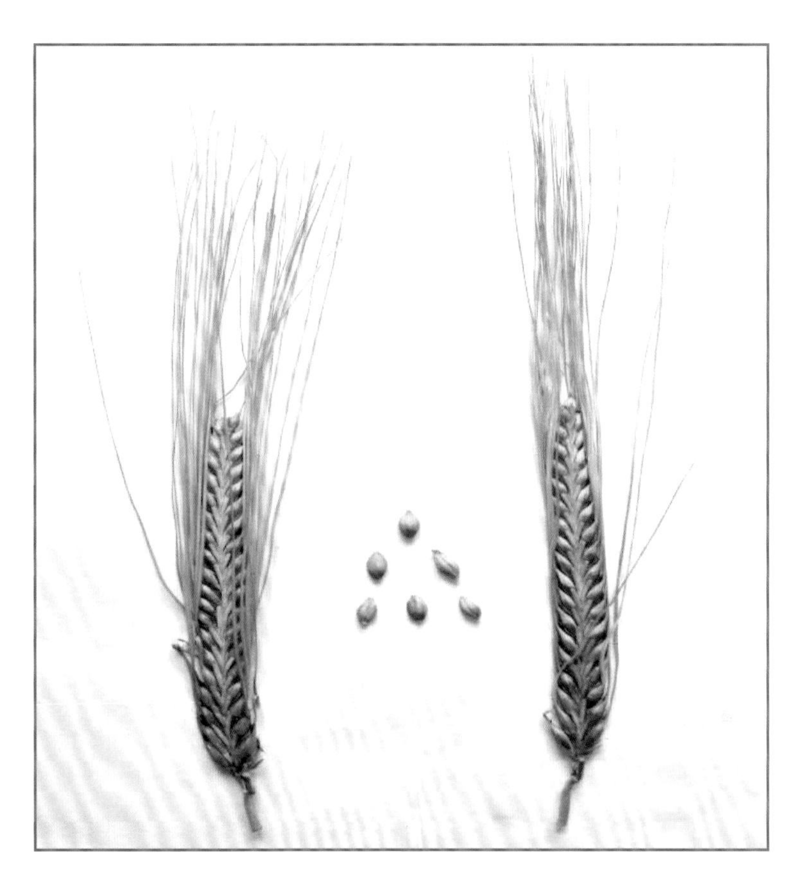

云啤7号

109 云啤9号

一、品种来源

亲本及杂交组合：澳选3号/曲152。1年2代杂交系谱选育，啤酒大麦品种。

育成时间：2010年育成。云南省非主要农作物品种登记委员会2012年登记，品种登记证书编号：云登记大麦2012001号。

育成单位：云南省农业科学院生物技术与种质资源研究所、昆明田康科技有限公司、中国食品发酵工业研究院。

主要育种者：曾亚文、普晓英、何金宝、杨涛、杜娟、张五九、杨树明、杨加珍、杨晓梦、李霞、李洪才。

国家农作物种质资源库大麦种质资源全国统一编号：ZDM10163。

二、特征特性

云啤9号系半冬性二棱皮大麦。幼苗半匍匐、叶片窄长、叶耳白色，苗期长势中等、分蘖力较强、成穗率中等。叶姿外展、株型半紧凑，茎秆蜡质多、株高87cm。穗全抽出、穗层较整齐，穗形长方、小穗密度稀、侧小穗退化，穗长7cm左右、长齿芒、黄色穗芒，每穗结实22.3粒、熟相好。籽粒黄色、饱满均匀、粒形椭圆，千粒重55.1g、发芽率100%，水敏性3%、蛋白质10.9%。无水麦芽浸出率79.0%、α-氨基氮154mg/100g，总氮1.70%、可溶性氮0.71%，库值43.0%、黏度1.60mpa·s，色度4.0EBC、糖化力257WK。云南省秋播中晚熟，全生育期155天左右。抗旱、耐寒能力强，抗白粉病、锈病和条纹病。

三、产量与生产分布

云啤9号2011—2012年参加云南省啤酒大麦区域试验，6个试点2年平均单产5 587.5kg/hm^2，比平均对照增产3.9%。2012年开始在云南省示范推广，至2015年在云南省曲靖、文山和保山等地累计生产推广2 000hm^2。

四、栽培要点

云南及周边省份海拔600～2 400m冬大麦产区，中等肥力农田秋播种植。适期播种，一般10月20日至11月10日播种为宜。合理密植，最佳播量水田120kg/hm^2、旱地150kg/hm^{2}左右。科学管理水肥，施足底肥，适施种肥，早施苗肥。种肥一般施尿素150～225kg/hm^{2}和钾肥75～150kg/hm^2。2叶1心时结合灌水或雨水，追施30～50kg/hm^{2}碳酸氢铵壮苗促蘖。加强田间管理，高水肥农田种植注意防止倒伏，及时防治蚜虫。

云啤9号

云啤10号

一、品种来源

亲本及杂交组合：S500×Clipper。1年2代杂交系谱选育，啤酒大麦品种。

育成时间：2010年育成。云南省非主要农作物品种登记委员会2012年登记，品种登记证书编号：云登记大麦2012002号。2012年申请国家植物新品种保护，2017年获国家新品种授权，品种权号：CNA20120878.1，品种证书号：第20178302号。

育成单位：云南省农业科学院生物技术与种质资源研究所，中国农业科学院作物科学研究所；昆明田康科技有限公司。

主要育种者：曾亚文、普晓英、张京、杜娟、杨涛、杨树明、杨加珍、杨晓梦、李霞。

国家农作物种质资源库大麦种质资源全国统一编号：ZDM10164。

二、特征特性

云啤10号属半冬性二棱皮大麦。幼苗直立、长势中等，叶片窄长、叶耳白色，分蘖力强、成穗率高。植株整齐、叶姿下垂、株型半紧凑，株高85.1cm、蜡质中等、茎秆细而弹性好。穗全抽出、穗层整齐，穗长6.7cm、小穗着生稀，穗形长方、穗芒黄色、长齿芒，每穗结实23.5粒、熟相好。籽粒椭圆形、皮壳黄色，千粒重47.8g、发芽率99%，水敏性0%、蛋白质含量10.1%。无水麦芽浸出率81.2%、α-氨基氮146mg/100g，总氮1.57%、可溶性氮0.66%，库值42.0%、黏度1.66mpa·s，色度5.0EBC、糖化力273WK。云南省秋播中晚熟，全生育期156天左右。抗旱、耐寒性强，抗锈病、白粉病和条纹病。

三、产量与生产分布

云啤10号2010—2011年参加云南省大麦品种多点鉴定试验，5州市6试点随机区组3次重复，平均单产34 788.0kg/hm^2，比对照品种S500增产4.3%。在2011—2012年云南省大麦品种生产试验中，6个点平均单产5 610.0kg/hm^2，比平均对照增产4.4%。自2012年开始该品种在云南省示范推广，至2015年在云南省昆明、大理和曲靖等地累计生产推广3 000多hm^2。

四、栽培要点

适宜云南省海拔600～2 400m区域及周边省份冬大麦产区，中等肥力农田秋播种植。适期播种，云南省一般10月中下旬播种，翌年4月中下旬成熟。合理密植，水田播种量一般90～120kg/hm^2，旱地120～150kg/hm^2，肥力中下的旱地可适当增加播种量。施足底肥，用好追肥，氮、磷配施。一般总施纯氮120～150kg/hm^2，氮、磷比例为1.0：（1.2～1.5），底肥与追肥比例为1：（0.6～1.0）。及时灌出苗水，2叶1心时结合灌水追施苗肥。抽穗期若发现蚜虫应及早防治。蜡熟期收获，防止雨淋受潮。

云啤10号

111 云啤11号

一、品种来源

亲本及杂交组合：宽颖大麦/S500//2/S500。1年2代杂交、回交系谱选育，啤酒大麦品种。

育成时间：2010年育成。云南省非主要农作物品种登记委员会2012年登记，品种登记证书编号：云登记大麦2012003号。2012年申请国家植物新品种保护，2017年获国家新品种授权，品种权号：CNA20120879.0，品种证书号：第20178303号。

育成单位：云南省农业科学院生物技术与种质资源研究所、中国农业科学院作物科学研究所、昆明田康科技有限公司。

主要育种者：曾亚文、普晓英、杜娟、张京、杨加珍、杨晓梦、李霞、杨树明、杨涛。

国家农作物种质资源库大麦种质资源全国统一编号：ZDM10165。

二、特征特性

云啤11号属半冬性二棱皮大麦。幼苗半匍匐、长势中等，叶片宽大、叶耳紫色，分蘖力强、成穗率高。叶姿直立、株型紧凑，茎秆蜡质中等、株高76.7cm，茎秆弹性好、抗到伏。穗全抽出、穗层整齐，穗长7.8cm、穗棍棒形，穗芒长齿、芒尖浅紫，小穗着生密度稀、每穗结实22.6粒。籽粒椭圆形、皮壳黄色、外颖脉紫色，千粒重44.2g、发芽率97%，水敏性0%、蛋白质含量9.9%。无水浸出物80.3%、α-氨基氮147mg/100g，总氮1.60%、可溶性氮0.63%，库值39.4%、黏度1.85mpa·s，色度5.0EBC、糖化力271WK。云南省秋播种植中晚熟，前期生长缓慢，后期灌浆迅速，全生育期158天左右。抗旱、耐寒性强，抗锈病、白粉病和条纹病。

三、产量与生产分布

云啤11号2010—2011年在云南省大麦品种多点鉴定中，6个试点平均单产4 761.0kg/hm^2，比对照品种S500增产3.7%。2011—2012年参加云南省啤酒大麦区域试验，6个试点平均产量5 724.0kg/hm^2，比平均对照增产6.5%。2012年开始在云南省示范推广，至2015年在云南省昆明、大理和曲靖等10个州市，累计生产推广2.7万hm^2。

四、栽培要点

适宜云南省海拔600 ~ 2 200m及周边省份类似地区，冬播大麦产区中上肥力农田种植。适期早播，云南省一般10月中、下旬播种，翌年4月中、下旬成熟。合理密植，一般水田播种量90 ~ 120kg/hm^2，旱地120 ~ 150kg/hm^2。科学施肥、氮、磷配施。化肥用量为纯氮150 ~ 180kg/hm^2，氮、磷比例为1.0：（1.2 ~ 1.5）；底肥与追肥比例通常为1.0：（0.6 ~ 1.0）。播种后及时浇灌出苗水，分别在2叶1心和5叶1心时，结合灌水进行追肥。抽穗期若发现蚜虫应及早防治。蜡熟期收获为宜，防止雨淋受潮，保证籽粒发芽率。

云啤11号

云饲麦1号

一、品种来源

亲本及杂交组合：8640-1/黄长光大麦。1年2代杂交系谱选育，饲料大麦品种。

育成时间：2010年育成。云南省非主要农作物品种登记委员会2012年登记，品种登记证书编号：云登记大麦2012005号。2013年申请国家植物新品种保护，2017年获国家新品种授权，品种权号：CNA20130981.4，品种证书号：20179551。

育成单位：云南省农业科学院生物技术与种质资源研究所、昆明田康科技有限公司、中国食品发酵工业研究院。

主要育种者：曾亚文、普晓英、杜娟、张五九、杨树明、杨涛、杨加珍、杨晓梦、李霞。

国家农作物种质资源库大麦种质资源全国统一编号：ZDM10166。

二、特征特性

云饲麦1号属半冬性六棱皮大麦。幼苗匍匐、叶片清秀宽大、叶耳紫色，分蘖力强、成穗率中等。株型紧凑、株高75cm，穗全抽出、穗层整齐。穗长6.8cm、穗形长方，穗芒浅紫色、长齿芒，小穗密度稀、穗粒数45粒左右。籽粒椭圆形、黄色但外颖紫脉，千粒重39.4g，蛋白质含量12.4%。在云南省秋播种植晚熟，前期生长缓慢，后期灌浆速度快、熟相好，全生育期152天左右。抗旱、抗倒伏，高抗条锈病、轻感白粉病和抗条纹病。该品种在低氮肥沙壤种植麦芽品质较好，也可用于啤酒大麦生产。据中国食品发酵工业研究院检测，籽粒千粒重38.4g、发芽率98%、水敏性3%、蛋白质7.6%。无水麦芽浸出率80.1%、α-氨基氮148mg/100g，总氮1.25%、可溶性氮0.52%，库值41.6%、黏度1.78mpa·s，色度4.0EBC、糖化力220WK。

三、产量与生产分布

云饲麦1号2010—2011年参加云南省饲料大麦品种多点鉴定，6个试点平均单产5 491.5kg/hm^2，比对照品种S500增产19.6%。在安徽省鉴定平均单产6 100.5kg/hm^2，比对照品种苏啤3号增产2.1%。2011—2012年参加云南省饲料大麦品种区域试验，7个试点平均产量6 232.5kg/hm^2，比平均对照增产13.6%，增产点次100%。该品种2012年开始在云南省示范推广，至2015年在云南省昆明、大理、文山和曲靖等州市，累计生产示范种植1.3万hm^2。

四、栽培要点

适宜在云南省及周边省份海拔600 ~ 2 400m冬播大麦产区种植。适期播种，云南省一般10月中、下旬播种，翌年4月中、下旬成熟。合理密植，一般水田播种量90 ~ 105kg/hm^2，旱地125 ~ 135kg/hm^2。氮、磷配合、科学施肥，总施肥量以纯氮150 ~ 180kg/hm^2，氮、磷比例为1.0：（1.2 ~ 1.5）；底肥与追肥比例为1：（0.6 ~ 1.0）。中下等肥力沙壤土稻麦轮作，应适量增施氮肥，以提高籽粒蛋白质含量。播种后及时浇灌出苗水，2叶1心和5叶1心时，分别结合灌水进行追肥，保证足够的有效穗、粒数和创造高产。抽穗期若发现蚜虫宜及早防治。蜡熟期及时收获、晾晒、入库。

云饲麦1号

云饲麦2号

一、品种来源

亲本及杂交组合：8640-1/G061S035T。1年2代杂交系谱选育，饲料大麦品种。

育成时间：2010年育成。云南省非主要农作物品种登记委员会2012年登记，品种登记编号：云登记大麦2012006号。2013年申请国家植物新品种保护，2017年获国家新品种授权，品种权号：CNA20130982.3，品种证书号：20179552号。

育成单位：云南省农业科学院生物技术与种质资源研究所、中国农业科学院作物科学研究所、昆明田康科技有限公司。

主要育种者：曾亚文、普晓英、张京、杨涛、杜娟、杨树明、杨加珍、杨晓梦、李霞。

国家农作物种质资源库大麦种质资源全国统一编号：ZDM10167。

二、特征特性

云饲麦2号属半冬性六棱皮大麦。幼苗匍匐、叶宽大、叶耳紫色，分蘖力强、成穗率中等。叶片清秀、株型紧凑、株高77cm，穗全抽出、穗层整齐。穗长6.6cm、穗形长方、小穗密度稀，穗姿平直、长齿芒、穗芒浅紫，穗粒数47粒左右。籽粒椭圆形、黄色但外颖脉紫色，千粒重39.1g、蛋白质含量9%～11%。该品种在沙壤土低氮肥栽培，麦芽加工和啤酒酿造品质较好，可用于啤酒大麦生产。据中国食品发酵工业研究院检测，啤麦千粒重40.4g、发芽率95%，水敏性0%、蛋白质7.0%，无水麦芽浸出率81.0%、α-氨基氮137mg/100g，总氮1.18%、可溶性氮0.49%，库值41.5%、黏度1.71mpa·s，色度5.0EBC、糖化力201WK。在云南省秋播晚熟，前期生长缓慢，后期灌浆迅速，全生育期152天左右。抗旱、抗倒性强，高抗条锈病、病感白粉病。

三、产量与生产分布

云饲麦2号2010—2011年参加云南省饲料大麦品种多点鉴定，4个试点平均产量

5 419.5kg/hm^2，比对照品种S500增产33.7%。同年在安徽省试种单产5 524.5kg/hm^2，较对照苏啤4号增产1.4%。在2011—2012年云南省饲料大麦区域试验中，平均单产6 111.0kg/hm^2，比平均对照增产11.4%，增产点次100%。该品种自2013年开始在云南省示范推广，至2015年在云南省昆明、大理、文山和曲靖等州市，累计生产种植1.45万hm^2。

四、栽培要点

云南省级周边省份海拔600 ~ 2 400m区域冬播大麦产区种植。播种时间10月中下旬至11月上旬。播种量水田一般90 ~ 105kg/hm^2，旱地120 ~ 135kg/hm^2。氮、磷配合，施足底肥，施纯氮150 ~ 180kg/hm^2，氮、磷配比1.0：（1.2 ~ 1.5）。水地播种后及时浇出苗水，并分别在2叶1心和5叶1心时，结合灌水进行追肥；旱地应在降雨后追肥。以蜡熟期收获为宜。抽穗期若发现蚜虫，宜及早防治。烟草茬种植大麦减少肥料50% ~ 90%仍可获得高产。中等偏下肥力的沙壤土，稻茬种植大麦应适量增加氮肥，以防止籽粒蛋白质含量过低。

云饲麦2号

云饲麦3号

一、品种来源

亲本及杂交组合：8640-1×G061S089T。1年2代杂交系谱选育，饲料大麦品种。

育成时间：2010年育成。云南省非主要农作物品种登记委员会2012年登记，品种登记证书编号：云登记大麦2012007号。2013年申请国家植物新品种保护，2017年获国家新品种授权，品种权号：CNA20130988.7，品种证书号：20179554号。

育成单位：云南省农业科学院生物技术与种质资源研究所、中国农业科学院作物科学研究所、昆明田康科技有限公司。

主要育种者：曾亚文、普晓英、张京、杨涛、杜娟、杨树明、杨加珍、杨晓梦、李霞。

国家农作物种质资源库大麦种质资源全国统一编号：ZDM10168。

二、特征特性

云饲麦3号属半冬性六棱皮大麦。幼苗匍匐、叶片宽大清秀、叶耳紫色，分蘖力强、成穗率高。株高78cm、株型紧凑，穗全抽出、穗层整齐，穗长6.6cm、穗密度稀，穗形长方、穗姿直立，颖壳有少量花青素、芒呈紫色、长齿芒。每穗结实49粒左右，粒形椭圆形、粒色黄色、外颖脉紫色，千粒重39.9g、蛋白质含量8%～10%。在云南省秋播晚熟，前期生长缓慢，后期灌浆速度快，全生育期约153天。抗倒伏、抗旱性强，高抗条锈病、抗条纹病，中病感白粉病。该品种在中等肥力条件下种植，据中国食品发酵工业研究院检测，所产大麦完全可以满足麦芽生产和酒酿造质量要求。千粒重39.1g、发芽率99%、水敏性0%，蛋白质7.5%、无水麦芽浸出率81.0%，α-氨基氮139mg/100g、总氮1.24%、可溶性氮0.50%，库值41.9%、黏度1.66mpa·s，色度4.0EBC、糖化力233WK。该品种前期植株再生能力强，除啤饲兼用和粮草兼用，可割苗青饲/青贮—再生秸秆+籽粒生产。

三、产量与生产分布

云饲麦3号2010—2011年参加云南省大麦品种多点鉴定试验，4个试点平均单产5 433.0kg/hm^2，比对照品种S500增产34.0%。在2011—2012年云南省饲料大麦区域试验中，7个试点平均产量6 408.0kg/hm^2，比平均对照增产16.8%，增产点次100%。该品种2013—2015年在云南省昆明、大理、保山、文山和曲靖等州市，累计示范推广5.6万hm^2。

四、栽培要点

云南省及周边省份海拔600 ~ 2 400m冬大麦产区种植。播种时间10月中下旬至11月上旬。播种量水田一般90 ~ 105kg/hm^2，旱地120 ~ 135kg/hm^2。氮磷配合，施足底肥，适量补充追肥。每公顷施纯氮150 ~ 180kg，氮、磷比例为1.0：（1.2 ~ 1.5），底肥与追肥占比为1：（0.6 ~ 1.0）。与烟草轮可视土壤肥力少施或不施化肥；中下肥力沙壤稻田种植，应适量增施氮肥，以提高籽粒的蛋白质含量。播种之后水田要及时灌出苗水，并分别在2叶1心和5叶1心时，结合浇灌水进行追肥；旱地可随降水及时追肥。抽穗期若发现蚜虫宜及早防治。蜡熟期收获为宜，做好脱粒晾晒，防止受潮霉变。

云饲麦3号

云饲麦4号

一、品种来源

亲本及杂交组合：8640-1/G061S040T。1年2代杂交系谱选育，饲料大麦品种。

育成时间：2011年育成。2014年云南省非主要农作物品种登记委员会登记，品种登记证书编号：滇登记大麦2014004号。2013年申请国家植物新品种保护，2017年获国家新品种授权，品种权号为CNA20130983.2，品种证书号为20179553号。

育成单位：云南省农业科学院生物技术与种质资源研究所、昆明田康科技有限公司、腾冲县农业技术推广所、中国食品发酵工业研究院。

主要育种者：曾亚文、普晓英、杨涛、杜娟、穆家伟、杨树明、谷方红、肖卿、杨加珍、杨晓梦、李霞。

国家农作物种质资源库大麦种质资源全国统一编号：ZDM10169。

二、特征特性

云饲麦4号属半冬性六棱皮大麦。幼苗半匍匐、叶片宽大，叶色清秀、叶耳紫色，分蘖力强、成穗率中高。株高59cm、株型紧凑，穗全抽出、穗层整齐，穗长6.4cm、穗形长方，穗姿直立、颖壳有少量花青素，长齿芒且芒尖微紫。每穗结实46粒左右，籽粒椭圆形、黄色但皮壳颖脉紫色，千粒重43.2g、蛋白质含量8%～10%。在云南省秋播种植中晚熟，前期生长缓慢，后期灌浆迅速，全生育期149天左右，熟相好。抗旱、抗倒性强，抗条锈病和条纹病、中抗白粉病。中低肥力农田种植，啤酒酿造品质较好。据中国食品发酵工业研究院检测，在低氮肥沙壤条件下所产大麦，千粒重40.9g、发芽率95%，水敏性0%、蛋白质7.2%、饱满粒95.2%，无水麦芽浸出率81.9%、α-氨基氮141mg/100g，总氮1.08%、可溶性氮0.44%，库值40.7%、黏度1.63mpa·s，色度4.0EBC、糖化力209WK。

三、产量与生产分布

云饲麦4号2011—2012年参加云南省大麦品种多点鉴定，4个试验点平均单产6 216.0kg/hm^2，在28个参试品种中居第二位。2012—2013年参加云南省饲料大麦品种区域试验，7个试验点平均产量4 561.5kg/hm^2，比平均对照增产0.5%。该品种2015年在云南省昆明、文山和曲靖等州市示范推广接近6 000hm^2。

四、栽培要点

云南省及周边省份海拔1 400～2 400m区域冬大麦产区种植。播种时间10月中下旬至11月上旬。播种量水田一般90～120kg/hm^2，旱地为135～150kg/hm^2。施足底肥，早施分蘖肥，适施拔节肥。底肥或种肥施尿素150～225kg/hm^2、钾肥75～150kg/hm^2。播种后2～3天内视天气情况浇灌出苗水，并分别在2叶1心和5叶1心时，结合灌水追肥，2期共追施450～750kg/hm^2。加强田间管理，及时防治蚜虫。烟后大麦化肥用量至少减少50%以上，中等肥力沙壤土稻后大麦要适当增施氮肥，以提高籽粒蛋白质含量。

云饲麦4号

116 云啤12号

一、品种来源

亲本及杂交组合：S500/Z195U034V。1年2代杂交系谱选育，啤酒大麦品种。

育成年份：2011年育成。2014年云南省非主要农作物品种登记委员会登记，品种登记证书编号：滇登记大麦2014005号。2013年申请国家植物新品种保护，2017年获国家新品种授权，品种权号：CNA20130973.4，品种证书号：20179550号。

育成单位：云南省农业科学院生物技术与种质资源研究所、中国农业科学院作物科学研究所、昆明田康科技有限公司、沾益县农业技术推广中心。

主要育种者：曾亚文、普晓英、张京、杨涛、杜娟、杨树明、杨加珍、杨晓梦、肖卿、魏秀兰、李霞。

国家农作物种质资源库大麦种质资源全国统一编号：ZDM10170。

二、特征特性

云啤12号属半冬性二棱皮大麦。幼苗半匍匐、长势和成穗率中等，叶片细窄、叶耳白色。株高70.3cm、株型紧凑，茎秆粗细和蜡质中等。穗全抽出、穗层整齐，穗长7.9cm、穗芒黄色，长齿芒、每穗结实23粒，结实率90.4%。籽粒饱满均匀、粒形椭圆，皮壳黄色、壳薄有光泽，千粒重42.5g、发芽率99%、水敏性0%，蛋白质10.2%、饱满粒82.1%。无水麦芽浸出率80.3%、α-氨基氮176mg/100g，总氮2.04%、可溶性氮0.86%，库值42.2%、黏度1.63mpa·s，色度4.0EBC、糖化力287WK。云南省秋播种植，灌浆期长、落黄好、中熟，全生育期157天左右。抗旱、耐寒性强，抗条锈、白粉和条纹病，有倒伏现象。

三、产量与生产分布

云啤12号2011—2012年参加云南省大麦品种多点鉴定试验，4个试验点平均单产

5 650.5kg/hm^2，比对照品种S500增产11.3%。在2012—2013年云南省啤酒大麦区域试验中，9个试验点平均单产6 637.5kg/hm^2，比平均对照增产5.2%。该品种自2014年开始在云南省昆明地区示范推广，2015年在云南省曲靖、昆明、玉溪、文山等州市示范种植450hm^2。

四、栽培要点

云南省及周边省份海拔1 200～2 100m冬大麦产区种植。适宜播种期10月中、下旬至11月上旬。播种量水田一般120kg/hm^2，旱地150kg/hm^{2}左右。施足底肥，早施分蘖肥，适施拔节肥。底肥和种肥每公顷施尿素150～225kg、钾肥75～150kg做种肥。播种后2～3天内视天气情况浇灌出苗水，并在2叶1心时，结合灌水追施碳酸氢铵450～750kg/hm^2。加强田间管理，及时防治蚜虫。中等肥力的沙性土壤，稻茬种植大麦要适当增施氮肥，以提高籽粒的蛋白质含量。

云啤12号

云啤14号

一、品种来源

亲本及杂交组合：Z010J045J/澳选1号。1年2代杂交系谱选育，啤酒大麦品种。

育成时间：2011年育成。2014年云南省非主要农作物品种登记委员会登记，品种登记登记编号：滇登记大麦2014006号。

育成单位：云南省农业科学院生物技术与种质资源研究所、昆明田康科技有限公司、中国食品发酵工业研究院。

主要育种者：曾亚文、普晓英、杜娟、Gary Hanning、李有春、郝建秦、齐照明、杨涛、杨树明、杨加珍、杨晓梦、李霞。

国家农作物种质资源库大麦种质资源全国统一编号：ZDM10171。

二、特征特性

云啤14号系半冬性二棱皮大麦。幼苗匍匐、生长势旺、强分蘖强，叶片宽大、叶耳紫色，前期生长发育慢，后期灌浆速度快，落黄好。株高75.2cm、蜡质中等，株型紧凑、适宜于机械化收获。穗全抽出、穗层整齐，穗棍棒形、穗密度稀，穗长7.7cm、穗芒黄色、长齿芒，每穗结实23粒、结实率87.9%。籽粒椭圆形、皮壳黄色、皮壳薄有光泽，千粒重43.9g、发芽率98%，水敏性0%、蛋白质9.3%、饱满粒94.4%。无水麦芽浸出率82.7%、α-氨基氮147mg/100g，总氮1.52%、可溶性氮0.63%，库值41.4%、黏度1.47mpa·s，色度5.5EBC、糖化力236WK。云南省昆明地区秋播种植中晚熟，全生育期162天左右。抗到伏，抗旱、耐寒性强，抗条纹病、高抗条锈病和白粉病

三、产量与生产分布

云啤14号在2011—2012年云南省大麦品种多点鉴定试验中，4个州市9个试点平均单

5 133.0kg/hm^2，比对照品种S500增产1.3%。2012—2013年参加云南省啤酒大麦品种区域试验，9个试验点平均单产6 313.5kg/hm^2，与平均对照产量持平。该品种2014年在云南省开始示范推广，2015年在曲靖、昆明、玉溪、文山等州市示范种植200hm^2。

四、栽培要点

云南及周边省份海拔1 200～2 100m冬大麦产区秋播种植。适宜播种时间10月中、下旬至11月上旬。播种量，一般水田120kg/hm^2，旱地150kg/hm^2。播种后2～3天视天气情况浇灌出苗水。分别在2叶1心和5叶1心时，结合灌水或降雨，每公顷追施450～750kg碳酸氢铵。加强田间管理，做好杂草防除和蚜虫防治。烟草茬种植大麦化肥用量减少50%以上。

云啤14号

118 云稞1号

一、品种来源

亲本及杂交组合：保山青稞麦地方品种中单株系统选育，食用青稞品种。

育成时间：2010年育成。2014年云南省非主要农作物品种登记委员会登记，品种登记登记编号：滇登记大麦2014013号。

育成单位：云南省农业科学院生物技术与种质资源研究所、迪庆藏族自治州农业科学研究所、昆明田康科技有限公司、中国食品发酵工业研究院。

主要育种者：曾亚文、杜娟、闵康、普晓英、杨涛、杨加珍、杨晓梦、郝建秦、李霞。

国家农作物种质资源库大麦种质资源全国统一编号：ZDM10172。

二、特征特性

云稞1号属春性六棱裸大麦。幼苗半直立、分蘖力中等，叶片宽大、清秀，叶耳白色。株型中度松散、茎秆粗壮、蜡质中等，株高79cm、适宜于机械化收获。穗全抽出、穗层整齐，穗形长方、穗长5.8cm、长齿芒，每穗结实49粒、结实率84.4%。籽粒均匀饱满、椭圆形、金黄色，千粒重41.8g、绝干总淀粉70.9%，绝干支链淀粉53.4%、β-葡聚糖4.0%，外观品质及加工品质好。据中国食品发酵工业研究院检测，该品种2017年在低氮肥沙壤土种植，千粒重40.1g、发芽率87%、水敏性0%，蛋白质8.8%、饱满粒96.5%，无水麦芽浸出率83.3%、α-氨基氮143mg/100g，总氮1.41%、可溶性氮0.58%，库值41.1%、黏度1.99mpa·s，色度4.0EBC、糖化力201WK。可用于生产麦芽和啤酒酿造。在云南省昆明秋播种植，全生育期148天、中早熟品种。中度抗倒、抗旱抗寒性强，高抗条纹病、抗白粉病，轻感条锈病。

三、产量与生产分布

云稞1号2012年参加云南省大麦品比试验，平均产量5 469.0kg/hm^2，比对照品种增产18.8%，居15个参试品种第一位。在2014年云南省饲料大麦/青稞品种区域试验中，7试点平均单产3 690.0kg/hm^2。同年参加四川、西藏和云南3省区冬青稞区试，平均单产6 676.5kg/hm^2，比对照品种迪庆3号增产49.9%，居第一位。其中，迪庆点单产8 010kg/hm^2。2015年参加云南、西藏、四川和甘肃4省区、7个试点冬青稞区域试验，平均单产5 295.0kg/hm^2，比对照迪青3号和冬青15号分别增产20.8%和23.8%。该品种2014年开始在云南省迪庆藏族自治州示范推广，2015在云南、西藏、四川、和甘肃等省区，累计示范种植超过1 300hm^2。

四、栽培要点

云南省海拔1 400 ~ 2 400m大麦产区及我国西南其他省份类似地区的青稞产区种植。秋播适宜时间10月中、下旬至11月上旬。每公顷播种量一般水田120kg，旱地150kg种，保证基本苗225万株。施足底肥，早施分蘖肥，适施拔节肥。播种时，追施尿素225kg/hm^2，2叶1心至拔节，随灌水或降水追施尿素150 ~ 225尿素。加强田间管理，及时防治蚜虫及病害。蜡熟后期适时收获。注意前作过量施用除草剂，会造成云稞1号对大麦锈病的抗性降低。

云稞1号

119 云玉麦1号

一、品种来源

亲本及杂交组合：Z023Q041R/S500。有性杂交1年2代集团选择，啤酒大麦品种。

育成时间：2011年育成。2014年云南省非主要农作物品种登记委员会登记。品种登记证书编号：滇登记大麦2014012号。

育成单位：昆明田康科技有限公司、玉溪农业职业技术学院、云南省农业科学院生物技术与种质资源研究所、昆明市农业科学院。

主要育种者：曾亚文、宋云华、普晓英、杨涛、李玉萍、杜娟、周红艳、杨加珍、杨晓梦。

国家农作物种质资源库大麦种质资源全国统一编号：ZDM10173。

二、特征特性

云玉麦1号属春性二棱皮大麦。幼苗直立、长势旺，分蘖力强、成穗率中等，叶片中等长宽、叶姿平展、叶耳紫色。株型半紧凑、茎秆粗细适中、蜡质较多，株高72cm左右。穗全抽出、穗层整齐，穗长7.2cm、穗密度稀、棍棒形，芒长齿、芒尖微姿，每穗结实24粒左右，结实率94.4%。籽粒大而均匀、椭圆形、皮壳黄色有紫脉，千粒重39.8g、发芽率96%，水敏性0%、蛋白质8.4%、饱满粒93.9%。无水麦芽浸出率81.8%、α-氨基氮143mg/100g，总氮1.37%、可溶性氮0.55%，库值40.1%、黏度1.90mpa·s，色度4.5EBC、糖化力234WK。云南省秋播种植，前期生长缓慢，后期灌浆迅速，全生育期161天左右，晚熟品种、熟相好。抗锈病、白粉病和条纹病，抗倒伏、抗寒、抗旱性强。

三、产量与生产分布

云玉麦1号2012—2013年参加云南省大麦品种多点鉴定试验，4个试点平均单产5 650.5kg/hm^2，比平均对照增产21.6%。在2013—2014年云南省啤酒大麦区域试验中，9

个试点平均单7 089kg/hm^2，比平均对照增产12.3%，增产点次88.9%，居第一位。2014年开始在云南省示范推广，至2015年在云南省昆明、玉溪、文山、保山、大理和曲靖等10个州市，累计示范种植约3 500hm^2。

四、栽培要点

云南省及周边省份海拔1 200～2 400m区域冬大麦产区秋播种植。播种时间为10月中、下旬至11月上旬。播种密度控制基本苗225万株/hm^{2}左右。合理肥水运筹，在中等肥力条件下，每公顷施纯氮225kg左右，基肥：苗肥：拔节孕穗肥施用比例以5：2：3为好。注意田间病虫草害的防治。与烟草接茬种植应减施50%氮肥。

云玉麦1号

120 云啤15号

一、品种来源

亲本及杂交组合：BARI293/S500。有性杂交1年2代集团选择，啤酒大麦品种。

育成时间：2012年育成。2015年云南省非主要农作物品种登记委员会鉴定。品种鉴定证书编号：云种鉴定2015013号。

育成单位：云南省农业科学院生物技术与种质资源研究所、中国农业科学院作物科学研究所、昆明田康科技有限公司。

主要育种者：曾亚文、普晓英、张京、杜娟、杨涛、杨加珍、杨晓梦、郭刚刚、李霞。

国家农作物种质资源库大麦种质资源全国统一编号：ZDM10174。

二、特征特性

云啤15号属半冬性二棱皮大麦。幼苗半匍匐、长势好，分蘖力强、成穗率高，叶片窄短、叶色浅绿、叶耳紫色。植株整齐、叶片直立、株型紧凑，株高63cm、茎秆紫色、蜡质中等。穗全抽出、穗层整齐、穗长7.6cm，棍棒形、穗芒长齿、带少量花青素，每穗结实24粒，结实率94.4%。籽粒饱满均匀、椭圆形，皮壳黄色带有紫脉，千粒重44.9g、发芽率92%，水敏性0%、蛋白质7.6%、饱满粒96.3%。无水麦芽浸出率82.9%、α-氨基氮137mg/100g，总氮1.26%、可溶性氮0.54%，库值42.9%、黏度1.66mpa·s，色度4.5EBC、糖化力212WK。云南省秋播种植全生育期164天左右，中晚熟品种。抗倒伏、抗旱耐寒性强，高抗锈病、白粉病和条纹病。

三、产量与生产分布

云啤15号2014—2015年参加云南省啤酒大麦品种区域试验，9试点平均单产7 807.5kg/hm^2，比平均对照增产13.5%，增产点次100%，居全部参试品种第一位。2015年在云南省玉龙县示范种植1.4hm^2，平均单10 789.5kg/hm^2，创中国大麦高产纪录。该品种2014年开始在云南省示范推广，2015年在昆明、保山、大理和曲靖等10个州市示范推广接近3 000hm^2。

四、栽培要点

云南省海拔600～2 200m区域及周边省份其类似地区，中上等肥力农田秋播种植。适期播种，秋播10月中下旬至11月上旬，中、低海拔9月中、下旬至11月上旬。合理密植，每hm^{2}基本苗225万株左右，高肥水条件栽培适当降低播种量。科学肥水管理，一般每公顷施纯氮225kg左右；基肥、分蘖拔节肥施用比例以7∶3为宜，配合使用磷、钾肥。做好虫草害防治，拔节至抽穗期注意防治蚜虫。适期收获，以蜡熟末期至完熟初期收获为宜。注意烟草茬种植大麦应适当减少化肥用量。

云啤15号

121 云啤17号

一、品种来源

亲本及杂交组合：S500/甘啤5号。有性杂交1年2代集团选择，啤酒大麦品种。

育成时间：2012年育成。2015年云南省非主要农作物品种登记委员会鉴定。品种鉴定证书编号：云种鉴定2015014号。

育成单位：云南省农业科学院生物技术与种质资源研究所、昆明田康科技有限公司、丽江市农业科学研究所、泸西县农业技术推广中心。

主要育种者：普晓英、曾亚文、杜娟、杨涛、杨加珍、杨晓梦、宗兴梅、李存芬、李霞。

国家农作物种质资源库大麦种质资源全国统一编号：ZDM10175。

二、特征特性

云啤17号系半冬性二棱皮大麦。苗半匍匐、长势好，叶片较窄、叶色鲜绿、叶耳紫色，分蘖力特强、成穗率高，前期生长慢，后期灌浆快。株型半紧凑、整齐度好，株高67.8cm、茎秆粗细中等、蜡质少。穗全抽出、穗层整齐，穗长7.9cm、穗棍棒形，穗芒长齿、带有少量花青素，每穗结实24粒左右，结实率94%。籽粒饱满均匀、椭圆形，颖壳黄色、颖脉但紫色，千粒重41.4g、发芽率96%、水敏性1%，蛋白质8.2%、饱满粒91.5%。无水麦芽浸出率81.1%、α-氨基氮151mg/100g，总氮1.34%、可溶性氮0.57%，库值42.54%、黏度1.72mpa·s，色度5.0EBC、糖化力248WK。在云南省秋播种植全生育期164天左右，中熟品种。高抗倒伏，抗旱、耐寒性强，抗锈病、白粉病和条纹病。

三、产量与生产分布

云啤17号2012—2013年参加云南省大麦品种多点鉴定试验中，4个试点多平均单产5 210.7kg/hm^2，比对照品种S500增产28.8%。在2013—2014年云南省啤酒大麦品种区域试验中，9个试点平均单产6 972.0kg/hm^2，比平均对照增产1.4%。该品种适宜云南及周边省份海拔600～2 400m区域冬大麦区种植。2015年开始在云南省昆明、大理和丽江等地示范推广，共计种植150hm^2。

四、栽培要点

云南省及周边省份海拔600～2 400m区域秋播种植。秋播时间10月中、下旬至11月上旬。播种量一般水田120kg/hm^2，旱地150kg/hm^2。合理运筹肥水，施足底肥，早施分蘖肥，适施拔节肥。每公顷施尿素150～225kg、钾肥75～150kg做种肥；播种后及时浇灌出苗水，分别在2叶1心和5叶1心时，结合灌水或降水追施450～550kg碳酸氢铵。加强田间管理，做好田间杂草防除和蚜虫防治。

云啤17号

云饲麦7号

一、品种来源

亲本及杂交组合：V43/G039N056N-2。有性杂交1年2代集团选择，饲料大麦品种。

育成时间：2012年育成。2015年云南省非主要农作物品种登记委员会鉴定。品种鉴定证书编号：云种鉴定2015022号。2013年申请植物国家新品种保护，2017年获国家新品种授权，品种权号：CNA20130983.2，品种证书号：20179553号。

育成单位：云南省农业科学院生物技术与种质资源研究所、中国农业科学院作物科学研究所、昆明田康科技有限公司、迪庆藏族自治州农业科学研究所。

主要育种者：曾亚文、普晓英、张京、杜娟、杨涛、杨加珍、杨晓梦、郭刚刚、李霞、闵康。

国家农作物种质资源库大麦种质资源全国统一编号：ZDM10177。

二、特征特性

云饲麦7号属春性六棱皮大麦。幼苗直立、分蘖力较强，前期生长缓慢，后期灌浆快。植株整齐、株型半紧凑，植株81cm左右、叶片清秀宽大、叶耳紫色。穗全抽出、穗层整齐，穗长5cm左右、穗形长方，穗芒长齿、黄色，每穗结实37粒、结实率90.3%。籽粒黄色、呈椭圆形，饱满粒93.8%、千粒重44.0g、蛋白质9.6%。云南省秋播种植全生育期151天左右，中熟品种，熟相好。抗旱、抗倒性强，抗条锈病、白粉病和条纹病。

三、产量与生产分布

云饲麦7号2012—2013年参加云南省大麦品种多点鉴定试验，4个试点平均单产4 956.0kg/hm^2，在30个参试品种中居第六位。在2013—2014年云南省饲料大麦区域试验中，7个试点平均产量6 090.0kg/hm^2，比平均对照增产15.0%，增产极显著，居第一位。2015年开始在云南省昆明、文山、楚雄、丽江和曲靖等州市示范推广，共计生产种植

$120hm^2$。

四、栽培要点

适宜在云南省及周边省份海拔1 200～2 400m区域，水田、旱地秋播种植。秋播时间10月中、下旬至11月上旬。播种前晒种1～2天，播种量水田90～120kg/hm^2，旱地120～150kg/hm^2，播种密度不宜过大，防止倒伏。适量施用氮肥，酌情增加磷、钾肥用量。每公顷施尿素300kg、普钙450kg、硫酸钾90～120kg。其中，尿素分2次施，种肥占60%，分蘖肥占40%；普钙肥和钾肥一次性做种肥，与尿素混合拌匀后撒施。水地播种后及时浇灌出苗水，并分别在分蘖期、拔节期、抽穗杨花期和灌浆期进行浇水。做好病虫草害及鼠害防治，蜡熟后期至完熟期及时收获。烟草茬种植大麦化应减少50%化肥用量。

云饲麦7号

123 云饲麦8号

一、品种来源

亲本及杂交组合：8640-1/G118E005F。有性杂交1年2代集团选择，饲料大麦品种。

育成时间：2012年育成。2015年云南省非主要农作物品种登记委员会鉴定。品种鉴定证书编号：云种鉴定2015023号。

育成单位：云南省农业科学院生物技术与种质资源研究所、中国农业科学院作物科学研究所、昆明田康科技有限公司、玉溪农业职业技术学院。

主要育种者：曾亚文、杨涛、普晓英、张京、杜娟、杨晓梦、杨加珍、李霞、宋云华、李玉萍。

国家农作物种质资源库大麦种质资源全国统一编号：ZDM10178。

二、特征特性

云饲麦8号属半冬性六棱皮大麦。幼苗半匍匐、分蘖力强、成穗率高，叶片宽大、清秀，叶耳紫色、植株整齐、株型半紧凑、株高76cm左右。穗全抽出、穗层整齐，穗长6.8cm、穗形长方、穗密度稀，成熟前颖壳具花青素，芒长齿、芒尖微紫，每穗结实46粒，结实率89.4%。籽粒椭圆形、皮壳黄色、颖脉紫色，千粒重41.4g。在云南省秋播种植，前期生长缓慢，后期灌浆迅速，全生育期150天左右，中熟品种，熟相好。抗旱、抗倒伏性强，抗条锈病河条纹病，中感白粉病。该品种可啤饲兼用，据中国食品发酵工业研究院检测，啤麦千粒重42.5g、发芽率96%、水敏性0%，蛋白质7.1%、饱满粒97.7%，无水麦芽浸出率81.7%、α-氨基氮141mg/100g，总氮1.11%、可溶性氮0.48%，库值43.2%、黏度1.70mpa·s，色度4.5EBC、糖化力208WK。

三、产量与生产分布

云饲麦8号2012—2013年参加云南省大麦品种多点鉴定试验，4个试点平均单产

5 031.0kg/hm^2，比平均对照增产75.3%，在30个参试品种中居第四位。2013—2014年参加云南省饲料大麦品种区域试验，7个试点平均产量5 640.0kg/hm^2，比平均对照增产6.5%，居第二位。该品种2015年开始在云南省昆明、文山、楚雄、丽江和曲靖等州市示范推广，共计生产种植120hm^2。

四、栽培要点

在云南及周边省份海拔1 200～2 400m区域，冬大麦产区水田及旱地种植。适宜播种期为10月中、下旬至11月上旬。播种量保证基本苗225万株/hm^2，播期推迟，基本苗应适当增加。施足基肥，早施苗肥，看苗施好拔节孕穗肥。一般每公顷纯氮用量225kg，基蘖肥：拔节抽穗肥为7∶3。为提高籽粒蛋白质含量，应适量增加氮肥用量。生长后期注意蚜虫防治。

云饲麦8号

云饲麦9号

一、品种来源

亲本及杂交组合：8640-1/G061S009T。有性杂交1年2代杂交集团选择，饲料大麦品种。

育成时间：2012年育成。2015年云南省非主要农作物品种登记委员会鉴定。品种鉴定证书编号：云种鉴定2015024号。

育成单位：云南省农业科学院生物技术与种质资源研究所、中国农业科学院作物科学研究所、昆明田康科技有限公司、文山州农业科学院。

主要育种者：曾亚文、普晓英、杨涛、杜娟、张京、何金宝、杨加珍、杨晓梦、李霞。

国家农作物种质资源库大麦种质资源全国统一编号：ZDM10179。

二、特征特性

云饲麦9号属半冬性六棱皮大麦。幼苗半匍匐、分蘖力强、成穗率中等。叶片宽大、叶色深绿，叶耳紫色、叶片下垂。植株整齐、株型半紧凑、株高90cm左右。穗全抽出、穗层整齐、穗长6.8cm，穗形长方、长齿芒、芒尖紫色，穗密度稀、每穗结实48粒左右、结实率95.31%。籽粒椭圆形、黄色，皮壳紫脉，千粒重41.2g、发芽率98%、水敏性0%，蛋白质8.0%、饱满粒94.6%。云南省秋播种植全生育期152天左右，中晚熟品种、熟相好。抗旱性强、抗倒性中等，抗条锈病和条纹病、感白粉病。该品种可啤饲兼用，据中国食品发酵工业研究院酿酒技术中心检测，低氮肥沙壤土种植，啤麦千粒重43.9g、发芽率97%，水敏性0%、蛋白质7.6%、饱满粒94.5%。无水麦芽浸出率81.1%、α-氨基氮136mg/100g，总氮1.25%、可溶性氮0.52%，库值41.6%、黏度1.81mpa·s，色度4.5EBC、糖化力219WK。

三、产量与生产分布

云饲麦9号2012—2013年参加云南省大麦品种多点鉴定试验，4个试点平均单产

8 152.5kg/hm^2，比平均对照增产19.2%。2014—2015年在云南省饲料大麦区域试验中，7个试点平均产量6 372.0kg/hm^2，比平均对照增产1.4%，增产点次6/7。该品种2015年开始在云南省昆明、大理和曲靖等州市示范推广，共计生产种植180hm^2。

四、栽培要点

云南及周边省份海拔1 200～2 400m区域冬大麦产区秋播种植。播种期一般为10月中、下旬至11月上旬，中低海拔烟后大麦9月下旬至10月上旬播种。合理密植，播种密度控制在225万苗/hm^{2}左右。合理肥水运筹，在中等肥力条件下，每公顷施纯氮225kg左右，基肥：苗肥：拔节孕穗肥的施用比例以5：2：3为好。拔节后注意蚜虫防治，高肥水条件栽培做好白粉病防治，并防止倒伏。与烟草接茬种植应将化肥用量至少减少50%以上。

云饲麦9号

云饲麦10号

一、品种来源

亲本及杂交组合：8640-1/G061S132T。有性杂交1年2代集团选择，饲料大麦品种。

育成时间：2012年育成。云南省非主要农作物品种登记委员会2015年鉴定。品种鉴定证书编号：云种鉴定2015025号。

育成单位：云南省农业科学院生物技术与种质资源研究所、昆明田康科技有限公司、中国农业科学院作物科学研究所、腾冲县农业技术推广所、嵩明县农业技术推广站。

主要育种者：曾亚文、普晓英、杨涛、杜娟、张京、杨晓梦、穆家伟、杨加珍、李霞、张文志。

国家农作物种质资源库大麦种质资源全国统一编号：ZDM10180。

二、特征特性

云饲麦10号属半冬性六棱皮大麦。幼苗半匍匐、分蘖力强，叶片宽大，叶色深绿、叶姿平展、叶耳紫色。植株整齐、株型半紧凑、株高90cm左右。穗全抽出、穗层整齐，穗长6.8cm、穗长方形、穗密度稀，长齿芒且芒尖微紫，穗粒数49粒、结实率100%。籽粒椭圆形、黄色，皮壳紫脉、千粒重37.3g。云南省秋播种植，前期生长缓慢，后期灌浆迅速。全生育期154天左右，晚熟品种、熟相好。抗旱性强、抗倒性中等，抗条锈病和条纹病、感白粉病。

三、产量和分布

云饲麦10号在2012—2013年云南省大麦品种多点鉴定试验中，4个试点平均产量8 275.5kg/hm^2，比平均对照增产21.0%。参加2013—2014年云南省饲料大麦品种区域试验，8个试点平均单产6 375.0kg，比平均对照增产1.5%，增产点次7/8。该品种2015年开始在云南省昆明、大理和曲靖等州市示范推广，共计生产种植150hm^2。

四、栽培要点

云南海拔1 200～2 400m冬大麦产区水、旱地秋播种植。适宜播种期一般为10月下旬至11月上旬，中、低海拔烟后种植9月中、下旬至10月上旬播种。播种量水浇地90～120kg/hm^2，旱地120～150kg/hm^2，播种不宜过密，以防倒伏。合理施肥，适量施用氮肥，适当增加磷、钾肥。每公顷施农家肥22 500～30 000kg作底肥，共施尿素450kg、普钙450kg、硫酸钾90～120kg。其中，尿素分2次施用，种肥占60%，分蘖肥占40%；普钙肥和钾肥一次性做种肥与尿素混合拌匀后撒施。水浇地播种后及时浇灌出苗水，分别在分蘖拔节、抽穗杨花期进行浇水。做好病虫草害及鼠害防治，蜡熟后期至完熟期及时收获。

云饲麦10号

126 云啤18号

一、品种来源

亲本及杂交组合：07YD-8（Triumph-BAR/TYRA//ARUPO*2/ABN-B/3/CANELA/4/MSEL）/当地青稞。有性杂交1年2代集团选择，啤酒大麦品种。

育成时间：2012年育成。2015年云南省非主要农作物品种登记委员会鉴定。品种鉴定证书编号：云种鉴定2015019号。

育成单位：云南省农业科学院生物技术与种质资源研究所、昆明田康科技有限公司、曲靖市农业科学院、玉溪农业职业技术学院。

主要育种者：曾亚文、普晓英、杜娟、杨晓梦、杨加珍、杨涛、丁云双、李霞、李玉萍、宋云华。

国家农作物种质资源库大麦种质资源全国统一编号：ZDM10176。

二、特征特性

云啤18号属春性二棱皮大麦。幼苗直立、分蘖力强、成穗率中等，叶片宽大，夜色浅绿、叶耳白色。植株整齐、茎秆粗细适中，蜡质中等、株高80cm。穗全抽出、穗层整齐，棍棒穗形、侧小穗退化，穗密度稀、穗芒黄色，长齿芒、穗长6.7cm，每穗结实20粒，结实率92.1%。籽粒黄色、粒形椭圆，粒大饱满、均匀光泽、紫色颖脉，千粒重53.5g、发芽率98%、水敏性1%，蛋白质8.3%、饱满粒99.3%。无水麦芽浸出率80.9%、α-氨基氮141mg/100g，总氮1.37%、可溶性氮0.56%，库值40.9%、黏度1.90mpa·s，色度4.0EBC、糖化力261WK。在云南省秋播种植，全生育期157天左右，中熟品种、熟相好。高抗倒伏、抗旱耐寒能力强，抗锈病、白粉病和条纹病。

三、产量与生产分布

云啤18号2012—2013年参加云南省大麦品质多点鉴定试验，4个试点平均单产

8 917.5kg/hm^2，比平均对照增产19.9%。在2013—2014年云南省啤酒大麦区域试验中，9个试点平均单产6 523.5kg/hm^2，比平均对照增产9.1%，增产点次77.8%，居第一位。该品种2015年开始云南省昆明和大理等地示范推广，当年生产种植面积150hm^2。

四、栽培要点

云南省及周边省份海拔1 200～2 400m区域冬大麦产区秋播种植。播种期10月中、下旬至11月上旬。播种量一般水田12kg/hm^2，旱地150kg/hm^{2}左右。施足底肥，早施分蘖肥，适施拔节肥。播种后视天气浇灌出苗水；分别在2叶1心和5叶1心时，结合灌水或降雨追肥。每公顷施农家肥料15 000kg、尿素150～225kg做种肥，2叶1心时结合灌水追施150～300kg尿素做分蘖肥，根据田间长势酌情追施拔节肥。加强田间管理，及时防治蚜虫。与烟草接茬种植要尽量少施氮肥，防止蛋白质含量过高。

云啤18号

127 云靖麦2号

一、品种来源

亲本及杂交组合：BARI213/保大麦6号。有性杂交1年2代集团选择，啤酒大麦品种。

育成时间：2013年育成。云南省非主要农作物品种登记委员会2015年鉴定。品种鉴定证书编号：云种鉴定2015015号。

育成单位：昆明田康科技有限公司、曲靖市农业科学院、沾益县农业技术推广中心。

主要育种者：曾亚文、普晓英、杨加珍、唐永生、袁开选、杨涛、魏秀兰、杜娟、杨晓梦、李霞。

国家农作物种质资源库大麦种质资源全国统一编号：ZDM10181。

二、特征特性

云靖麦2号属半冬性二棱皮大麦。幼苗半匍匐、长势旺，分蘖力强、成穗率高。叶片长宽适中，叶色浅绿、叶姿下垂，叶耳紫色。植株整齐、株型松散、株高62cm左右，茎秆紫色、蜡质较多。穗全抽出、穗层整齐，穗长7.6cm、穗棍棒形，小穗密度稀、芒长齿、芒尖带少量花青素，每穗结实23粒、结实率93%。籽粒大而均匀、椭圆形、黄色、皮壳紫脉，千粒重42.9g、发芽率94%，水敏性1%、蛋白质7.8%、饱满粒98.5%。无水麦芽浸出率81.7%、α-氨基氮136mg/100g，总氮1.28%、可溶性氮0.52%，库值40.6%、黏度1.68mpa·s，色度4.0EBC、糖化力198WK。云南省秋播种植，前期生长缓慢，后期灌浆迅速。全生育期163天左右，中熟品种、熟相好。抗锈病、白粉病和条纹病，抗倒伏、抗旱、耐寒能力强。

三、产量与生产分布

云靖麦2号参加2014—2015年云南省啤酒大麦区域试验，9个试点平均单产7 030.5kg/hm^2，比平均对照增产2.2%，增产显著。2014年开始在云南省示范种植，至2015年已在云南省昆明、大理和李江等州市累计种植200hm^2。

四、栽培要点

云南省及周边省份海拔1 200 ~ 2 400m区域冬大麦产区种植，秋季10月中、下旬至11月上旬播种。合理密植，一般播种量水田120kg/hm^2，旱地150 ~ 180kg/hm^2，高肥水田块播量适当减少。科学施肥，以基肥、苗肥为主，注意氮、磷、钾配合施用。拔节至抽穗期做好蚜虫防治。注意前作过量施用除草剂会引起锈病感染。

云靖麦2号

128 凤大麦6号

一、品种来源

亲本及杂交组合：法国大麦品系AT-1单株系统选育，啤酒大麦品种。

育成时间：2009年育成，原品系代号：02-2。云南省非主要农作物品种登记委员会2012年登记，品种登记证书编号：滇登记大麦2012019号。

育成单位：大理白族自治州农业科学研究所。

主要育种者：李国强、李江、吴显成、杨俊青。

国家农作物种质资源库大麦种质资源全国统一编号：ZDM09985。

二、特征特性

凤大麦6号属春性二棱皮大麦。幼苗直立、分蘖力较强，叶色淡绿、叶片较、叶姿上举，植株整齐、株型紧凑、株高76cm。穗全抽出、长齿芒、穗长方形，穗长6.8cm、每穗实粒数23.0粒。粒色淡黄色、粒形卵圆，千粒重34.4～39.7g、蛋白质含量11.0%，≥2.5mm筛选率90%、发芽势97%、发芽率98%，水敏性3%。无水麦芽细粉浸出率82.1%，色度2.0EBC、糖化时间8min、α-氨基氮141mg/L，糖化力347WK、库尔巴哈值39%。在云南省大理白族自治州秋播种植，中晚熟、全生育期161天左右。中抗条锈病、高抗白粉病，抗旱、抗到伏，耐寒性较强。

三、产量与生产分布

凤大麦6号2004年参加云南省大理白族自治州啤大麦品种比较试验，平均单7 170.0kg/hm^2，较对照品种港啤1号增产54.9%，较S500增产4.3%，居参试品种第一位。在2007—2009年云南省大麦品种区域试验中，2年6个试点平均单产5 833.5kg/hm^2，较对照S500增产10.6%，增产极显著，增产点次率84%。该品种2005年开始在云南省大理白族自治州生产示范，至2015年在云南省生产种植面积累计超过2万hm^2，一般单产

4 500 ~ 7 500kg/hm^2，最高单产达10 240.5kg/hm^2。适宜在大理、临沧、昆明、楚雄、丽江、保山等海拔1 400 ~ 2 200m区域秋播种植。

四、栽培要点

适期播种：选择肥力中上等田地种植，播种期水田11月上中、旬为佳，旱地10月上旬抢墒播种。播前晒种1 ~ 2天，提高整地播种质量，确保麦苗齐全均壮。

合理群体结构：水田保证基本苗225万 ~ 270万株/hm^2，播种量90 ~ 120kg/hm^2；旱地基本苗300万 ~ 375万株/hm^2，播种量120 ~ 150kg/hm^2。科学经济施肥，每公顷施腐熟农家肥30 000kg做基肥，种肥施尿素225kg、普钙300 ~ 450kg，分蘖肥施尿素150kg。

加强田间管理：及时浇灌出苗水，灌好拔节、抽穗和灌浆水，注意田间除草、灭蚜、防鼠，蜡熟后期至完熟期收获。

凤大麦6号

129 凤大麦7号

一、品种来源

亲本及杂交组合：S500/凤大麦6号。杂交系谱选育，饲料大麦品种。

育成时间：2011年育成，原品系代号：052DM3-3。云南省非主要农作物品种委员会2012年登记，品种登记证书编号：滇登记大麦2012004号。2011年申请国家新品种保护，2016年获国家新品种权授权，品种权号：CNA20110618.7，品种权证书号：第20166740号。

育成单位：大理白族自治州农业科学研究所。

主要育种者：李国强、李江、吴显成、杨俊青、张睿、刘帆。

国家农作物种质资源库大麦种质资源全国统一编号：ZDM09986。

二、特征特性

凤大麦7号属春性二棱皮大麦。幼苗半匍匐、苗期长势中等，分蘖力强、成穗率高。叶片窄短、叶耳紫色，叶色深绿、叶姿上举。株高71.7cm、茎秆蜡质多，茎秆较细、株型紧凑，穗层整齐。穗长6.7cm、穗棍棒形，穗芒紫色、长齿芒、穗密度稀，每穗实粒数20.9粒、结实率85.7%。籽粒黄色、椭圆形，千粒重46.1g、蛋白质含量10.7%。云南省大理白族自治州秋播种植，中熟、全生育期144 ~ 178天，抗倒伏、熟相好。高抗白粉病、抗锈病，抗旱性和抗寒性中等。该品种麦芽和啤酒酿造品种较好，可啤饲兼用。据中国食品发酵工业研究院检测，原麦千粒重（以绝干计）40.3g，≥2.5mm筛选率90.8%，3天发芽率95%，5天发芽率97%，水敏性3%。无水麦芽品质浸出率79.6%，色度4.0EBC、α-氨基氮155mg/100g，糖化力346WK、库尔巴哈值41.7%。

三、产量与生产分布

凤大麦7号2010年参加云南省大理白族自治州啤大麦品种比较试验，平均单产7 234.5kg/hm^2，较对照品种S500增产8.1%，居第一位。在2011年大理白族自治州大麦品种比较试验中，平均单产7 519.5kg/hm^2，较对照S500增产20.4%，居第二位，增产极显著。2012年参加云南省啤酒大麦区域试验，6个试点平均单产5 337.9kg/hm^2。该品种2011年开始在云南省大理白族自治州生产示范，至2015年在云南省累计生产种植3.2万hm^2。一般亩产4 500～7 500kg/hm^2，最高单产达1 058.1kg/hm^2。适宜在大理、曲靖、昆明、楚雄、保山、临沧等海拔1 400～2 400m区域秋播种植。

四、栽培要点

适期播种：水田10月25日至11月15日，旱地9月25日至10月15日播种为宜。播前晒种1～2天，提高整地播种质量，确保麦苗齐全匀壮。

合理密植：水田播种量105～150kg/hm^2，保证基本苗在180万～240万苗/hm^2；旱地播种量180～225kg/hm^2，基本苗在300万～375万苗/hm^2。科学经济施肥，种肥每公顷施尿素225～300kg、普钙450～600kg；分蘖肥施尿素150～225kg；稻茬免耕麦田不追施分蘖肥，中后期可适量增施拔节孕穗肥尿素75～120kg。前期长势较弱的非免耕种植的大麦田，增施拔节孕穗肥尿素75～120kg。旱地大麦中后期趁雨追施尿素150kg。

加强田间管理：及时灌好出苗、拔节、孕穗抽穗和灌浆水，做好田间除草和蚜虫防治工作，蜡熟末期或完熟期采用人工收获或机械收获，收后尽快脱粒、晾晒，根据饲用和啤用等用途妥善存放保管。

凤大麦7号

凤03-39

一、品种来源

亲本及杂交组合：墨西哥大麦杂交后代08YD3单株系统选育，饲料大麦品种。

育成时间：2011年育成，原品系代号：08YD3-39。云南省非主要农作物品种委员会2012年登记，品种登记证书编号：滇登记大麦2012008号。

育成单位：大理白族自治州农业科学研究所。

主要育种者：李国强、李江、吴显成、杨俊青、张睿、刘帆。

国家农作物种质资源库大麦种质资源全国统一编号：ZDM09988。

二、特征特性

凤03-39属春性六棱皮大麦。幼苗半直立、叶片绿色，分蘖力强，成穗率中等。株高78cm、穗直立、穗长6.3cm、长齿芒，每穗结实46粒左右、结实率87.0%。籽粒淡黄色、椭圆形，千粒重37.4g。云南省大理白族自治州秋播种植中晚熟，生育期151天左右，比S500晚熟4天，熟相好。中抗倒伏，抗条锈、叶锈和白粉病，抗旱耐寒性好。

三、产量与生产分布

凤03-39参加2011年云南省大麦品种比较试验，平均单7 260.0kg/hm^2。在2012年云南省大麦品种区域试验中，平均产量6 195.0kg/hm^2，比平均对照增产12.9%。该品种2013年开始在云南大理生产示范，2015年生产种植面积8 000hm^2。大田生产一般产量6 000kg/hm^{2}左右，最高产量达9 750kg/hm^2。适宜在云南省楚雄、临沧、玉溪、曲靖、保山、大理等海拔1 400 ~ 2 200m区域秋播种植。

四、栽培要点

适期整地播种：水田11月上、中旬，旱地10月上、中旬，选择土壤潮湿、墒情好的有利时机抢墒播种。播前晒种1～2天。稻茬大麦采用免耕法播种，烤烟、玉米茬地掌握土壤墒情适时耕翻，提高整地播种质量，确保麦苗齐全匀壮。

合理密植：土壤肥力高、墒情好，基本苗在225万～270万苗/hm^2；水肥条件一般以及旱地种植，基本苗为270万～300万苗/hm^2，根据千粒重、发芽率计算，播量一般为90～120kg/hm^2。

科学施肥：每公顷施腐熟农家肥30 000kg做底肥，烤烟、玉米茬地结合深耕施用；水稻田随深耕或作为盖种肥施用。种肥施尿素225～300kg、普钙450kg，分蘖肥施尿素150～225kg。稻茬免耕大麦不追施分蘖肥，拔节孕穗期可追施尿素75～120kg。海拔2 000m以上地区，适当增磷肥施用量。

加强田间管理：及时灌好出苗、拔节、孕穗抽穗和灌浆等关键生长阶段水。在大麦1.5～2.5叶龄期，喷洒麦草一次净或绿麦隆进行田间除草。根据田间病、虫动态，做好白粉病、蚜虫防治。蜡熟末期或完熟期采用人工收获或机械收获，晾晒入仓。

凤03—39

凤大麦9号

一、品种来源

亲本及杂交组合：S500/S-4。杂交系谱选育，啤酒大麦品种。

育成时间：2012年育成，原品系代号：071DM11-4。云南省非主要农作物品种登记委员会2014年登记，品种登记编号：滇登记大麦2014009号。2012年申请国家新品种保护，2016年获国家新品种权授权，品种权号：CNA20121000.0，品种权证书号：第20167764号。

育成单位：大理白族自治州农业科学推广研究院粮食作物研究所。

主要育种者：李国强、李江、吴显成、杨俊青、张睿、刘帆。

国家农作物种质资源库大麦种质资源全国统一编号：ZDM10182。

二、特征特性

凤大麦9号属春性二棱皮大麦。幼苗半匍匐、苗期长势中等，分蘖力强、成穗率中高。叶片窄短、叶耳白色，叶色深绿、叶姿上举。株高60.4cm、茎秆偏细、蜡质中等，穗层整齐、熟相好。穗芒呈黄色。穗长6.8cm、穗棍棒形，穗密度稀、每穗实粒数21.2粒，结实率94.6%。籽粒黄色、椭圆形，千粒重51.0g、蛋白质含量12.2%，≥2.5mm筛选率98.9%，3天发芽率98%、5天发芽率99%。无水麦芽浸出率79.3%、α-氨基氮159mg/100g，总氮1.93%、库尔巴哈值40.4%、糖化力260WK。啤酒大麦和啤酒麦芽指标均达到国标优级。该品种在云南省大理白族自治州秋播种植中熟，全生育期145～195天。抗倒伏、抗旱、抗寒性强，感白粉病和抗锈病。

三、产量和分布

凤大麦9号2012年参加云南省大麦品种比较试验，平均单产7 744.5kg，较对照品种S500增产24.0%，居第一位。2013年参加云南省大麦品种区域试验，平均单产6 493.5kg/hm^2，比平均对照增产2.9%。该品种2014年度开始在云南省大理白族自治州生产示范，2015年示范种植面积2 500hm^2。大田生产一般产量6 000kg/hm^{2}左右，最高产量潜力达9 750kg/hm^2。适宜云南省大理、楚雄、昆明、玉溪、文山、红河、保山、曲靖、丽江等州市，海拔1 200～2 400m区域大麦产区秋播种植。

四、栽培要点

适期播种：水田种植11月上、中旬播种，旱地9月25日至10月15日抢墒播种。播前晒种1～2天，提高整地播种质量，确保麦苗齐全匀壮。

合理密植：水田播种量120～150kg/hm^2，基本苗在180万～240万苗/hm^2；水浇地播种量150～180kg/hm^2，基本苗240万～300万苗/hm^2；旱地播种量180～225kg/hm^2，基本苗在300万～375万苗/hm^2。

科学施肥：每公顷施腐熟农家肥30 000kg做底肥，种肥施尿素225～300kg、普钙450～600kg，分蘖肥施尿素150～225kg。稻茬免耕大麦一般不追施分蘖肥，中后期拔节孕穗肥追施尿素75～120kg。旱地大麦在中后期趁降水追施尿素150kg。

加强田间管理：及时灌好出苗、拔节、孕穗抽穗和灌浆水。做好田间除草和蚜虫、白粉病防治。蜡熟末期或完熟期及时收获，收后尽快脱粒、晾晒入仓。

凤大麦9号

凤大麦10号

一、品种来源

亲本及杂交组合：S500/凤大麦6号。杂交系谱选育，啤酒大麦品种。

育成时间：2013年育成，原品系代号：052DM3-8-8。云南省非主要农作物品种登记委员会2015年鉴定，品种鉴定证书编号：云种鉴定2015016号。

育成单位：大理白族自治州农业科学推广研究院粮食作物研究所。

主要育种者：李国强、李江、吴显成、杨俊青、刘帆、张睿。

国家农作物种质资源库大麦种质资源全国统一编号：ZDM10183。

二、特征特性

凤大麦10号属春性二棱皮大麦。幼苗半匍匐、苗期长势旺，分蘖力特强、成穗率高。叶片长宽中等、叶耳白色，叶色深绿、叶姿下垂。茎秆粗细中等、蜡质少，株高72.5cm、穗层整齐，穗棍棒形、穗密度密，穗芒黄色、穗长6.7cm，每穗实粒数20.6粒，结实率94.5%。籽粒黄色、椭圆形、皮壳紫脉，千粒重44.4g、3天发芽率99.0%、5天发芽率99.0%，蛋白质10.4%、饱满粒98.7%。无水麦芽浸出率79.1%、糖化力255WK。云南省大理白族自治州秋播种植，中熟、全生育期161天左右。抗倒伏、抗寒性中等，抗旱性强，抗病性好。

三、产量与生产分布

凤大麦10号参加2013年云南省大麦品种品比试验，平均单产7 705.5kg/hm^2，较对照品种S500增产10.5%。2014年参加云南省大麦品种区域试验，9个试点平均单产7 227.0kg/hm^2，比平均对照增产4.9%，增产显著，增产点次达88.9%。该品种2014年度开始在云南省大理白族自治州生产示范，2015年生产推广超过3 000hm^2。大田一般单产6 000～7 500kg/hm^2，最高产量潜力达10 500kg/hm^2。适宜在云南省大理、楚雄、昆明、玉溪、文山、红河、保山、曲靖、丽江等州市，海拔1 200～2 400m区域秋播种植。

四、栽培要点

适期播种：水田种植11月上、中旬播种，旱地种植选择土壤潮湿、墒情好的有利时机抢墒播种，播种时间一般为9月底至10月上旬。播前晒种1～2天，提高整地播种质量，确保麦苗齐全匀壮。

合理密植：每公顷播种量水田120～150kg，基本苗180万～240万株；水浇地150～180kg，基本苗240万～20万株；旱地播种量180～225kg，基本苗在300万～375万株。

科学经济施肥：每公顷施腐熟农家肥30 000kg做底肥，种肥施尿素225～300kg、普钙450～600kg；分蘖肥施尿素150～225kg。稻茬免耕大麦不追施分蘖肥，中后期可适量增施拔节孕穗肥尿素75～120kg；旱地大麦中后期趁降水追施尿素150kg。

加强田间管理：灌好出苗、拔节、孕穗抽穗和灌浆水，作好田间除草和蚜虫防治工作，在蜡熟末期或完熟期采及时收获，收后尽快脱粒、晾晒、入库。

凤大麦10号

凤大麦11号

一、品种来源

亲本及杂交组合：S500/S-4。杂交系谱选育，啤酒大麦品种。

育成时间：2012年育成，原品系代号：071DM11-7。云南省非主要农作物品种登记委员会2014年登记，品种登记证书编号：滇登记大麦2014010号。

育成单位：大理白族自治州农业科学推广研究院粮食作物研究所。

主要育种者：李国强、李江、吴显成、杨俊青、张睿、刘帆。

国家农作物种质资源库大麦种质资源全国统一编号：ZDM10184。

二、特征特性

凤大麦11号属春性二棱皮大麦。幼苗半匍匐、长势旺、分蘖力强，成穗率高。叶色深绿、叶姿上举，叶宽中等、叶耳白色，株高60.2cm、茎秆偏细、蜡质中等，穗层整齐。穗芒黄色、穗棍棒形，长齿芒、小穗密度稀、穗长7.2cm，每穗实粒数21.1粒、结实率94.7%。籽粒黄色、椭圆形，饱满粒92.6%、千粒重48.7g，3天发芽率97%、5天发芽率98%，蛋白质含量12.2%。无水麦芽浸出率77.9%、α-氨基氮181mg/100g，库尔巴哈值40.8%、糖化力309WK。云南省大理白族自治州秋播种植，中熟、熟相好，全生育期146～195天。抗倒伏、抗干旱、抗寒性较强，抗锈病、感白粉病。

三、产量与生产分布

凤大麦11号2013年参加云南省大麦品种区域试验，平均单产6 528.3kg/hm^2，比平均对照增产3.4%，玉溪、大理、文山、楚雄、泸西和丽江6个试点产量均高于平均对照。2014年度开始在云南省大理白族自治州示范推广，2015年生产示范种植1 300hm^2。生产示范一般单产6 000kg/hm^{2}左右，最高产量潜力达9 750kg/hm^2。适宜云南省大理、楚雄、昆明、玉溪、文山、红河、保山、曲靖、丽江等州市，海拔1 200～2 400m区域秋播种植。

四、栽培要点

适期播种：水田大麦11月上、中旬播种为宜，旱地9月25日至10月15日抢墒播种。播前晒种1～2天，提高整地播种质量，确保麦苗齐全匀壮。

合理密植：水田播种量120～150kg/hm^2，基本苗在180万～240万苗/hm^2；水浇地播种量150～180kg/hm^2，基本苗在240万～300万苗/hm^2；旱地播种量180～225kg/hm^2，基本苗在300万～375万苗/hm^2。

科学施肥：每公顷施腐熟农家肥30 000kg作底肥；种肥施尿素225～300kg、普钙450～600kg；分蘖肥施尿素150～225kg。稻茬免耕大麦不追施分蘖肥，中后期适量增施拔节孕穗肥尿素75～120kg。旱地大麦中后期趁降水追施尿素150kg。

加强田间管理措施：灌好出苗、拔节、孕穗抽穗和灌浆水，做好田间除草和蚜虫、白粉病防治，蜡熟末期或完熟期及时收获，收后尽快脱粒、晾晒、入库保管。

凤大麦11号

凤大麦12号

一、品种来源

亲本及杂交组合：S500/凤大麦6号。杂交系谱选育，饲料大麦品种。

育成时间：2012年育成，原品系代号：052DM3-8-1-14。云南省非主要农作物品种登记委员会2014年登记，品种登记证书编号：滇登记大麦2014011号。

育成单位：大理白族自治州农业科学推广研究院粮食作物研究所。

主要育种者：李国强、李江、吴显成、杨俊青、张睿、刘帆。

国家农作物种质资源库大麦种质资源全国统一编号：ZDM10185。

二、特征特性

凤大麦12号属春性二棱皮大麦。幼苗直立、分蘖力中等，成穗率高。叶片中等、叶色深绿，株高61cm，穗长6.4cm、长齿芒，每穗结实20粒，结实率87.0%。粒色淡黄、粒形卵圆，千粒重48.1g。云南省大理白族自治州秋播种植，早熟、全生育期146天左右。抗到伏、高抗白粉病。

三、产量与生产分布

凤大麦12号2012年参加云南省大麦品种比较试验，平均单产7 537.5kg/hm^2，较对照品种S500增产19.7%，增产极显著。在2013年云南省大麦品种区域试验中，平均产量4 978.5kg/hm^2，比平均对照增产9.6%，增产点次率100%。该品种2014年开始在云南省大理白族自治州进行生产示范，2015年示范推广超过1 500hm^2。生产示范一般单产6 000kg/hm^{2}左右，最高9 750kg/hm^{2}以上。适宜云南省大理、楚雄、昆明、玉溪、文山、红河、保山、曲靖、丽江等市州，海拔1 200～2 400m区域大麦产区种植。

四、栽培要点

适期整地播种：水田11月上、中旬播种；旱地种植选择土壤潮湿、墒情好的有利时机抢墒播种，播期一般为10月上中旬；播前晒种1～2天。稻茬大麦采用免耕法播种，烤烟、玉米茬地根据土壤墒情适时耕翻，提高整地播种质量，确保麦苗齐全匀壮。

合理密植：每公顷基本苗，水田225万～270万苗，水浇地270万～300万苗，旱地300万～375万苗，根据千粒重、发芽率等计算播种量。

科学施肥：每公顷施腐熟农家肥30 000kg作底肥，烤烟、玉米田随耕地施用，水稻田随耕地或盖种肥施用。种肥施尿素225～300kg、普钙450～600kg。分蘖肥施尿素150～225kg。稻茬免耕大麦田不追施分蘖肥，中后期拔节孕穗肥可施尿素75～120kg。田间管理：灌好出苗、拔节、孕穗抽穗和灌浆水，在1叶1心至2叶1心期，喷施麦草一次净或绿麦隆进行田间除草，注意做好蚜虫防治，蜡熟末期或完熟期及时收获。

凤大麦12号

135 凤大麦13号

一、品种来源

亲本及杂交组合：S500/澳选2号。杂交系谱选育，啤酒大麦品种。

育成时间：2013年育成，原品系代号051DM3-25-3-1。云南省非主要农作物品种登记委员会2015年鉴定，品种鉴定证书编号：云种鉴定2015017号。2015年申请国家新品种保护，申请号：20150226.7，公告号CNA013348E，申请品种名称更名为凤啤麦1号。

育成单位：大理白族自治州农业科学推广研究院粮食作物研究所。

主要育种者：李国强、李江、吴显成、杨俊青、刘帆、张睿。

国家农作物种质资源库大麦种质资源全国统一编号：ZDM10186。

二、特征特性

凤大麦13号属春性二棱皮大麦。幼苗匍匐、苗期长势旺，分蘖力强、成穗率高。叶片窄短、叶色深绿、叶耳紫色、叶姿上举。植株整齐、株型紧凑，茎秆粗细适中、蜡质多、株高58.4cm。穗层整齐、穗芒黄色、长齿芒，穗棍棒形、穗密度稀，穗实粒数19.2粒、结实率93.9%。籽粒黄色、椭圆形，千粒重45.6g、蛋白质含量11.2%，≥2.5mm筛选率99.1%，3天发芽率89%、5天发芽率96%。无水麦芽浸出率79.8%，α-氨基氮148mg/100g、总氮1.63%，库尔巴哈值40.5%、糖化力248WK。云南省大理白族自治州秋播种植，中熟、全生育期162天左右。抗白粉病和锈病，高抗倒伏，抗旱性和抗寒性中等。

三、产量与生产分布

凤大麦13号2013年参加云南省大麦品种比较试验，平均产量6 796.2kg/hm^2，较对照品种S500增产14.3%，增产极显著。2014年参加云南省大麦品种区域试验，9个试点平均单6 936.0kg/hm^2，比平均对照增产0.9%，增产不显著，增产点次44.4%。该品种2015年开始在云南省大理白族自治州进行生产示范，2015年生产推广面积1 500hm^2。生产示范一般单产6 000kg/hm^{2}左右，最高产量潜力达9 750kg/hm^2。适宜云南省大理、楚雄、昆明、玉溪、丽江等市州，海拔1 200～2 400m区域大麦产区种植。

四、栽培要点

适期播种：水田种植11月上中旬播种为宜；旱地种植在9月底至10月上旬，选择土壤潮湿、墒情好的有利时机抢墒播种。播前晒种1～2天，提高整地播种质量，确保麦苗齐全匀壮。

合理密植：水田播种量105～150kg/hm^2，基本苗在180～240万苗/hm^2；水浇地播种量150～180kg/hm^2，基本苗在240万～300万苗/hm^2；旱地播种量180～225kg/hm^2，基本苗在300万～375万苗/hm^2。

科学施肥：一般每公顷基肥施农家肥30 000kg、种肥施尿素225～300kg、普钙450～600kg，分蘖肥施尿素150～225kg。稻茬免耕大麦田不追施分蘖肥，中后期拔节孕穗肥追施尿素75～120kg。前期长势较弱的非免耕种植的大麦田，增施拔节孕穗肥尿素75～120kg；旱地大麦中后期趁降雨追施尿素150kg。

加强田间管理：灌好出苗、拔节、孕穗抽穗和灌浆水，做好田间除草和蚜虫防治，蜡熟末期或完熟期及时收获、脱粒、晾晒、入库。

凤大麦13号

凤大麦14号

一、品种来源

亲本及杂交组合：S500/S-4。杂交系谱选育，啤酒大麦品种。

育成时间：2013年育成，原品系代号：071DM16-6-10。云南省非主要农作物品种登记委员会鉴定，品种鉴定证书编号：云种鉴定2015018号。2015年申请国家新品种保护，申请号：20150227.6，公告号CNA013349E。申请品种名称更名为凤啤麦2号。

育成单位：大理白族自治州农业科学推广研究院粮食作物研究所。

主要育种者：李国强、李江、吴显成、杨俊青、刘帆、张睿。

国家农作物种质资源库大麦种质资源全国统一编号：ZDM10187。

二、特征特性

凤大麦14号属春性二棱皮大麦。幼苗半匍匐、苗期长势旺，分蘖力强、成穗率高。叶片长宽适中，叶色深绿、叶姿平展、叶耳白色。株高64.3cm，茎秆粗细适中、蜡质中等、穗层整齐。穗棍棒形、穗密度密，穗芒黄色、长齿芒，穗长6.9cm、每穗结实22.7粒，结实率92.9%。籽粒黄色、椭圆形，千粒重45.9g、3天发芽率99%、5天发芽率99%，蛋白质含量10.7%、饱满率98.4%。无水麦芽浸出率79.8%，α-氨基氮154mg/100g、库尔巴哈值40.9%，糖化力277WK。在云南省大理白族自治州秋播种植，中熟、全生育期160天左右。感白粉病和条纹病、抗锈病，抗倒伏、抗寒性中等。

三、产量生产分布

凤大麦14号2013年参云南省大麦品种比较试验，平均单7 728.8kg/hm^2，较对照品种S500增产15.1%，居参试品种第一位。2014年在云南省大麦品种区域试验中，9个试点平均单产7 167.0kg/hm^2，比平均对照增产4.2%，增产显著，增产点次66.7%。该品种2015年开始在云南省大理白族自治州进行生产示范，当年示范推广面积超过1 000hm^2。生产示范单产6 000kg/hm^{2}左右，最高产量产量9 759kg/hm^{2}以上。适宜在云南省大理、楚雄、昆明、玉溪、保山、文山、丽江等市州，海拔1 200～2 400m区域种植。

四、栽培要点

适期播种：11月上、中旬播种为宜，播前晒种1～2天，提高整地播种质量，确保麦苗齐全匀壮。

合理密植：水田播种量120～150kg/hm^2，基本苗在180万～240万苗/hm^2；水浇地播种量150～180kg/hm^2，亩基本苗控制在240万～300万苗/hm^2。

科学施肥：底肥每公顷施腐熟农家肥30 000kg；种肥施尿素225～300kg、普钙450～600kg；分蘖肥施尿素150～225kg。稻茬免耕大麦田一般不追施分蘖肥，中后期拔节孕穗肥可施75～120kg尿素。

加强田间管理：灌好出苗、拔节、孕穗抽穗和灌浆水，做好田间除草和蚜虫、白粉病防治，在蜡熟末期或完熟期及时收获，收后尽快脱粒、晾晒、入仓。

凤大麦14号

凤大麦17号

一、品种来源

亲本及杂交组合：S500/07YD8。杂交系谱选育，啤酒大麦品种。

育成时间：2013年育成，原品系代号：106DM12-14。云南省非主要农作物品种登记委员会2015年鉴定，品种鉴定证书编号：云种鉴定2015021号。

育成单位：大理白族自治州农业科学推广研究院粮食作物研究所。

主要育种者：李国强、吴显成、杨俊青、刘帆、李江、张睿。

国家农作物种质资源库大麦种质资源全国统一编号：ZDM10188。

二、特征特性

凤大麦17号属春性二棱皮大麦。幼苗半直立、苗期长势旺，分蘖力强、成穗率高。叶片短宽、叶色深绿、叶耳白色。茎秆粗细适中、株高57.4m，株型紧凑、蜡质中等、穗层整齐。穗棍棒形、穗密度密，穗长6.6cm、穗芒黄色、长齿芒，每穗实粒数19.4粒，结实率89.0%。籽粒黄色、椭圆形，千粒重46.7g、发芽率95%、饱满率98.1%。在云南省大理白族自治州秋播种植，中熟、全生育期158天左右。抗锈病、感白粉病和感条纹病，抗倒伏和抗寒性中等。

三、产量与生产分布

凤大麦17号2013年在云南省大麦品种比较试验中，平均单产7 090.5kg/hm^2，较对照增产11.0%，居第一位。2014年参加云南省大麦品种区域试验，9个试点平均产量6 009.0kg/hm^2，比平均对照增产0.5%，增产点次44.4%。该品种2015年在云南省大理白族自治州开始进行生产示范，当年示范种植500hm^2。生产示范一般单产4 500 ~ 6 000kg/hm^2，最高产量达9 000kg/hm^2。适宜云南省大理、楚雄、昆明、保山、曲靖、丽江等州市，海拔1 200 ~ 2 400m适应区域种植。

四、栽培要点

适期播种：11月上、中旬播种，播前晒种1～2天，提高整地播种质量，确保麦苗齐全匀壮。

合理密植：播种量水田120～150kg/hm^2，基本苗掌握在180万～240万苗/hm^2；水浇地播种量150～180kg/hm^2，基本苗在240万～300万苗/hm^2；旱田播种量应适当增加。

科学施肥：底肥每公顷施农家肥30 000kg；种肥施尿素225～300kg、普钙450～600kg；分蘖肥施尿素150～225kg。稻茬免耕大麦一般不追施分蘖肥，中后期拔节孕穗肥可追施尿素75～120kg。

加强田间管理：及时灌好出苗、拔节、孕穗抽穗和灌浆水，做好田间除草和蚜虫、白粉病防治，蜡熟末期或完熟期及时收获、脱粒、晾晒呵入仓保管。

凤大麦17号

138 保大麦6号

一、品种来源

亲本及杂交组合：埃及品种Pyramid单株系统选育，饲料大麦品种。

育成时间：2004年育成，原品系代号：EF98（2）。云南省非主要农作物品种登记委员会2014年登记，品种登记证书编号：滇登记大麦2014015号。

育成单位：保山市农业科学研究所、新疆维吾尔自治区奇台试验站。

主要育种者：郑家文、刘猛道、李培玲、字尚永、赵加涛、曾亚文、尹开庆、付正波、方可团、杨向红。

国家农作物种质资源库大麦种质资源全国统一编号：ZDM10189。

二、特征特性

保大麦6号属春性二棱皮大麦。幼苗半匍匐、叶色深绿、叶耳浅黄色，植株整齐、株型紧凑整齐，株高80cm左右。穗姿半直立、长齿芒，穗长7cm、每穗结实24粒左右。籽粒卵圆形，千粒重40g左右，蛋白质含量12.94%、淀粉58.19%、赖氨酸含量0.44%。云南省保山地区秋播种植，中熟、全生育期160天左右。抗倒伏、抗寒、抗旱性好，高抗锈病、白粉病，中抗条纹病。

三、产量与生产分布

保大麦6号2004—2006年参加云南省大麦品种区域试验，其中，2004—2005年平均单产5 842.2kg/hm^2，比对照增产44.2%；2005—2006年平均单产5 070.2kg/hm^2，比对照增产26.4%。2年平均单产5 663.4kg/hm^2，比对照增产37.8%，居第一位。2007年在腾冲县固东镇罗坪村15hm^{2}大麦高产示范田，经保山市组织专家组验收，平均单9 778.8kg/hm^2，最高样片田单1 076.1kg/hm^2，创当年国内大麦高产纪录。该品种自2004年开始，主要在云南省保山市生产种植，年最大种植面积1万hm^2。

四、栽培要点

中上等肥力田块种植，播种前晒种1～2天，10月下旬至11月上旬播种，播种量120～150kg/hm^2。每公顷基肥施农家肥22 500～30 000kg、尿素300～375kg、普钙450～600kg、硫酸钾90～120kg，分蘖期追施尿素300～375kg。有条件的地方，分别在出苗、分蘖、拔节、抽穗杨花和灌浆期进行灌溉，全生育期灌水3～5次。做好病虫草害及鼠害防治。蜡熟后期至完熟期及时收获。

保大麦6号

139 保大麦8号

一、品种来源

亲本及杂交组合：高代品系8640-1系统选育，饲料大麦品种。

育成时间：2000年育成。云南省非主要农作物品种登记委员会2014年登记，品种登记证书编号：滇登记大麦2014016号。

育成单位：保山市农业科学研究所。

主要育种者：郑家文、刘猛道、字尚永、赵加涛、曾亚文、尹开庆、段其忠、方可团、付正波、杨向红。

国家农作物种质资源库大麦种质资源全国统一编号：ZDM10190。

二、特征特性

保大麦8号属春性六棱皮大麦。幼苗半匍匐、植株整齐、叶片深绿，基部节间和叶耳紫红色。植株整齐、株型紧凑、株高90cm左右，穗姿半直立、长齿芒、乳熟时芒紫红色。穗长6.3cm、穗实粒数40粒左右，千粒重36g左右，蛋白质含量10.29%、淀粉58.06%、赖氨酸含量0.36%。云南省保山地区秋播种植，早熟、全生育期155天左右。抗倒性中等，抗寒、抗旱性好，高抗锈病、中抗白粉病和条纹病。

三、产量与生产分布

保大麦8号2001—2003年参加保山市大麦品种区域试验，6个试点2年平均产量7 563.0kg/hm^2，比对照品种V06增产13.0%，居参试品种第一位。该品种2004年开始在云南省保山地区示范推广，之后在云南省海拔1 400～2 300m区域的大面积生产种植，年最大推广面积5万hm^2。

四、栽培要点

选择排灌方便的中上等田块秋播种植。播种前晒种1～2天，播种期10月下旬至11月上旬。播种量水田90～120kg/hm^2，旱地120～150kg/hm^2，不宜过密，防止倒伏。合理施肥，适量施用氮肥，适当增加磷、钾肥施用量。全生育期，每公顷施农家肥22 500～30 000kg、尿素600kg、普钙450kg、硫酸钾90～120kg。其中，农家肥做基肥施用；尿素分2次施用，种肥占60%，分蘖肥占40%；钙肥和钾肥做种肥与尿素混合拌匀，一次性撒施。有灌溉条件的田块，分别在出苗、分蘖、拔节、抽穗杨花和灌浆期进行浇水，整个大麦生育期浇水3～5次。注意病虫草害及鼠害防治，蜡熟后期至完熟期及时收获。

保大麦8号

保大麦12号

一、品种来源

亲本及杂交组合：V008-4-1单株系统选育，饲料大麦品种。

育成时间：2004年育成。云南省非主要农作物品种登记委员会2014年登记，品种登记证书编号：滇登记大麦2014017号。

育成单位：保山市农业科学研究所。

主要育种者：刘猛道、郑家文、朱靖环、字尚永、赵加涛、尹开庆、方可团、朱丽梅、付正波、杨向红。

国家农作物种质资源库大麦种质资源全国统一编号：ZDM10191。

二、特征特性

保大麦12号属春性六棱皮大麦。幼苗半匍匐、分蘖力强、成穗率高，叶色深绿、叶耳浅黄色。植株整齐、株高95～110cm，穗姿半直立、芒长齿，穗长5.3～7.0cm，每穗结实36～42粒。籽粒黄色、千粒重31～37g，蛋白质含量9.78%、淀粉57.1%、赖氨酸含量0.34%。云南省保山地区秋播种植，中早熟、全生育期155～160天。抗倒性中等，抗寒、抗旱性好，高抗锈病、白粉病和条纹病。

三、产量与生产分布

保大麦12号2007—2009年参加云南省饲料大麦品种区域试验，其中，2007—2008年平均单5 716.5kg/hm^2，较对照增产12.8%；2008—2009年平均亩产6 015.0kg/hm^2，较对照增产9.7%。2年平均亩产5 865.0kg/hm^2，比对照增产11.2%，增产点次率84%。该品种自2004年开始，在云南省海拔1 400～2 100m地区推广种植，年最大生产种植6 500hm^2。

四、栽培要点

选择排灌方便的肥力中上等田块，播种前晒种1～2天，10月下旬至11月上旬播种。适宜播种量，水田90～120kg/hm^2，旱地120～150kg/hm^2，不宜过密，防止倒伏。合理施用氮肥，适当增加磷、钾肥施用量。全生育期每公顷施农用家肥22 500～30 000kg、尿素600kg、普钙450kg、硫酸钾90～120kg。农家肥全部用做底肥施用；尿素分2次施用，其中，种肥占60%，分蘖肥占40%；普钙肥和钾肥做种肥与尿素混合拌匀后1次施入。分别浇灌出苗水、分蘖水、拔节水、抽穗杨花水和灌浆水。做好田间病虫草及鼠害防治，蜡熟后期至完熟期及时收获。

保大麦12号

保大麦13号

一、品种来源

亲本及杂交组合：V24-2-4单株系统选育，饲料大麦品种。

育成年份：2009年育成，原品系代号：09BD-30。云南省非主要农作物品种登记委员会2014年登记，品种登记证书编号：滇登记大麦2014018号。2013年申请国家新品种保护，2017年或国家新品种授权，品种权证书号：CNA20131013.4。

育成单位：保山市农业科学研究所。

主要育种者：刘猛道、郑家文、朱靖环、字尚永、赵加涛、尹开庆、朱丽梅、付正波、方可团、杨向红。

国家农作物种质资源库大麦种质资源全国统一编号：ZDM10192。

二、特征特性

保大麦13号属春性六棱皮大麦。幼苗直立、分蘖力强、成穗率中高。叶色深绿、叶耳浅黄色，植株整齐、株高85cm左右，穗姿半直立、长齿芒、穗长6cm左右，每穗结实40粒左右。籽粒黄色、千粒重33g左右，籽粒蛋白质含量10.63%、淀粉57.01%、赖氨酸含量0.35%。云南省保山地区秋播种植，早熟、全生育期155天左右。中抗倒伏，高抗锈病，中抗白粉病、条纹病。

三、产量与生产分布

保大麦13号2009年参加保山市大麦品种多点鉴定试验，平均单产7 908.0kg/hm^2，比对照保大麦8号增产10.3%，增产点次83.3%。2009—2011年参加云南省饲料大麦品种区域试验，2年平均单产7 006.5kg/hm^2，较对照品种YS500增产25.9%，居第一位，增产点次100%。2011—2014年连续3年参加国家大麦品种区域试验，3年平均5 925.0kg/hm^2，比对照增6.0%，居第二位。该品种自2010年开始在云南省海拔960～2 100m地区示范推广，年最大生产种植面积1.1万hm²。

四、栽培要点

云南省海拔960～2 100m区域秋播种植。播种期10月下旬至11月上旬。播种前晒种1～2天，以利苗齐苗壮。适量播种，水田90～120kg/hm²，旱地120～150kg/hm²。全生育期每公顷施农家肥22 500～30 000kg作底肥；尿素40kg、普钙450kg、硫酸钾90～120kg。其中，尿素分2次施用，种肥占60%，分蘖肥占40%；普钙肥和钾肥做种肥与尿素混合拌匀1次撒施。有条件的地方分别在出苗、分蘖、拔节、抽穗杨花和灌浆期浇水，根据田间墒情共浇水3～5次。注意防治病虫草害及鼠害，蜡熟后期至完熟期及时收获。

保大麦13号

142 保大麦14号

一、品种来源

亲本及杂交组合：peaosanhos-174/92645-8。杂交系谱选育，饲料大麦品种。

育成时间：2009年育成，原品系代号：09-J20。云南省非主要农作物品种登记委员会2012年登记，品种登记证书编号：滇登记大麦2012010号。

育成单位：保山市农业科学研究所。

主要育种者：刘猛道、赵加涛、郑家文、字尚永、尹开庆、方可团、付正波、赵炳华、朱丽梅、林萍。

国家农作物种质资源库大麦种质资源全国统一编号：ZDM10193。

二、特征特性

保大麦14号属了、春性六棱皮大麦。幼苗半直立、分蘖力强，叶片深绿、叶耳浅黄。植株整齐、株高94～100cm，穗姿直立、穗长7.3cm、长齿芒，每穗实粒48～55粒，结实率85.2%～89.3%。籽粒浅黄色、千粒重35～38g，蛋白质含量10.3%、淀粉56.08%、赖氨酸含量0.39%。云南省保山地区秋播种植，中早熟、全生育期156天左右。中抗倒伏，中抗白粉病、条纹病，高抗锈病。

三、产量与生产分布

保大麦14号2009年参加保山市大麦品种多点试验，平均单产7 368.0kg/hm^2，比参试品种平均单产增产20.1%，居第二位。2012年参加保山市大麦品种区域试验，6个试点平均产量7 462.5kg/hm^2，比参试品种平均单产增产6.2%，增产点次率80%。该品种2011年开始在云南省海拔1 000～2 400m地区示范推广，年最大种植面积近9 000hm^2。

四、栽培要点

肥力中上田块秋播种植，播种前晒种1～2天，10月下旬至11月上旬播种。播种量一般水田105～120kg/hm^2，旱田135～150kg/hm^2，不宜过密，防止倒伏。合理施用氮肥，适当增加磷、钾肥施用量。全生育期，每公顷底肥施农家肥22 500～30 000kg，种肥施尿素360kg、普钙450kg、硫酸钾90～120kg。分蘖期结合浇水或降水追施尿素240kg/hm^{2}肥占40%。有条件的地快，分别浇灌出苗水、分蘖水、拔节水、抽穗杨花水和灌浆水。做好田间病虫草及鼠害防治，蜡熟后期至完熟期及时收获。

保大麦14号

一、品种来源

亲本及杂交组合：甘啤5号/保大麦8号。杂交系谱选育，饲料大麦品种。

育成时间：2009年育成，原品系代号：09BD-24。云南省非主要农作物品种登记委员会2014年登记，品种登记证书编号：滇登记大麦2014007号。

育成单位：保山市农业科学研究所。

主要育种者：刘猛道、赵加涛、郑家文、朱靖环、字尚永、尹开庆、覃鹏、付正波、杨向红、尹宏丽。

国家农作物种质资源库大麦种质资源全国统一编号：ZDM10194。

二、特征特性

保大麦15号属春性六棱皮大麦。幼苗半匍匐、分蘖力强，叶色深绿、叶耳浅黄色。植株整齐、株高85cm左右，穗姿直立、穗层整齐，长齿芒、穗长5.7cm左右，每穗结实42粒左右，结实率88.8%。、籽粒黄色、粒形椭圆，千粒重40g左右、蛋白质含量10.31%，淀粉55%、赖氨酸含量0.36%。云南省保山地区秋播种植，早熟、全生育期146天左右。抗倒伏、抗旱、抗寒，高抗锈病和条纹病、中抗白粉病。

三、产量与生产分布

保大麦15号2011年参加保山市大麦品种预备试验，平均单产5 616.0kg/hm^2，比对照品种保大麦8号增27.2%。2013年参加云南省饲料大麦品种区域试验，平均产量5 295.0kg/hm^2，比对照增16.6%，居第一位，增产点次率85.7%。该品种2014年开始在云南省海拔1 400～2 300m地区示范推广，年最大生产种植面积超过2 000hm^2。

四、栽培要点

选择排灌方便的中上等肥力田块种植。播种前晒种1～2天，10月下旬至11月上旬播种。每公顷播种量，水田一般90～120kg，旱地120～150kg，不宜过密，防止倒伏。全生育期每公顷施农家肥22 500～30 000kg，施尿素360kg、普钙450kg、硫酸钾90～12kg做种肥。农家肥随整地施用，普钙、硫酸钾与尿素混合均匀，播种时撒施。分蘖期追施尿素240kg/hm^2。能够灌溉的田块分别在出苗、分蘖、拔节、抽穗杨花和灌浆期各浇1次水。注意病虫草害和鼠害防治，完熟期及时收获、脱粒、晾晒、入仓保存。

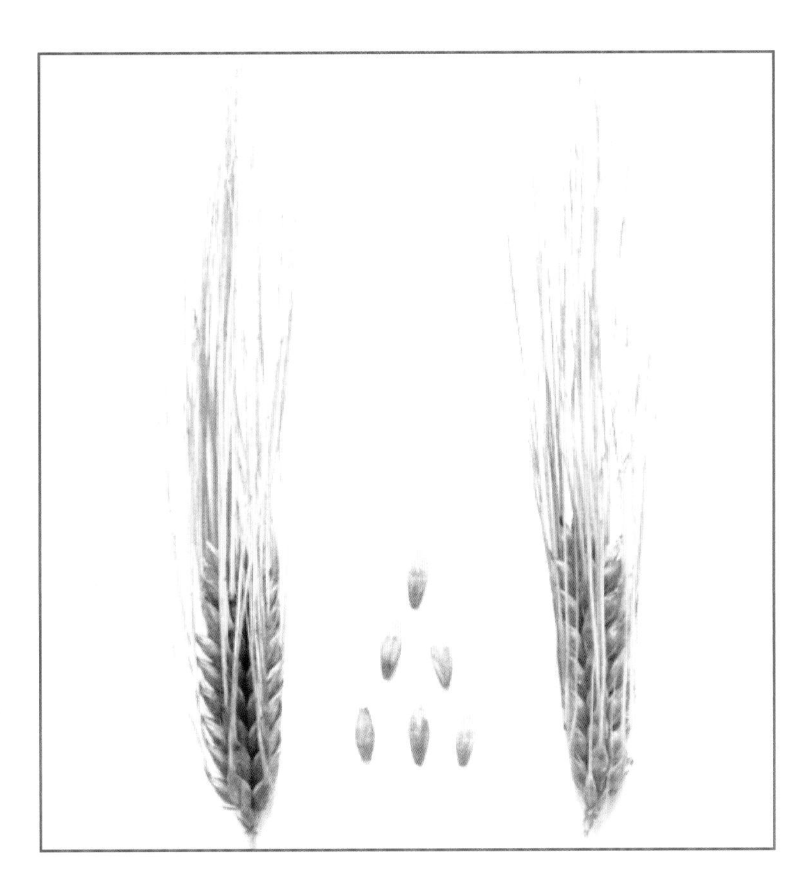

保大麦15号

保大麦16号

一、品种来源

亲本及杂交组合：YS500/94DM3。杂交系谱选育，饲料大麦品种。

育成时间：2011年育成，原品系代号：11-J7。云南省非主要农作物品种登记委员会2014年登记，品种登记证书编号：滇登记大麦2014008号。

育成单位：保山市农业科学研究所。

主要育种者：刘猛道、赵加涛、郑家文、朱靖环、字尚永、尹开庆、付正波、杨向红、方可团、尹宏丽。

国家农作物种质资源库大麦种质资源全国统一编号：ZDM10195。

二、特征特性

保大麦16号属春性六棱皮大麦。幼苗半匍匐、分蘖力中等、成穗率高。叶片深绿、叶耳浅黄，植株整齐、株型紧凑，株高90cm左右。穗姿直立、长齿芒、穗长7cm左右，穗实粒数45粒左右、结实率85.7%。籽粒黄色、千粒重38g左右，蛋白质含量10.08%、淀粉55.99%、赖氨酸含量0.36%。在云南省保山地区秋播种植，早熟、全生育期147天左右。抗倒伏、抗旱、抗寒，高抗白粉病、锈病和条纹病。

三、产量与生产分布

保大麦16号2010—2012年参加保山市大麦品种鉴定试验，2年平均单产5 700kg/hm^2，比对照品种保大麦8号增产22.2%。2013年参加云南省饲料大麦品种区域试验，平均产量4 578.0kg/hm^2，比对照增0.8%。该品种2014年开始在云南省海拔1 400 ~ 2 300m地区示范推广，年最大生产种植面积约2 500hm^2。

四、栽培要点

在中、上肥力田块秋播种植，播种前晒种1～2天，10月下旬至11月上旬播种。合理密植，播种量水田一般105～120kg/hm^2，旱田135～150kg/hm^2。科学施肥，全生育期，每公顷底肥施农家肥22 500～30 000kg，种肥施尿素360kg、普钙450kg、硫酸钾90～120kg。分蘖期结合浇水或降雨追施尿素240kg/hm^{2}肥占40%。有条件的地快，分别浇灌出苗水、分蘖水、拔节水、抽穗杨花水和灌浆水。做好田间病虫草及鼠害防治，蜡熟后期至完熟期及时收获。

保大麦16号

一、品种来源

亲本及杂交组合：V013/浙田7号//V012。复合杂交系谱选育，饲料大麦品种。

育成年份：2011年育成，原品系代号：11-J8。云南省非主要农作物品种登记委员会2015年登记，品种登记证书编号：云种鉴定2015026号。

育成单位：保山市农业科学研究所。

主要育种者：刘猛道、赵加涛、郑家文、字尚永、尹开庆、付正波、杨向红、方可团、尹宏丽。

国家农作物种质资源库大麦种质资源全国统一编号：ZDM10196。

二、特征特性

保大麦17号属春性六棱皮大麦。幼苗半匍匐、分蘖力中等，叶片深绿、叶耳浅黄色。植株整齐、株型紧凑，株高85cm左右，穗姿半直立、长齿芒，穗长5.5～6.0cm，每穗实粒数35～42粒。籽粒黄色、千粒重35g左右。在云南省保山地区种植，早熟、全生育期155天左右。抗倒伏、抗旱、抗寒性好，高抗白粉病、锈病和条纹病。

三、产量与生产分布

保大麦17号2011年参加保山市大麦品种鉴定试验，平均单产5 775.0kg/hm^2，比对照增产23.8%。2012年进行同田产量比较试验，平均单7 212.0kg/hm^2，比对照品种保大麦8号增产4.6%。2013年参加云南省饲料大麦品种区域试验，平均产量5 353.5kg/hm^2，比对照增1.1%。该品种2015年开始在云南省海拔1 400～2 100m区域示范推广，当年推广面积超过500hm^2。

四、栽培要点

选择排灌方便肥力中上等田块种植。播种前晒种1～2天，10月下旬至11月上旬播种。适量播种，不宜过密，防止倒伏，一般水田播种量90～120kg/hm^2，旱地120～150kg/hm^2。合理施肥，全生育期每公顷施农家肥22 500～30 000kg、尿素600kg、普钙450kg、硫酸钾90～120kg。其中，农家肥做底肥施用；尿素做种肥和分蘖肥2次施用，种肥占60%，分蘖肥占40%；普钙肥和钾肥做种肥与尿素混合拌匀后1次撒施。有灌溉条件的田块，分别在出苗、分蘖、拔节、抽穗杨花和、灌浆期各浇1次水。做好虫草害及鼠害防治，成熟后及收获、脱粒。

保大麦17号

保大麦18号

一、品种来源

亲本及杂交组合：82-1-1单株系统选育，饲料大麦品种。

育成时间：2012年育成，原品系代号：13FJ-2。云南省非主要农作物品种登记委员会2015年登记，品种登记证书编号：云种鉴定2015027号。

育成单位：保山市农业科学研究所.

主要育种者：刘猛道、付正波、赵加涛、郑家文、字尚永、尹开庆、杨向红、方可团、尹宏丽。

国家农作物种质资源库大麦种质资源全国统一编号：ZDMx10197。

二、特征特性

保大麦18号属春性六棱皮大麦。幼苗半匍匐、分蘖力强、成穗率高，叶片深绿、叶耳浅黄色，植株整齐、株型紧凑，株高85cm左右。穗姿半直立、穗长5.5～6.6cm，长齿芒，每穗结实45～52粒。籽粒黄色、千粒重36g左右，蛋白质含量11.07%、淀粉含量53.79%、赖氨酸含量0.4%。在云南省保山地区秋播种植，早熟、全生育期150天左右。抗倒伏、抗旱、抗寒，高抗白粉病、锈病和条纹病。

三、产量与生产分布

保大麦18号2013年参加保山市大麦品种比较试验，平均产量10 050kg/hm^2，比对照增43.3%，试验产量居第一位。2014年参加云南省大麦品种区域试验，平均单6 607.5kg/hm^2，比参试品种总平均产量高5.2%，居第一位。该品种2015年开始在云南省海拔1 400～2 300m地区示范种植，当年生产示范面积350hm^2。

四、栽培要点

选择排灌方便肥力中上等田块种植。播种前晒种1～2天，10月下旬至11月上旬播种，每公顷播种120～150kg。合理施肥，每hm^2施农家肥22 500～30 000kg、尿素300～375kg、普钙450～600kg、硫酸钾90～120kg作底肥；分蘖期追施尿素300～375kg。可以灌溉的田块根据田间墒情，浇灌出苗水、分蘖水、拔节水、抽穗杨花水、灌浆水3～5次。注意病虫草害及鼠害防治，蜡熟后期至完熟期及时收获。

保大麦18号

保大麦19号

一、品种来源

亲本及杂交组合：V013//V013/S060。复合杂交系谱选育，饲料大麦品种。

育成时间：2009年育成，原品系代号：09BD-24。云南省非主要农作物品种登记委员会2015年登记，品种登记证书编号：云种鉴定2015028号。

育成单位：保山市农业科学研究所。

主要育种者：刘猛道、赵加涛、郑家文、字尚永、付正波、尹开庆、杨向红、方可团、尹宏丽。

国家农作物种质资源库大麦种质资源全国统一编号：ZDM10198。

二、特征特性

保大麦19号属春性六棱皮大麦。幼苗半匍匐、分蘖力强，植株整齐、叶片深绿、叶耳浅黄色，株型紧凑、株高90cm左右，穗姿半直立、穗长6.5cm左右，长齿芒、每穗实粒数50粒左右。籽粒黄色、粒形椭圆，千粒重35g左右、蛋白质含量11.4%，淀粉54.95%、赖氨酸含量0.37%。在云南省保山地区秋播种植，中晚熟、全生育期153天左右。抗倒伏、抗旱、抗寒性好，高抗白粉病、锈病、条纹病。

三、产量与生产分布

保大麦19号2009年参加保山市大麦品种鉴定试验，平均单产8 379.0kg/hm^2，比对照品种保大麦8号增产12.7%，居第一位。2010年参加保山市大麦品种多点鉴定，6个试点平均单7 695.5kg/hm^2，比对照保大麦8号增产21.1%，居第一位，增产点次83.3%。2014年参加云南省饲料大麦品种区域试验，平均产量6 330.0kg/hm^2，比参试品种总平均产量增产0.8%。该品种2015年开始在云南省海拔1 400 ~ 2 200m地区，示范种植近300hm^2。

四、栽培要点

选择排灌方便的中上等田块种植，播种前晒种1～2天，10月下旬至11月上旬播种，播种量120～150/hm^2。合理施肥，每公顷施农家肥22 500～30 000kg、尿素300～375kg、普钙450～600kg、硫酸钾90～120kg做底肥，分蘖期追施尿素300～375kg。有条件的地方灌出苗水、分蘖水、拔节水、抽穗杨花水和灌浆水3～5次。加强田间管理，做好病虫草害及鼠害防治，及时收获、储藏。

保大麦19号

新疆维吾尔自治区大麦品种

新啤1号

一、品种来源

亲本及杂交组合：卡拉克奇/野洲2条6号。南繁北育杂交系谱选育，啤酒大麦品种。

育成时间：1994年育成，原品系代号：大943。新疆维吾尔自治区农作物品种审定委员会1997年审定。

育成单位：石河子大学麦类作物研究所。

主要育种者：曹连莆、魏亦农、张薇、齐军仓、李卫华、艾尼瓦尔、孔广超、魏凌基。

国家农作物种质资源库大麦种质资源全国统一编号：ZDM10077。

二、特征特性

新啤1号属春性二棱皮大麦。幼苗直立、分蘖力较强，成穗率较高。叶片鲜绿、叶耳紫色、旗叶较小，株高85～95cm，茎叶蜡粉较多，茎秆粗细中等。穗长方形、长齿芒，穗和芒色淡黄，成熟时穗颈弯曲，穗长9～11cm、穗粒数24～28粒。籽粒淡黄色、椭圆形，颖壳薄、褶皱多，千粒重43～47g、蛋白质含量9.0%。无水麦芽浸出率82.2%、糖化力242WK。新疆维吾尔自治区北部春播种植中熟，抗倒伏高、抗白粉病和条纹病。

三、产量与生产分布

新啤1号1995—1996年参加新疆维吾尔自治区第四轮啤酒大麦品种区域试验，产量居第一位。1997年参加新疆维吾尔自治区啤酒大麦品种生产试验，各试点均比对照法瓦维特（甘啤1号）增产。在适宜种植区域中上等水肥条件下种植，一般单产5 250～6 750kg/hm^2。该品种1998年开始在新疆北部春大麦区示范推广，年最大生产种植面积6 500hm^2。

四、栽培要点

春季力争早播，“顶凌播种”。播种量不宜过大，基本苗以300万～330万株/hm^2为宜。重施基肥，全部磷肥和大部分氮肥用做基肥，少量氮肥在2叶1心随浇水追施。全生育期一般灌水4～5次，头水在2叶1心至3叶期浇灌，长势旺的田块拔节期适当控水，抽穗期及以后各水以保证田间不受旱为原则。高产田在拔节前喷施矮壮素，防止倒伏。蜡熟期及时收获。

新啤1号

149 新引D_5

一、品种来源

亲本及杂交组合：美国高代品系B1202多点引种鉴定筛选。啤酒大麦品种。

育成时间：1996年育成，原品系代号：B1202。新疆维吾尔自治区农作物品种审定委员会1999年审定。

育成单位：石河子大学麦类作物研究所。

主要育种者：曹连莆、魏亦农、张薇、齐军仓、李卫华、艾尼瓦尔、孔广超、魏凌基。

国家农作物种质资源库大麦种质资源全国统一编号：ZDM10080。

二、特征特性

新引D_5属春性二棱皮大麦。幼苗直立、长势较强，旗叶较小、叶耳紫色、茎叶蜡粉较多。株高85～95cm，茎秆粗细中等，基部节间短。穗长方形、穗和芒淡黄色，穗密度稀、长齿芒，穗姿直立、穗长8cm左右，每穗结实23～25粒。籽粒淡黄色、椭圆形，皮壳薄、褶皱多，千粒重42～46g、蛋白含量11.7%。无水麦芽浸出率79.4%，糖化力420WK。在新疆维吾尔自治区北部春播种植中熟，高抗白粉病和条纹病，抗倒伏能力中等。

三、产量与生产分布

新引D_5于1995—1996年在新疆维吾尔自治区石河子、五家渠、奇台参加多点鉴定试验，增产明显。1997—1998年在新疆维吾尔自治区啤酒大麦区域试验中，2年平均产量居第一位，比对照品种法瓦维特增产极显著。1999年在五家渠、奇台和巴里坤进行生产试验，各试点均比对照增产。该品种在适宜种植区域内中上等水肥条件下种植，一般单产5 250～6 750kg/hm^2。自1999年开始在新疆维吾尔自治区气候冷凉的春大麦区推广种植，年最大生产种植面积近3 500hm^2。

四、栽培要点

在适宜播期内力争早播，一般早春土壤解冻5～7cm即可播种。播种量不宜过大，基本苗掌握在300万～330万株/hm^2为宜。早施氮素化肥，大部分氮肥作为基肥或种肥施用，少量结合苗期浇灌头水追施，追肥量以45～75kg/hm^2为宜，拔节抽穗后一般不再施用氮肥。根据“早灌、勤灌、轻灌”的原则，全生育期灌水4～5次。一般2叶1心灌头水，拔节期灌水适量减少，时间适当延后，以控制基部节间伸长，抽穗期及以后应保证土壤水分。高水肥条件下种植，拔节前喷施矮壮素防止倒伏。蜡熟期及时收获，不宜收获过晚穗头过干折断，降低产量。

新引D_5

150 新引D_7

一、品种来源

亲本及杂交组合：丹麦品种CA_2-1多点引种鉴定验筛选，啤酒大麦品种。

育成时间：1998年育成，原品系代号：CA_2-1。新疆维吾尔自治区农作物品种审定委员会2002年审定。

育成单位：石河子大学麦类作物研究所、新疆兵团种子管理总站。

主要育种者：曹连莆、齐军仓、李卫华、艾尼瓦尔、孔广超、魏凌基、辜立新。

国家农作物种质资源库大麦种质资源全国统一编号：ZDM10081。

二、特征特性

新引D_7属春性二棱皮大麦。苗期长势强、叶色深绿、叶耳紫色，旗叶较小、茎叶蜡粉较多。株高85～95cm，穗长方形、穗姿直立，长齿芒、穗密度稀、穗和芒淡黄色，穗长8～9cm，穗粒数22～24粒。籽粒淡黄色、椭圆形，颖壳薄、褶皱多，千粒重46～50g、蛋白质含量11.9%，浸出率79.5%、糖化力241WK。在新疆维吾尔自治区北部春播种植中熟，高抗条纹病，抗倒伏能力中等。

三、产量与生产分布

新引D_7在1999—2000年参加新疆维吾尔自治区啤酒大麦品种区域试验，2年5个试点平均单产6 224.3kg/hm^2，比对照品种法瓦维特增产7.7%。2001年在奇台和21团进行生产试验，比对照法瓦维特增产6.4%。该品种在适宜种植区中上等肥力种植，一般单产6 000～7 500kg/hm^2。2003年开始在新疆维吾尔自治区北部春大麦区示范推广，年最大推广面积近3 500hm^2。

四、栽培要点

适期早播，开春后土壤解冻5cm以上，即可利用中午解冻时间“顶凌播种”。播种量不宜过大，基本苗以300万～330万株/hm^{2}为宜。科学施肥，氮肥尽量早施，全部磷素化肥和大部分氮素化肥作基肥施用，结合苗期浇头水每公顷追施氮肥75～105kg/hm^2，一般拔节抽穗后不再施用氮肥，防止籽粒蛋白质含量偏高。为促进有效分蘖，增加穗粒数，头水应尽量早灌，可在2叶1心至3叶期灌头水。蜡熟期在晴朗天气及时收获、脱粒晾晒。当籽粒含水量不超过12%时包装入库，避免受潮、霉变和粒色加深，影响酿造品质。

新引D_7

新引D_9

一、品种来源

亲本及杂交组合：美国大麦品种Stark多点引种鉴定筛选，啤酒大麦品种。

育成时间：2003年育成。新疆维吾尔自治区非主要农作物品种登记办公室2007年登记。

育成单位：石河子大学农学院麦类作物研究所。

主要育种者：曹连莆、齐军仓、李卫华、艾尼瓦尔、孔广超、石培春、李诚。

国家农作物种质资源库大麦种质资源全国统一编号：ZDM10082。

二、特征特性

新引D_9为春性二棱皮大麦。幼苗半匍匐、分蘖力强、成穗率较高，株高84～92cm，茎秆粗细中等、茎叶蜡粉较多。穗长9～10cm，穗形长方、穗密度稀，穗和芒淡黄色、长齿芒，穗粒数25～29粒。籽粒淡黄色、椭圆形，千粒重45～52g、蛋白质含量11.2%。无水麦芽浸出率80.3%，糖化力374WK。在新疆维吾尔自治区北部春播种植中熟，抗倒伏、耐盐碱、耐瘠薄，高抗条纹病。

三、产量与生产分布

新引D_9在2003—2004年参加新疆维吾尔自治区大麦品种区域试验，2年4点较对照品种法瓦维特增产10.4%，增产极显著。2005年参加新疆维吾尔自治区大麦品种生产试验，3点平均产量比对照增产7.3%。该品种在适宜种植区中上等水肥条件下，单产可达6 000～7 500kg/hm^2。2008年开始在新疆维吾尔自治区气候较冷凉的春大麦区示范推广，年最大生产种植面积3 500hm^2。

四、栽培要点

适期早播，开春后土壤解冻5cm以上，利用中午解冻时间“顶凌播种”。中上等肥力条件下种植，基本苗以330万～375万株/hm^{2}为宜。全部磷肥和大部分氮肥应作为基肥深施，氮、磷比例以1：（0.8～1）为宜，少量氮肥苗期追施。全生育期一般灌水4～5次，灌水应根据“早灌、勤灌、轻灌”的原则进行。在2叶1心至3叶期早灌头水，之后其余各水以保证麦田不受旱为原则。肥力好生长旺的田块，拔节初期喷施矮壮素2 250～3 000g/hm^2，防止倒伏。成熟后应在晴朗天气及时收获并尽快脱粒晾晒，当籽粒含水量不超过12%时及时包装入库。

新引D_9

152 新啤2号

一、品种来源

亲本及杂交组合：新引D_3/野洲2条2号。南繁北育杂交系谱选育，啤酒大麦品种。

育成时间：2001年育成，原品系代号：SD96-4。新疆维吾尔自治区农作物品种审定委员会2004年审定。

育成单位：石河子大学麦类作物研究所。

主要育种者：曹连莆、齐军仓、李卫华、艾尼瓦尔、孔广超、魏凌基、石培春、李诚。

国家农作物种质资源库大麦种质资源全国统一编号：ZDM10078。

二、特征特性

新啤2号属春性二棱皮大麦。幼苗直立、分蘖力较强、成穗率较高。株高90~95cm、茎秆粗细中等，茎叶蜡粉较多。穗长9cm、长齿芒，穗芒黄色、穗密度稀，每穗结实2~25粒。籽粒淡黄色、千粒重42~46g，蛋白质含量12%、无水麦芽浸出率80.6%，糖化力385WK。新疆维吾尔自治区北部春播种植中熟，抗条纹病、抗倒伏。

三、产量和分布

新啤2号2002—2002年参加新疆维吾尔自治区大麦品种区域试验，2年8点次平均单产6 081.9kg/hm^2，比对照品种法瓦维特增产7.6%，增产显著。在2点生产试验中，平均单产5 874.9kg/hm^2，比对照法瓦维特增产7.7%。该品种在中上等水肥条件下，一般单产5 625~6 750kg/hm^2。自2005年开始在新疆维吾尔自治区北部气候较冷凉的春大麦区示范推广，年最大生产种植面积近5 000hm^2。

四、栽培要点

新疆维吾尔自治区北部春播种植。在当地春大麦适宜播种期内尽量早播，以防后期干热风影响。播种量不宜过大，基本苗以300万～330万株/hm^{2}为宜。早施氮肥，全部磷肥和大部分氮肥做基肥深施，少部分氮肥在拔节前酌情追施。全生育期灌水4～5次，头水在2叶1心至3叶期浇灌，长势旺的田块拔节期适当控水，拔节后浇水以田间不受旱为原则。在高水肥条件下种植，植株生长过旺时，拔节前喷施矮壮素。蜡熟期及时收获、晒干入仓。

新啤2号

新啤3号

一、品种来源

亲本及杂交组合：原23//早熟3号/瑞士。复合杂交系谱选育，啤酒大麦品种。

育成时间：2001年育成，原品系代号92-6。新疆维吾尔自治区种子管理总站2007年认定，品种认定证书编号：新登大麦2007年25号。

育成单位：新疆农业科学院奇台麦类试验站。

主要育种者：李培玲、俞天胜、向莉、任玉梅、苗雨、柴淑珍。

国家农作物种质资源库大麦种质资源全国统一编号：ZDM10199。

二、特征特性

新啤3号属春性二棱皮大麦。幼苗直立、叶色鲜绿，株型紧凑、株高85～100cm，穗长方形、穗姿下垂，穗长8.5cm、长齿芒，每穗结实25粒左右。籽粒淡黄、粒形椭圆，皮壳薄、褶皱多，千粒重43.7g、蛋白质含量11.8%。无水麦芽细粉浸出率80.6%，粗粉浸出率80.1%，库尔巴哈值49%、糖化力309WK，α-氨基氮197mg/100g。在新疆维吾尔自治区春播种植，中熟、全生育期87～124天。中度抗倒伏，抗条纹病。

三、产量与生产分布

新啤3号2002—2003年在大麦品种比较试验中，平均产量6 082.5kg/hm^2，比对照品种法瓦维特增产13.3%。2005—2006年参加新疆维吾尔自治区啤酒大麦区域试验，2年8点次全部增产，平均单产6 501.0kg/hm^2，比对照增产6.55%。2006年在新疆维吾尔自治区大麦品种生产试验中，4个试点全部增产，平均单产5 857.4kg/hm^2，比对照增产9.1%。该品种2009开始在新疆维吾尔自治区北部春大麦区示范推广，至2012年累计生产种植1.5万hm^2。

四、栽培要点

适期早播，合理密植。每公顷播种量控制在180～210kg，保证基本苗285万～330万株。施肥量应控制在同类地块小麦施肥量2/3左右，有机肥与化肥配合使用，最好做基肥一次性施入。弱苗田块可结合浇头水追施少量氮肥，拔节抽穗后视群体长势酌情补施叶面肥。全生育期一般灌水4～5次。生长期内及时防治杂草和病虫害。蜡熟期选择晴好天气及时收获、晒干、入仓。

新啤3号

154 新啤4号

一、品种来源

亲本及杂交组合：红日啤麦1号/耶费欧。杂交系谱选育，啤酒大麦品种。

育成时间：2001年育成，原品系代号94-4。新疆维吾尔自治区种子管理总站2008年认定登记，品种登记证书编号：新登大麦2008年01号。

育成单位：新疆农业科学院奇台麦类试验站。

主要育种者：李培玲、俞天胜、向莉、任玉梅、苗雨、柴淑珍。

国家农作物种质资源库大麦种质资源全国统一编号：ZDM10200。

二、特征特性

新啤4号属春性二棱皮大麦。幼苗直立、分蘖力强，成穗率高。叶色鲜绿、拔节后基部叶鞘紫色，株高93cm、株型紧凑、茎秆弹性好。穗形长方、穗长9cm左右，穗密度稀、长齿芒，抽穗期芒顶端紫红色，成熟后穗姿下垂，每穗结实22～26粒。籽粒淡黄、椭圆形，颖壳薄、褶皱多，千粒重41～45g、蛋白质含量11.73%。无水麦芽细粉浸出率80.8%，库尔巴哈值45%、糖化力377WK、α-氨基氮241mg/100g。在新疆维吾尔自治区春播种植，中早熟、全生育期84～128天。抗条纹病、抗干热风、抗倒伏能力强。

三、产量和分布

新啤4号在2002—2003年大麦品种比较试验中，2年平均产量6 190.5kg/hm^2，比对照品种法瓦维特增产9.7%，增产达极显著水平。2006—2007年参加新疆维吾尔自治区啤酒大麦区域试验，2年8点平均单产6 531.0kg/hm^2，比法瓦维特增产6.8%，增产点次87.5%。2007年在新疆维吾尔自治区大麦品种生产试验中，3个试点全部增产，平均单产5 041.5kg/hm^2，比法瓦维特增产17.9%。该品种2009—2015年在新疆维吾尔自治区北部春大麦区大面积生产种植，累计生产应用1.9万hm^2。其中，2010年最大种植面积1万hm^2。

四、栽培要点

适期早播，播种量控制在225～255kg/hm^2，基本苗330万株/hm^2左右为宜。施肥量控制在同类地块小麦施肥量的2/3左右，注意有机肥与化肥配合使用，最好做底肥1次施入。一般每公顷底肥施磷酸二铵225kg，种肥施120kg，苗期灌头水时追施尿素150～225kg。拔节抽穗后期视群体长势酌情补施叶面肥。全生育期一般灌水4～5次。及时防治杂草和病虫害，适期收获。

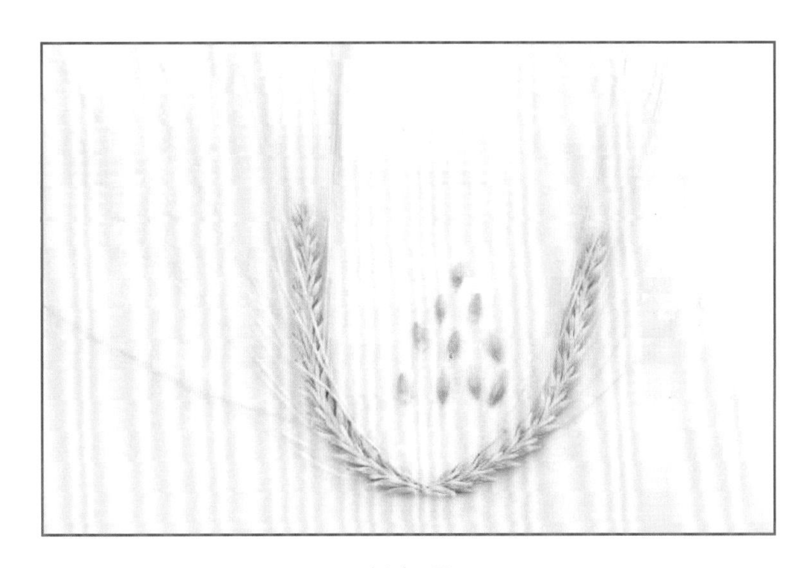

新啤4号

155 新啤5号

一、品种来源

亲本及杂交组合：Poland/Harrington。杂交系谱选育，啤酒大麦品种。

育成时间：2001年育成，原品系代号：测59。新疆维吾尔自治区种子管理总站2009年认定登记，品种登记证书编号：新登大麦2009年08号。

育成单位：新疆农业科学院奇台麦类试验站。

主要育种者：李培玲、俞天胜、向莉、任玉梅、苗雨、柴淑珍。

国家农作物种质资源库大麦种质资源全国统一编号：ZDM10201。

二、特征特性

新啤5号属春性二棱皮大麦。幼苗直立、分蘖力强、成穗率高，叶片宽大、叶色鲜绿，株型紧凑、株高70～98cm，茎秆弹性好。穗形长方、长齿芒、穗密度稀，穗长8.5cm、穗粒数22～26粒。籽粒淡黄色、椭圆形，皮壳薄、褶皱多，千粒重41～45g、蛋白质含量12.24%。无水麦芽细微粉浸出物78.9%，库尔巴哈值32%、糖化力238WK，α-氨基氮127mg/100g。在新疆维吾尔自治区春播种植中早熟，全生育期96～101天。灌浆速度快，抗旱、抗到伏，抗条纹病。

三、产量与生产分布

新啤5号2002—2003年参加大麦品种比较试验，2年平均产量5 950.5kg/hm^2，比对照品种法瓦维特增产8.4%，增产显著。2004年参加新疆维吾尔自治区大麦品种多点鉴定试验，平均单产5 145.8kg/hm^2，比对照品种20.0%，增产极显著。2007年参加新疆维吾尔自治区大麦品种生产试验，3个试验点全部增产，平均产量5 380.5kg/hm^2，比对照法瓦维特增产15.8%，增产极显著。该品种2011—2015年，在新疆维吾尔北部春麦区山旱地和戈壁地大面积生产推广，累计种植面积6 500hm^2。2012年推广面积最大为3 500hm^2。

四、栽培要点

适期早播，播种量控制在225～255kg/hm^2，保证基本苗330万株/hm^2。科学施肥，有机肥与化肥配合施用，施肥量控制在同类地块小麦施肥量2/3左右，最好做底肥一次性施入。每公顷底肥一般施磷酸二铵225kg，种肥施120kg，苗期灌头水时追施尿素150～225kg，生长后期根据群体长势酌情补施叶面肥。全生育期一般灌溉4～5次。做好田间病虫草害防治，蜡熟期及时收获。

新啤5号

156 新啤6号

一、品种来源

亲本及杂交组合：美国大麦高代品系I109M050M单株选育，啤酒大麦品种。

育成时间：2007年育成。新疆维吾尔自治区非主要农作物品种登记办公室2010年登记。

育成单位：石河子大学麦类作物研究所。

主要育种者：曹连莆、齐军仓、李卫华、艾尼瓦尔、孔广超、石培春、李诚。

国家农作物种质资源库大麦种质资源全国统一编号：ZDM10202。

二、特征特性

新啤6号属春性二棱皮大麦。幼苗直立、分蘖力强，成穗率高。株高70～75cm，穗和芒黄色、穗姿直立，长齿芒、穗长8～9cm，穗粒数21～24粒。籽粒淡黄色、椭圆形，千粒重46～48g、蛋白质含量12.3%。无水麦芽浸出率79.9%，糖化力297WK，麦芽品质达到国颁优级标准。新疆维吾尔自治区春播种植中熟，高抗条纹病，抗倒伏、较耐盐碱。

三、产量和分布

新啤6号2008年在新疆维吾尔自治区建设兵团农二师21团、农十三师红山农场、新疆农业科学院奇台试验场及石河子大学，参加4点联合区域试验，平均产量比对照法瓦维特增产9.1%。2009年在农二师21团、新疆农业科学院奇台试验场、新疆农业科学院塔城基地及石河子大学试验站，参加4点联合区域试验，平均产量比对照法瓦维特增产5.7%。2年8点次平均产量比对照增产7.3%。2009年参加大麦品种生产试验，3点平均比对照增产8.4%。该品种在适宜种植区域内中上等水肥条件下，单产可达6 000～6 750kg/hm²。2011年开始在新疆维吾尔自治区气候较冷凉的春大麦区示范推广，年最大生产种植接近1 500hm²。

四、栽培要点

冬前整地待播，开春后尽量早播种。北疆地区一般在3月下旬至4月上旬，山旱地一般在4月中下旬至5月上旬播种。播种量不宜过大，基本苗以300万～330万株/hm²为宜。有机肥与化肥配合施用，全部有机肥和磷肥及大部分氮肥做基肥施用。只留少量氮肥在苗期浇头水时追施，拔节抽穗后视群体长势酌情补施叶面肥。全生育期灌水4～5次，2叶1心至3叶期浇头水，长势旺的田块拔节期适当控水，防止后期群体过大发生倒伏。蜡熟期在晴好天气适期收获，及时脱粒晾晒，防止雨淋，保证麦粒原色。

157 2005C/18

一、品种来源

亲本及杂交组合：0873/TR139。杂交系谱选育，啤酒大麦品种。

育成时间：2005年育成。新疆维吾尔自治区种子管理总站2011年认定登记，品种登记证书编号：新登大麦2011年04号。

育成单位：新疆农业科学院奇台麦类试验站。

主要育种者：李培玲、孔建平、向莉、任玉梅、苗雨、柴淑珍。

国家农作物种质资源库大麦种质资源全国统一编号：ZDM10203。

二、特征特性

2005C/18属春性二棱皮大麦。幼苗直立、叶色鲜绿，植株整齐、株型紧凑，株高93～97cm、茎秆中等粗细、弹性好。穗长9cm左右，穗密度稀、长齿芒、穗姿下垂，穗粒数24～26粒。粒色淡黄、粒形卵圆、粒质粉质，颖壳薄、褶皱多，千粒重

47.1～58.9g，蛋白质含量10.4%。无水麦芽细粉浸出物79.1%，库尔巴哈值43.4%、糖化力307WK、α-氨基氮177mg/100g。在新疆维吾尔自治区春播种植中熟，全生育期在80～106天。抗条纹病、抗倒伏、耐盐碱。

三、产量与生产分布

2005C/18在2006—2007年新疆维吾尔自治区啤酒大麦品种比较试验中，平均单产6 831.0kg/hm^2，居10个参试品种第一位，比对照品种法瓦维特增产19.2%，增产极显著。2008—2009年参加新疆维吾尔自治区啤酒大麦品种区域试验，2年8点次平均单产6 666.6kg/hm^2，比对照法瓦维特增产4.8%。2010年参加新疆维吾尔自治区大麦品种生产试验，3个试点平均单产6 156.0kg/hm^2，比对照甘啤4号增产5.71%。该品种2012—2015年在新疆维吾尔自治区北部木垒、奇台、巴里坤县大面积推广，累计生产种植面积5 000多hm^2。2013年最大推广面积接近3 000hm^2。

四、栽培要点

适期早播，在中等肥力条件下，播种量控制在225～255kg/hm^2，保证基本苗285万～330万株/hm^{2}为宜，盐碱地块播种量可增加到270～300kg/hm^2。施肥量一般控制在同类地块小麦施肥量2/3左右，有机肥与化肥配合，作为基肥1次施入。苗期生长较弱田块可在头水时追施少量氮肥。全生育期一般灌水3～5次，长势旺的田块拔节期适当控水，防止后期群体过大发生倒伏，影响产量和品质。做好田间杂草和病虫害防治，蜡熟期适期收获。

2005C/18

新引D_{10}

一、品种来源

亲本及杂交组合：美国大麦品种Vivar多点引种鉴定筛选，啤酒大麦品种。

育成时间：2005年育成。新疆维吾尔自治区非主要农作物品种登记办公室2010年登记。

育成单位：石河子大学麦类作物研究所。

主要育种者：曹连莆、齐军仓、李卫华、艾尼瓦尔、孔广超、石培春、李诚。

国家农作物种质资源库大麦种质资源全国统一编号：ZDM10083。

二、特征特性

新引D_{10}为春性六棱皮大麦。幼苗直立、分蘖和成穗率中等，株高80～90cm、茎秆粗细中等，茎叶有蜡粉。穗姿直立、穗长6.5～7.3cm，长齿芒、穗密度稀，穗粒数40～粒。籽粒淡黄色、椭圆形，千粒重42～46g、蛋白质含量10.8%。无水麦芽浸出率79.1%，糖化力344WK。新疆维吾尔自治区北部种植中熟，抗倒伏、耐盐碱、耐瘠薄，高抗条纹病。

三、产量与生产分布

新引D_{10}于2005—2006年参加新疆维吾尔自治区大麦品种区域试验，4个试点2年平均产量比对照品种法瓦维特增产7.5%，增产显著。2006年进行生产试验，4个试点平均产量比对照增产20.9%，增产极显著。中上等水肥条件下栽培，一般单产6 000～7 500kg/hm^2。该品种2007年开始在新疆维吾尔自治区气候较冷凉的春大麦区示范推广，年最大推广面积2 000hm^2。

四、栽培要点

适期早播，开春后土壤解冻5cm以上，利用中午解冻时间“顶凌播种”。播种量不宜过大，基本苗以375万～420万株/hm^{2}为宜。科学施肥，氮、磷肥配合施用，配合比例以1：（0.8～1）为宜。全部磷肥和大部分氮肥作为基肥深施，少量氮肥在苗期灌头水时根据苗情追施，中后期不再追施氮肥。根据“早灌、勤灌、轻灌”的原则，全生育期一般灌水4～5次。2叶1心至3叶期灌头水，以后各水基本保证麦田不受旱。高水肥田块在拔节初期，喷施矮壮素2 250～3 000g/hm^2，防止倒伏。成熟后在晴朗天气及时收获并尽快脱粒晾晒，当籽粒含水量不超过12%时及时包装入库。

新引D_{10}

新啤8号

一、品种来源

亲本及杂交组合：JH-D-005/950011。杂交系谱选择育，啤酒大麦品种。

育成时间：2009年育成，原品系代号Q/D005。新疆维吾尔自治区种子管理总站2013年认定登记。品种登记证书编号：新登大麦2013年25号。

育成单位：新疆农业科学院奇台麦类试验站。

主要育种者：李培玲、孔建平、向莉、任玉梅、苗雨、柴淑珍。

国家农作物种质资源库大麦种质资源全国统一编号：ZDM10204。

二、特征特性

新啤8号属春性二棱皮大麦。幼苗匍匐、分蘖力强、成穗率高，叶色深绿、旗叶小而举，株型紧凑、株高76 ~ 93cm。穗长方形、长齿芒、穗密度稀，穗长7.6 ~ 9.4cm、穗粒数22.9 ~ 25.2粒，成熟穗姿下垂、落黄好。粒色淡黄色、粒形卵圆，皮壳薄、褶皱多，千粒重46 ~ 52.1g、蛋白质含量12.1%。无水麦芽浸出率80.8%、库尔巴哈值41%，糖化力312WK、α-氨基氮161mg/100g。新疆维吾尔自治区春播种植中熟，全生育期77 ~ 126天。抗倒伏、抗条纹病。

三、产量与生产分布

新啤8号2010年在新疆维吾尔自治区奇台啤酒大麦品种比较试验中，平均产量6 325.5kg/hm^2，比对照甘啤4号增产8.4%。2011—2012年参加新疆维吾尔自治区啤酒大麦品种区域试验，2年10点次平均产量6 343.5kg/hm^2，比对照品种甘啤4号增产5.0%。2012年参加新疆维吾尔自治区大麦品种生产试验，3个试点平均单产5 691.6kg/hm^2，比对照甘啤4号增产3.3%。该品种2013—2015年在新疆维吾尔自治区北部木垒、奇台、巴里坤县示范推广，3年累计生产植株约5 000hm^2。其中，2015年最大推广面积约2 500hm^2。

四、栽培要点

适期早播，科学施肥。施肥量控制在同类地块小麦施肥量的2/3，有机肥与化肥配合，作为基肥1次施入。产量目标6 750kg/hm^2、中等肥力以上的田块，一般每公顷施磷酸二铵225kg/hm^{2}做底肥，种肥施120kg左右。结合苗期灌头水追施尿素150～225kg，拔节抽穗后根据群体长势酌情补施叶面肥。全生育期一般灌水4～6次，注意田间病虫草害防治，蜡熟末期及时收获，晒干入仓保存。

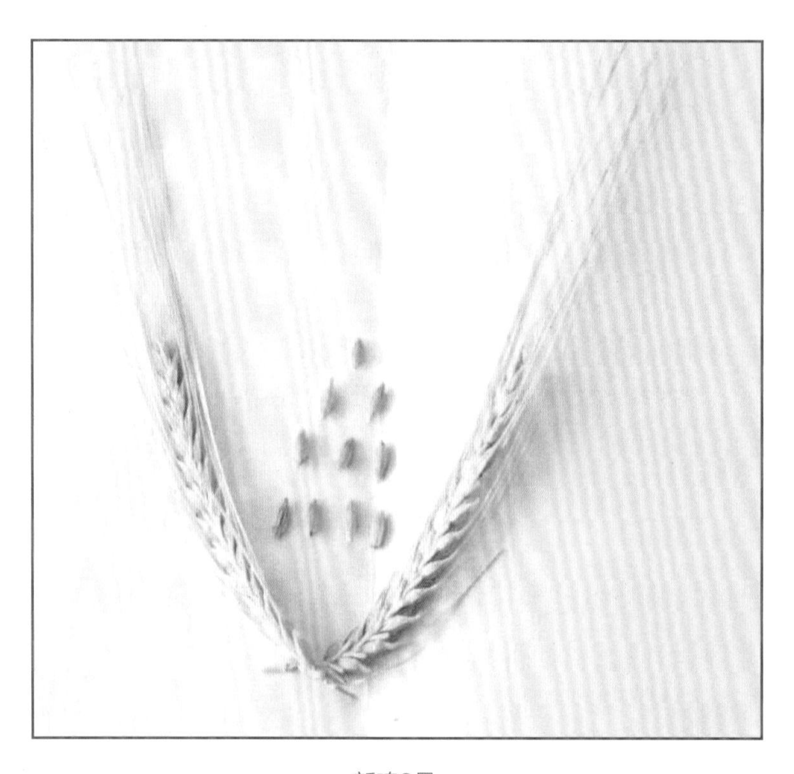

新啤8号

新啤9号

一、品种来源

亲本及杂交组合：JH-D-006/04C/18。杂交系谱选育，啤酒大麦品种。

育成时间：2009年育成，原品系代号：Q/D006。新疆维吾尔自治区种子管理总站2013年认定登记，品种登记证书编号：新登大麦2013年26号。

育成单位：新疆农业科学院奇台麦类试验站。

主要育种者：李培玲、孔建平、向莉、任玉梅、苗雨、柴淑珍。

国家农作物种质资源库大麦种质资源全国统一编号：ZDM10205。

二、特征特性

新啤9号属春性二棱皮大麦。幼苗半匍匐、叶片淡绿，分蘖力强、成穗率高。植株整齐、株高76～86cm，穗形长方、长齿芒、穗密度稀，穗长7.5～10.1cm，穗粒数23～28粒，穗姿直立、成熟落黄好。籽粒淡黄色、卵圆形，皮壳薄、褶皱多，千粒重45～55g、蛋白质含量12.9%。无水麦芽浸出率80.2%、库尔巴哈值41.2%，糖化力334WK、α-氨基氮含量163mg/100g。在新疆维吾尔自治区北部地区春播中熟，全生育期76～125天。抗倒伏、抗条纹病。

三、产量和分布

新啤9号2010年在新疆维吾尔自治区奇台参加大麦品种比较试验，平均产量6 445.5kg/hm^2，比对照品种甘啤4号增产10.5%。2011—2012年参加新疆维吾尔自治区啤酒大麦区域试验，2年10点次平均产量6 271.4kg/hm^2，比对照甘啤4号增产1.8%。在2012年新疆维吾尔自治区啤酒大麦品种生产试验中，平均单产5 947.8kg/hm^2，比对照甘啤4号增产8.4%。该品种2013—2015年在新疆维吾尔自治区北部木垒、奇台、巴里坤县大面积示范推广，3年累计生产种植5 000多hm^2。

四、栽培要点

适期早播，科学施肥。施肥量应控制在同类地块小麦施肥量的2/3，有机肥与化肥配合作为基肥1次施入。产量目标6 750kg/hm^2的中等以上肥力田块，底肥一般施磷酸二铵225kg左右，种肥施120kg左右，灌头水时追施尿素150～225kg，拔节抽穗后视群体长势，酌情追施叶面肥。全生育期一般灌水4～6次，注意做好田间杂草和病虫害防治。蜡熟末期及时收获、晒干入仓。

新啤9号

法瓦维特

一、品种来源

亲本及杂交组合：从匈牙利引进的荷兰大麦品种，原名Favovit，也叫匈84、甘啤1号啤酒大麦品种。

育成时间：1984年引进。甘肃省农作物品种审定委员会1989年审定，宁夏回族自治区农作物品种审定委员会1990年审定。之后通过青海、新疆和国家农作物品种审定委员会审定。

育成单位：甘肃省农业科学院粮食作物研究所。

主要育种者：王效宗、周文麟、李守谦、杨兆兴等。

国家农作物种质资源库大麦种质资源全国统一编号：ZDM10057。

二、特征特性

法瓦维特属春性二棱皮大麦。幼苗匍匐、分蘖力强、成穗率高，叶色深绿，叶耳白色。株高80cm左右、株型半松散，基部节间短、茎秆壁厚坚韧、弹性好，茎秆黄色、蜡粉少。穗半抽出、穗层整齐，穗形长方、穗和芒黄色、穗姿半下垂，穗长8cm以上、穗密度稀、长齿芒，穗粒数22～26粒。籽粒浅黄色、皮壳薄有光泽，粒形纺锤、粉质，千粒重42～46g、发芽势98%、发芽率99%，蛋白质含量11.9%。无水麦芽浸出率78.9%，糖化时间5～10分钟，α-氨基氮193～243.5mg/100g，糖化力256.6～280wk，库尔巴哈值41.78%。在我国西北地区春播种植中晚熟，全生育期100～105天。耐水肥、抗到伏，轻感条纹病、网斑病、白粉病、锈病及黑穗病免疫。

三、产量与生产分布

法瓦维特一般产量6 750～7 500kg/hm²，最高产量超过8 250kg/hm²。1987—1988年在甘肃省啤酒大麦区域试验中，2年平均产量6 640.5kg/hm²，较对照品种增产19.3%，居11个参试品种第一位。1988—1989年在西北地区啤酒大麦联合区域试验中，2年平均产量6 825kg/hm²，较对照增产10.65%。1989—1990年在宁夏回族自治区大麦品种区域试验中，3年平均产量5 724kg/hm²，较对照品种普采妞姆增产21.5%；1990年生产示范1.1hm²，平均产量7 530kg/hm²；1991年示范52.3hm²，平均产量6 165kg/hm²，比对照增产39.3%。1990—1991年在全国北方啤酒大麦区试中，平均产量4 815kg/hm²，较对照品种黑引瑞增产34.7%。1989年在新疆维吾尔自治区奇台县品种比较试验中，平均产量9 997.5kg/hm²；在新疆建设兵团农六师109团生产示范2.3hm²，平均产量5 625kg/hm²。

法瓦维特1990年开始在甘肃省生产推广，当年推广面积0.1万hm²。1991年推广6 020hm²。1992年推广2.26万hm²。1993年推广5.12万hm²。1994年推广7.92万hm²，占全省8万hm²大麦面积的95%以上。该品种还在宁夏、青海、新疆、内蒙古、黑龙江、河北等北方省区先后种植近10年之久。1993—2001年作为甘肃、宁夏、青海、新疆等省区的主栽品种，年最大种植面积12.5万hm²，累计生产种植133.3万hm²以上。

法瓦维特

四、栽培要点

播种前进行种子处理。适期早播，在适宜地区3月中旬播种，播深3～4cm。合理密植，每公顷播种量150kg左右，保证基本苗数225万～300万株。施足底肥，在中等肥力水平田块，每公顷施机肥料30 000～37 500kg、纯氮112.5～150kg、纯磷75kg左右，最好作为底肥1次施入。或氮素化肥2/3作底肥，1/3作为追肥施用。早灌头水：有灌溉条件的地方，在苗期2.5～3.5叶龄时浇灌头水，全生育期灌水3次为宜，缺水地区也可灌2次。加强田间管理，做好田间病虫草害防除。适期及时收获，蜡熟后期在天气晴朗、无露水时收获，收后应尽快晒干脱粒，避免受潮霉变，影响酿造品质。

甘啤2号

一、品种来源

亲本及杂交组合：墨西哥国际玉米小麦改良中心引进的杂交F1材料中系谱选育，啤酒大麦品种。

育成时间：1994年育成，原品系代号：M90-9-10-4。甘肃省农作物品种审定委员会1998年审定。

育成单位：甘肃省农业科学院粮食作物研究所。

主要育种者：王效宗、杨兆兴、王宜云、潘永东等。

国家农作物种质资源库大麦种质资源全国统一编号：ZDM10058。

二、特征特性

甘啤2号属春性二棱皮大麦。幼苗直立、分蘖力较强，叶色浓绿、叶耳白色。株高70cm左右、株型紧凑、基部节间短，茎秆黄色、粗细中等、蜡粉少。穗全抽出、穗层整齐，穗长方形、黄色穗芒，灌浆后期穗下茎弯曲，穗长5～7cm、长齿芒、穗密度稀，穗粒数18～22粒。粒色淡黄、皮壳薄、褶皱多而细，粒形椭圆、粉质，千粒重43～44g、蛋白质含量11.8%，发芽势99.6%、发芽率99.7%，2.5mm筛选率89.15%。麦芽蛋白质含量10.74%，浸出率82.03%、可溶性氮811.7mg/100g，α-氨基氮193.62mg/100g、库尔巴哈值47.24%，糖化力417.4Wk。该品种在甘肃省河西地区春播种植，早熟、全生育期90～95天。抗倒伏、抗大麦条纹病和根腐病。

三、产量与生产分布

甘啤2号一般产量6 000～7 000kg/hm²，最高产量8 300kg/hm²以上。1994年在大麦品系比较试验中，平均单产8 373.8kg/hm²，较对照品种增产5.0%，居15个参试品系首位。1995年参加甘肃省啤酒大麦品种区域试验，6个试点平产量6 769.8kg/hm²，较对照增产7.3%。

1996年区域试验8个试点，平均产量为7 165.3kg/hm²，较对照增产3.5%。1995年在武威黄羊镇进行生产试验，平均产量为6 057.0kg/hm²；1996年生产试验产量7 933.5kg/hm²，较对照品种增产11.2%；1997年生产试验产量7 228.5kg/hm²，较对照品种减产1.4%。该品种1997年开始在甘肃省河西走廊南部冷凉灌区示范推广，年最大推广面积0.8万hm²，累计推广面积3.7万hm²。

四、栽培要点

适期早播，播量150～225kg/hm²。增施底肥、早施追肥。除施用农家肥外，应注重化肥的氮、磷配比。肥料施用在播种前作为底肥或播种时作为种肥1次施用，一般情况下不再追肥。早浇头水，一般在2叶1心至3叶1心期浇头水。为防止大麦条纹病的发生，播前需对种子进行药剂处理。

甘啤2号

163 甘啤3号

一、品种来源

亲本及杂交组合：S-3/法瓦维特。杂交系谱选育，啤酒大麦品种。

育成时间：1995年育成，原品系代号：8759-12-1-2-1。甘肃省农作物品种审定委员会1999年审定。

育成单位：甘肃省农业科学院粮食作物研究所。

主要育种者：王效宗、潘永东、工宜云、杨兆兴等。

国家农作物种质资源库大麦种质资源全国统一编号：ZDM10059。

二、特征特性

甘啤3号属春性二棱皮大麦。幼苗半匍匐、叶色深绿、叶耳紫色，株高70～80cm。穗茎节较长、株型半松散，茎秆弹性强、黄色、蜡粉少，穗全抽出、穗层整齐。穗长方形、黄色，灌浆后期穗下茎弯曲，穗长8.0～8.2cm、长齿芒，穗粒数22～24粒。粒色淡黄、皮壳薄、腹径较大、皱纹细，籽粒椭圆形、饱满、粉质，千粒重45～48g、蛋白质含量10.25%。无水麦芽浸出率81.98%、α-氨基氮163.89mg/100g，库尔巴哈值为40.19%、糖化力225.69～271.0WK。甘肃省春播种植中熟，全生育期98天左右。抗倒伏、抗干热风，抗大麦条纹病等。

三、产量与生产分布

甘啤3号一般产量6 500～7 500kg/hm²，最高产量8 250kg/hm²以上。1995—1997年在甘肃省大麦品种多点鉴定中，7个试点3年平均产量7 371.5kg/hm²，较对照品种法瓦维特增产7.6%，居参试品种第一位。1997年在山丹县生产试种0.1hm²，单产6 712.5kg/hm²，较对照品种法瓦维特增产4.8%。同年在玉门镇示范种植0.5hm²，产量6 709.5kg/hm²，较对照品种法瓦维特增产1.5%。1998年在山丹县生产示范2.0hm²，平均产量7 125.0kg/hm²，较对照品种法瓦维特增产18.2%；在黄羊镇示范0.2hm²，产量达8 314.5kg/hm²。1999年在土塔林场示范种植4.1hm²，产量7 875kg/hm²。2000年在玉门镇种植27hm²，平均产量8 250kg/hm²。

该品种1999年开始在甘肃省示范推广，当年种植面积0.3万hm²。2003年生产种植面积达到12.19万hm²和2004年12.34万hm²。2003年成为我国西北地区的啤酒大麦主栽品种，在甘肃、青海、宁夏3省区种植面积占当地啤酒大麦总面积的95%以上，在新疆的种植面积占当地啤酒大麦面积70%，在内蒙古占当地啤酒大麦面积的50%。年最大推广面积12.34万hm²，累计生产种植面积达66.67万hm²。

四、栽培要点

在甘肃省河西和沿黄灌区，当土壤解冻10cm左右时即可顶凌播种。播种期一般在3月中旬。适宜播种量375～525kg/hm²，甘肃西北部可适当增加到600～750kg/hm²。施肥原则是控制氮肥，增施农家肥、磷肥和钾肥，以保证酿造品质。各种肥料最好在播种前一次性施入。尽量在苗期早浇头水。播前选用25%的粉锈宁、15%速保利或15%羟锈宁等其中任一药剂，按种子量的0.1%～0.3%拌种，防止发生大麦条纹病。

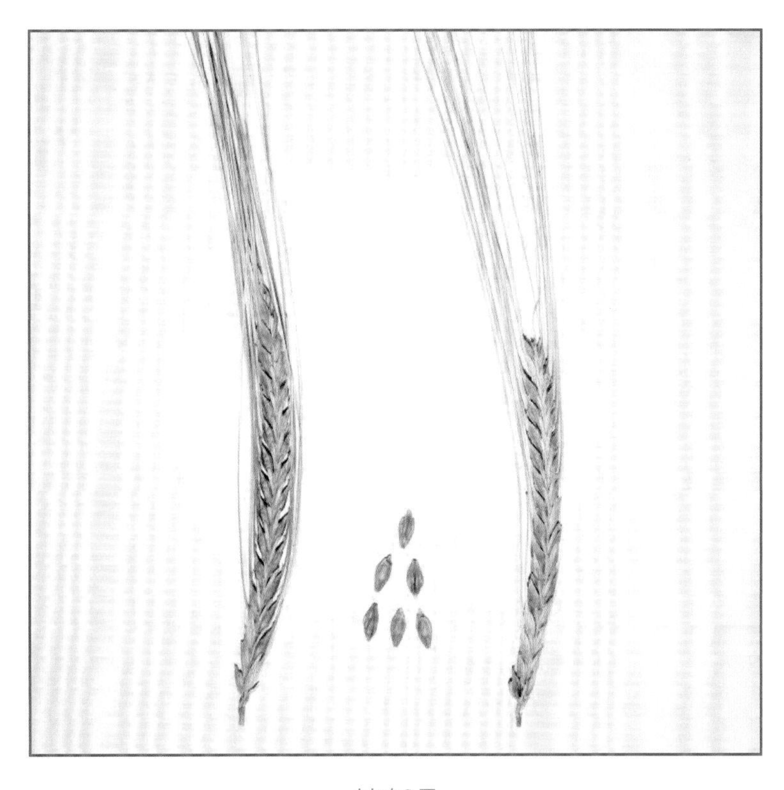

甘啤3号

164 甘啤4号

一、品种来源

亲本及杂交组合：法瓦维特/八农862659。杂交系谱选育，啤酒大麦品种。

育成时间：1998年育成，原品系代号：8810-3-1-3。甘肃省科技厅2002年技术鉴定，新疆维吾尔自治区农作物品种审定委员会2006年认定，内蒙古自治区农作物品种审定委员会2006年认定，甘肃省农作物品种审定委员会2008年认定。2004年申请国家植物新品种保护，2008年获得国家植物新品种权，品种权号：CNA20040642.6，品种权证书号：第20081736号。

育成单位：甘肃省农业科学院粮食作物研究所、啤酒大麦研究开发中心。

主要育种者：王效宗、潘永东、王小平、金锦等。

国家农作物种质资源库大麦种质资源全国统一编号：ZDM10060。

二、特征特性

甘啤4号属春性二棱皮大麦。幼苗半匍匐、分蘖力强、成穗率高，叶色深绿、叶耳白色。株高75～80cm、株型半紧凑，茎秆黄色、弹性好，叶片开张角度大，冠层透光好。穗茎节较长、穗全抽出、穗层整齐。穗长方形、长齿芒、穗和芒黄色，灌浆后期穗轴略有弯曲，穗长8.5～9.0cm，穗密度稀、穗粒数22粒左右。粒色淡黄、皮壳薄、粒径大、皱纹细腻，籽粒椭圆形、饱满、粉质，千粒重45～48g、2.5mm筛选率91.0%，发芽率98.4%、蛋白质含量11.76%。无水麦芽浸出率81.4%、α-氨基氮156.30mg/100g，库尔巴哈值39.40%、糖化力367.60WK。酿造品质指标均达到或超过国标优级标准，可与国外进口优级啤酒大麦相媲美。在我国西北地区春播种植，中熟、全生育期100～105天。抗倒伏、抗条纹病和其他大麦病害、耐干热风，综合农艺性状好，适应性广。

三、产量与生产分布

甘啤4号一般产量7 500～8 250kg/hm²，最高产量超过10 500kg/hm²。在1999—2001年甘肃省啤酒大麦品种联合区试中，1999年5个试验点平均产量7 489.65kg/hm²，较对照品种法瓦维特增产16.4%；2000年6个试验点平均产量8 593.8kg/hm²，较对照增产9.5%；2001年5个试点平均产量7 530.45kg/hm²，较对照增产8.7%。2002—2003年参加西北啤酒大麦联合区试，7个试点2年平均产量6 555.7kg/hm²，较对照品种甘啤3号增产7.0%。2002年在甘肃省八一农场天生坑分场生产示范20hm²，平均产量8 430.0kg/hm²，较甘啤3号增产11.1%。2003—2008年民勤林场每年种植200hm²以上，平均产量7 500kg/hm²以上。2005年在内蒙古巴盟、呼和浩特生产试验，平均产量6 360.0kg/hm²，较比对照品种来色依增产28.5%。2009年在新疆建设兵团农四师76团旱地种植3 360hm²，平均产量7 500kg/hm²左右。

甘啤4号

甘啤4号2002年在甘肃省开始示范推广，至2006年成为甘肃、新疆、内蒙古、青海、宁夏等北方春播啤酒大麦区的主栽品种。2008年在甘肃省种植面积达22.0万hm^2，占甘肃省当年啤酒大麦种植面积的85%，占全国啤酒大麦面积的30%。2002—2015年累计生产种植117.3万hm^2。

四、栽培要点

北方地区中等以上肥力地块春播种植。施足底肥，氮、磷肥最好作底肥或基肥1次施用，每公顷施纯氮：150 ~ 180kg，最高不应超过225kg，磷：120 ~ 180kg，氮、磷比1：（0.8 ~ 1），钾：30 ~ 45kg。全生育期一般浇灌3次水。

165 甘啤5号

一、品种来源

亲本及杂交组合：8759-7-2-3/CA_2-1。杂交系谱选育，啤酒大麦品种。

育成时间：2003年育成，原品系代号：9303-5-4-3-2。甘肃省农作物品种审定委员会2008年认定。云南省非主要农作物品种登记委员会2012年登记，品种登记证书编号：滇登记大麦2012021号。2007年申请国家植物新品种保护，2011年获得国家植物新品种权，品种权号：CNA20070188.6，品种权证书号：第20113582号。

育成单位：甘肃省农业科学院粮食作物研究所、啤酒大麦研究开发中心。

主要育种者：王效宗、潘永东、包奇军、陈富等。

国家农作物种质资源库大麦种质资源全国统一编号：ZDM10061。

二、特征特性

甘啤5号属春性二棱皮大麦。幼苗直立、叶色浓绿、叶耳紫色，株高97.7～102.6cm。株型半紧凑、茎秆黄色、茎秆较粗，秆壁较厚、蜡粉少。穗全抽出、穗层整齐，穗长方形、长齿芒、穗和芒黄色，灌浆后期穗茎弯曲，穗长8.1～8.6cm，穗粒数24粒左右。粒色淡黄、粒径大、卵圆形，饱满、粉质、千粒重50～53.7g，2.5mm筛选率92%，发芽率99%、蛋白质含量11.8%。无水麦芽浸出率80.5%、α-氨基氮1 580mg/100g，库尔巴哈值42%、糖化力5 380WK。酿造品质指标均达到或超过国标优级标准，可与进口优级啤酒原料相媲美。该品种在甘肃省中、西部春播种植，中熟、全生育期97～102天。抗干热风、抗条纹病和其他大麦病害。

三、产量与生产分布

甘啤5号一般产量5 250～6 000kg/hm^2，最高产量7 500kg/hm^2以上。2004—2005年在甘肃中部地区大麦品种区域试验中，4个试点2年平均4 464.8kg/hm^2，比当地对照小麦增产32.3%。同期参加甘肃省河西沿山高海拔地区大麦品种区域试验，5个试验点2年平均产量7 296.0kg/hm²。2005年在甘肃省张掖农场示范种植13.7hm²，平均产量5 317.5kg/hm²。2006年在山丹军马场示范推广66.67hm²，平均产量6 300kg/hm²。2008年在青海省海西州河西农场示范推广133.34hm²，平均产量6 150.0kg/hm²。2010年在云南省宜良县示范种植10hm²，核心区最高产量9 477.0kg/hm²。

该品种自2006年开始在甘肃省临夏州祁连山沿山高海拔区示范推广，先后引种到云南省昆明，青海省海西州和内蒙古自治区东部。2006—2015年累计生产种植面积20.37万hm²，最大推广面积5.13hm²。

四、栽培要点

合理密植，适宜播种量225.0～262.5kg/hm²，高海拔地区可适当增加。除施用农家肥之外，化肥的用量以纯氮90～120kg/hm²为宜，氮、磷比例1.0：（0.8～1.1）为宜。有灌溉条件的地区在2叶1心至3叶1心时，尽量早浇头水，最晚不应迟于分蘖初期。播前选用15%速保利或15%羟锈宁，按种子重量0.1%～0.3%拌种，防止大麦条纹病发生。

甘啤5号

甘啤6号

一、品种来源

亲本及杂交组合：883-50-2/吉53。杂交系谱选育，啤酒大麦品种。

育成时间：2006年育成，原品系代号：9404。甘肃省农作物品种审定委员会2010年认定。2009年申请国家植物新品种保护，2015获得国家植物新品种权，品种权号：CNA005111E，品种权证书号：第20155272号。

育成单位：甘肃省农业科学院经济作物与啤酒原料研究所。

主要育种者：潘永东、王效宗、包奇军、张华瑜等。

国家农作物种质资源库大麦种质资源全国统一编号：ZDM10062。

二、特征特性

甘啤6号属春性二棱皮大麦。幼苗半匍匐、分蘖力强、成穗率高，叶色深绿、叶耳白色。株高80cm左右，株型半紧凑、茎秆黄色、粗细中等、蜡粉少，基部节间短、穗茎节26.5cm。穗全抽出、穗层整齐，穗长方形、长齿芒、穗和芒黄色，穗长8.0cm、穗密度稀、灌浆后期穗轴略弯曲，穗粒数23粒左右。粒色淡黄、皮壳薄、粒径大、皱纹细，籽粒椭圆形、饱满、粉质，千粒重48g左右、3天发芽率95%～100%、5天发芽率100%，蛋白质含量8.7%～10.5%、≥2.5mm粒选率85%～93.0%。无水麦芽浸出率80%～82%、α-氨基氮155～180mg/100g，糖化时间8分钟、色度3.0EBC，库尔巴哈值39～46、糖化力325～359WK。该品种在我国西北地区春播中熟，全生育期102天左右。耐水肥、抗到伏、抗干热风，抗条纹病和其他大麦病害。

三、产量与生产分布

甘啤6号一般产量7 500～9 000kg/hm^2，最高产量可达10 500kg/hm^{2}以上。2007—2008年参加甘肃省啤酒大麦品种区域试验，2年12点次平均产量8 407.4kg/hm^2，较对照品种甘啤4号增产6.9%。2010年在甘肃省永昌县生产示范230hm²，平均产量8 640kg/hm²。该品种2009年开始在甘肃省示范推广，2010年省生产种植0.85万hm²，2013—2015年每年种植面积超过5万hm²。5年累计生产种植27.69万hm²。

四、栽培要点

施足底肥，氮、磷肥合理搭配，所有肥料最好用作基肥或种肥1次施入。每公顷化肥用量以纯氮150～180kg为宜，最高不应超过225kg，磷120～180kg，氮、磷比例1：（1～0.8），钾30～45kg。全生育期灌水3次。

甘啤6号

167 甘啤7号

一、品种来源

亲本及杂交组合：8759-7-2-3/KRONA。杂交系谱选育，啤酒大麦品种。

育成时间：2005年育成。甘肃省品种审定委员会2010年认定。农业部全国小宗粮豆品种鉴定委员会2015年鉴定，品种鉴定证书编号：国品鉴杂2015013。2009年申请国家植物新品种保护，2015获得国家植物新品种权，品种权号：CNA005112E，品种权证书号：第20155273号。

育成单位：甘肃省农业科学院经济作物与啤酒原料研究所。

主要育种者：潘永东、包奇军、王效宗、张华瑜等。

国家农作物种质资源库大麦种质资源全国统一编号：ZDM10063。

二、特征特性

甘啤7号属春性二棱皮大麦。幼苗半匍匐、分蘖力强、成穗率高，叶色浓绿、叶耳白色。株高84.9cm、株型半紧凑，基部节间短、穗茎节较长、茎秆弹性好。穗全抽出、穗层整齐，穗长方形、长齿芒、穗和忙黄色，灌浆后期穗茎节弯曲，穗长7.8cm、穗密度稀、穗粒数22.8粒。粒色淡黄、皮壳薄、粒径大、皱纹细，籽粒椭圆形、饱满、粉质，千粒重47.2g、发芽势95%、发芽率97%，蛋白质含量10.5%、≥2.5mm粒选率97.0%。无水麦芽浸出率82.3%、α-氨基氮量195mg/100g，色度3.0EBC、库尔巴哈值44、糖化力325WK。在甘肃省春播种植中熟，全生育期92天左右。抗旱、耐盐碱，高抗条纹、中抗网斑病和根腐病，黄矮病、条锈病免疫。

三、产量与生产分布

甘啤7号一般产量6 750～7 500kg/hm^2，最高产量可达9 000kg/hm^{2}以上。2006—2007年参加甘肃省啤酒大麦品种区域试验，2年12个点次平均产量8 561.7kg/hm^2，较对照品种甘啤4号增产8.2%。2008年在武威市黄羊镇生产示范1.0hm^2，平均产量8 160.0kg/hm^2。同年在黑龙江省进行旱地试种试验，平均产量4 929.0kg/hm^2，较对照品种垦啤麦7号增产17.6%；在内蒙古自治区海拉尔旱地试种，平均产量5 634.0kg/hm^2，较对照垦啤麦7号增产15.5%。2012—2014在国家大麦（春播）品种区域试验中，3年平均单产6 388.8kg/hm^2，比对照增产11.5%。2011年在甘肃省永昌县红光农场生产示范30hm^2，平均产量8 400.0kg/hm^2，较对照甘啤4号增产13.2%。2012年在甘肃省永昌县大面积示范200hm^2，平均产量7 650.0kg/hm^2，较对照甘啤4号增产10.2%。该品种自2010年开始在甘肃省大面积示范推广，至2015年已累计生产种植3.47万hm^2。

四、栽培要点

甘肃省适宜播种量为262～337kg/hm^2。科学施肥，氮、磷肥配合，最好做底肥或种肥1次施入。每公顷化肥用量以纯氮120～150kg为好，最高不应超过180kg，磷90～120kg，氮、磷比1∶1左右，钾30～45kg。播种前用3%敌萎丹悬浮种衣剂，按种子重量2‰拌种或包衣，防治条纹病。全生育期灌水2次，灌溉定额200～250t/hm^2。

甘啤7号

垦啤2号

一、品种来源

亲本及杂交组合：国外杂交后代单株系统选育，啤酒大麦品种。

育成年份：2001年育成，原品系代号：98-003。甘肃省农作物品种审定委员会2002年认定。

育成单位：甘肃省农业工程技术研究院。

主要育种者：张碎成、何庆祥、毋玲玲、王引权、杨宪忠、雷耀湖、钱永康、王军。

国家农作物种质资源库大麦种质资源全国统一编号：ZDM10054。

二、特征特性

垦啤2号属春性二棱皮大麦。幼苗半匍匐、分蘖力强，叶色深绿、叶耳浅黄。株型紧凑、株高70.5～77.5cm，基部节间短、茎秆弹性好、黄色，穗下节19.5～24.1cm。穗长方形，穗长8.1～8.6cm，芒长齿、穗和芒黄色，穗粒数21～26粒。籽粒黄色、皮壳薄、腹径大，千粒重43.7～47.3g、蛋白质含量10.1%～10.6%，发芽势99.0%、发芽率98.8%，≥2.5mm粒选率94.1%～95.9%。无水浸出率79%～83%，α-氨基氮158.9～190mg/100g，库尔巴哈值43.3%～46.5%，糖化力378～424WK。甘肃省春播种植中早熟，全生育期102天左右。抗倒伏、抗抗干热风，较抗条纹病。

三、产量与生产分布

垦啤2号在甘肃省大麦品种多点联合鉴定试验及生产试验中，平均产量6 000～6 750kg/hm^2，大田示范和大面积生产种植，平均产量达7 200～7 500kg/hm^2，最高产量可达8 550kg/hm^2。该品种自2003年在甘肃省河西地区及沿黄灌区示范推广，累计生产种植面积约6.5万hm^2。

四、栽培技术要点

在甘肃省河西及沿黄灌区海拔1 100～2 800m区域及北方类似地区春播种植。适期早播，一般在3月中、上旬顶凌播种。合理密植，播种密度一般为187.5～225kg/hm^2，基本苗300万～330万株为宜。科学施肥，重施基肥，氮、磷肥配合，以有机肥为主，适当增施磷、钾肥。每公顷施农家肥11.25～18.75t、纯氮150～180kg、纯磷90～120kg，氮、磷、钾比例为1：0.75：0.7。所有肥料最好作为基肥或种肥一次施入。早灌头水，一般3叶1心期浇灌头水，全生育期灌水3～4次，缺水地区灌水 2 次即可。注意田间杂草防除，蜡熟期适期收获，收后及时晒干入库。

垦啤2号

169 垦啤3号

一、品种来源

亲本及杂交组合：国外杂交后代单株选育，啤酒大麦品种。

育成时间：1998年育成，原品系代号：99-7。甘肃省农作物品种审定委员会2003年认定。

育成单位：甘肃省农业工程技术研究院。

主要育种者：张碎成、何庆祥、毋玲玲、苏毓杰、杨宪忠、雷耀湖、钱永康。

国家农作物种质资源库大麦种质资源全国统一编号：ZDM10055。

二、特征特性

垦啤3号属春性二棱皮大麦。幼苗半匍匐、叶色深绿、叶耳白色，株高75.8～76.4cm，基部节间短、株型紧凑。穗长方形、长齿芒、穗和芒黄色，成熟时穗轴弯曲，穗长9.0～9.2cm，穗粒数21.8～22.5粒。籽粒淡黄色、粒形椭圆，皮壳薄、粒径大、半硬质，千粒重43.4～45.5g。在甘肃省河西地区及沿黄灌区春播种植，早熟、全生育期99～108天。抗倒伏和干热风，较抗条纹病。

三、产量与生产分布

垦啤麦3号在1999—2000年大麦品系鉴定中，平均单产9 333.0kg/hm^2。2001—2002年参加甘肃省农垦系统啤酒大麦多点鉴定试验，6个试点2年平均单产8 021.3kg/hm^2。2003—2004年参加甘肃省大麦品种生产示范，2年8个示范点平均单产6 690.0kg/hm^2，最高产量7 750kg/hm^2。该品种从2003—2007年，在甘肃省河西及沿黄灌区，累计生产种植8万hm^2。

四、栽培技术要点

适期早播，在甘肃省河西及沿黄灌区种植，当3月中、上旬土壤解冻10cm左右时，即可顶凌播种。合理密植，土壤肥力好的地区播种量225～270kg/hm^2，瘠薄地区播种量适当增加，一般300～375kg/hm^{2}为宜。科学施肥，重施基肥，氮、磷肥配合，每公顷施肥量为纯氮150～180kg、纯磷75～120kg、纯钾90～120kg，氮、磷、钾比例为1：0.75：0.7为宜，要求作为基肥或种肥1次施入。有灌溉条件的田块在2叶1心或3叶1心期，尽早浇灌头水，全生育期灌水3～4次，在缺水地区灌水 2 次即可。做好病虫草害防除，蜡熟期适期收获，及时晒干入库。

垦啤3号

170 甘垦5号

一、品种来源

亲本及杂交组合：美国高代材料NDL6-1单株系统选育，糯性食用裸大麦品种。

育成时间：2011年育成，原品系代号：垦黑糯1号。甘肃省农作物品种审定委员会2012年认定，品种认定证书编号：甘认麦2012001。2017年获国家植物新品种保护授权，品种权号：CNA20131048.3。

育成单位：甘肃省农业工程技术研究院。

主要育种者：张想平、雷耀湖、苏毓杰、李润喜、牛小霞。

国家农作物种质资源库大麦种质资源全国统一编号：ZDM10206。

二、特征特性

甘垦5号为春性六棱裸大麦。幼苗直立、分蘖力中等，叶片宽厚、叶色深绿、叶姿上冲不卷曲。基部节间短、穗下节长22.4cm，株高45.0～53.0cm，茎秆粗壮、弹性好、黄色。穗全抽出、穗姿直立、颖壳黑色，短齿芒、芒尖黑色、穗长5.3cm，穗粒数55粒左右。籽粒卵圆、种皮紫黑色，腹沟较浅、千粒重30～38g。经农业部谷物质量监督检验测试中心检测，籽粒糯性、支链淀粉含量98.94%，不溶性膳食纤维含量12.95%，钙含量56.31mg/100g、锌含量22.91mg/kg，铁含量4.29mg/100g、硒含量0.025mg/kg，蛋白质含量12.45%、粗脂肪含量2.2%，氨基酸总量13.66%。该品种在甘肃省春播种植，甘垦5号为春性多棱黑色裸大麦中早熟品种，全生育期92～97天。抗旱性好、适应性广。

三、产量与生产分布

甘垦5号在2007—2008年的大麦品系比较试验中，平均产量5 820kg/hm^2，多点试验平均产量5 796kg/hm^2。2010—2011年参加大面积生产试验，平均产量5 197.5～5 770kg/hm^2。该品种位我国悬于的第一个糯性黑色裸大麦品种，深受粮加工企业青睐。2012—2015年在甘肃省武威、河南省驻马店等地，累计生产种植3 500hm^2。

四、栽培技术要点

在甘肃河西及类似地区种植，春季土壤解冻10cm左右即可播种。适宜播量450～525kg/hm^2，播种前每100kg种子用3%敌萎丹悬浮种衣剂100mL包衣，防治条纹病。地下害虫发生严重的地区，种子包衣时每100kg种子再加入300mL辛硫磷拌种。当大田群体麦穗全变成紫黑色、籽粒含水量小于15%～20%时收获。收获后及时晾晒、精选去杂，籽粒含水量降到10%～12%时入库贮藏。

甘垦5号

甘垦5号

垦啤6号

一、品种来源

亲本家及杂交组合：98003/垦啤91134。杂交系谱选育，啤酒大麦品种。

育成时间：2005年育成，原品系代号：2000（13）-9-1-2。甘肃省农作物品种审定委员会2010年认定。2015年获国家植物新品种保护授权，品种权号：CNA20090438.9。

育成单位：甘肃省农业工程技术研究院。

主要育种者：何庆祥、张想平、毋玲玲、苏毓杰、钱永康、雷耀湖、李润喜、张碎成。

国家农作物种质资源库大麦种质资源全国统一编号：ZDM10056。

二、特征特性

甘啤6号属春性二棱皮大麦。幼苗半匍匐、叶片大小中等，叶色深绿、叶耳紫红色。叶片上举、株型紧凑，基部第一节间叶鞘紫红色，茎秆黄色、有蜡粉，株高70.2～75.4cm。穗不完全抽出，穗姿直立、穗形长方，长齿芒、芒尖红色，穗长7.8～9.5cm、穗粒数21.4～23.4粒。粒色淡黄、粒形椭圆、粉质，千粒重41.8～44.4g，蛋白质含量11.1%、≥2.5mm粒选率93%，无水麦芽细粉浸出率81.4%，α-氨基氮192.8mg/100g，库尔巴哈值39%、黏度1.63mpa·s，色度2.5EBC、糖化力为385.2WK、脆度85%。该品种在甘肃省春播种植，中早熟、全生育期为100～106天。抗倒伏、抗干旱、抗干热风，抗条纹病。

三、产量与生产分布

垦啤6号参加2006—2007年品种比较试验，2年平均产量8 850kg/hm^2。在2008—2009年甘肃省大麦品种区域试验中，2年10点次平均产量8 967kg/hm^2。同年参加甘肃省河西及沿黄灌区生产试验，平均产量8 529.6kg/hm^2，最高达9 315kg/hm^2。该品种自2010年在甘肃省示范推广，至2015年在武威、金昌、张掖等地，累计生产种植约20万hm^2。

四、栽培技术要点

适期早播，甘肃省河西灌区及中部沿黄灌区春播种植，3月土壤解冻10cm左右时即可顶凌播种。合理密植，罐区播种量187.5～300.0kg/hm^2，高海拔及瘠薄地区播种量262.5～337.5kg/hm^2。科学肥水运筹，除农家肥之外，每公顷化肥施用量折合纯氮120～180kg、磷120～240kg，氮、磷比1.0：（1.1～1.3）。所有肥料一次性基施，以后不再追肥。全生育期灌水定额3 000～3 750m^3/hm^2，2叶1心至3叶1心期早浇头水，后期浇水选择无风晴天，以防倒伏。播种前用3%敌萎丹悬浮种衣剂，按种子量1‰拌种或包衣，防治条纹病和地下害虫。完熟期选择晴朗天气及时收获、晾晒，当籽粒含水量降到12%时，清选入库。

垦啤6号

甘垦啤7号

一、品种来源

亲本及杂交组合：98003/垦啤9102。杂交系谱选育，啤酒大麦品种。

育成时间：2010年育成，原品系代号：2000（13）-27-5-4。甘肃省农作物品种审定委员会2014年认定。2016年获国家植物新品种保护授权，品种权号：CNA20110644.5。全国小宗粮豆品种鉴定委员会2015年鉴定，品种鉴定证书编号：国品鉴杂2015011。新疆维吾尔自治区农作物品种审定委员会2015年登记，品种登记证书编号：新登大麦2015年53号。

育成单位：甘肃省农业工程技术研究院。

主要育种者：张想平、李润喜、牛小霞、张洪、苏毓杰、陈建平。

国家农作物种质资源库大麦种质资源全国统一编号：ZDM10207。

二、特征特性

甘垦啤7号属春性二棱皮大麦。幼苗半匍匐、叶片大小中等，成株也片上举，叶色深绿、叶耳紫红色。株型紧凑、株高75～85cm，茎秆黄色、粗壮、有蜡粉。穗不完全抽出，穗形长方、穗姿直立，长齿芒、芒尖紫红，穗长9～10cm、穗粒数22～26粒。粒色淡黄、粒形椭圆、粉质，千粒重42～49g、≥2.5mm粒选率94.1%，发芽势96%、发芽率99%、水敏性2%、蛋白质含量11.2%。无水麦芽浸出率79.0%，α-氨基氮142mg/100g，库尔巴哈值38.9%、黏度1.82mpa·s，色度为3.0EBC、糖化力225WK。该品种在甘肃省河西和沿黄灌区春播，中熟早、全生育期89～96天。中抗干旱、高抗条纹病。

三、产量与生产分布

甘垦啤7号2012—2014年参加国家大麦（春播）品种区域试验，7个地点3年平均单产6 785.5kg/hm^2，比对照品种甘啤6号增产18.4%，居12个参试品种第一位。在2014年国家大麦（春播）品种生产试验中，4个试点全部较对照甘啤6号增产，平均增产11.8%。其中，在内蒙古海拉尔产量4 500.0kg/hm^2，较对照增产23.2%；在黑龙江省哈尔滨产量4 857.0kg/hm^2，较对照增产7.3%；在甘肃省金昌产量9 468.0kg/hm^2，较对照增产8.0%；在新疆维吾尔自治区哈密产量9 135.0kg/hm^2，较对照增产67.3%。该品种适宜在甘肃省河西灌区及沿黄灌区以及新疆维吾尔自治区哈密、黑龙江省双鸭山、内蒙古自治区呼和浩特等地春播种植。截至2015年，已累计生产推广10万多hm^2。

四、栽培技术要点

播种前用3%敌萎丹悬浮种衣剂，按种子量1‰拌种或包衣，防治条纹病和地下害虫。根据各地生态条件，土壤解冻10cm左右时即可播种，一般播种量300.0～337.5kg/hm^2。每公顷化肥施用量折合纯氮120～180kg、磷120～240kg，氮、磷比以1.0：（1.1～1.3）。全生育期灌水定额3 000～3 750m^3/hm^2。蜡熟后或完熟期，选择晴朗天气及时收获、晾晒，籽粒含水量降到12%时清选入库。

甘垦啤7号

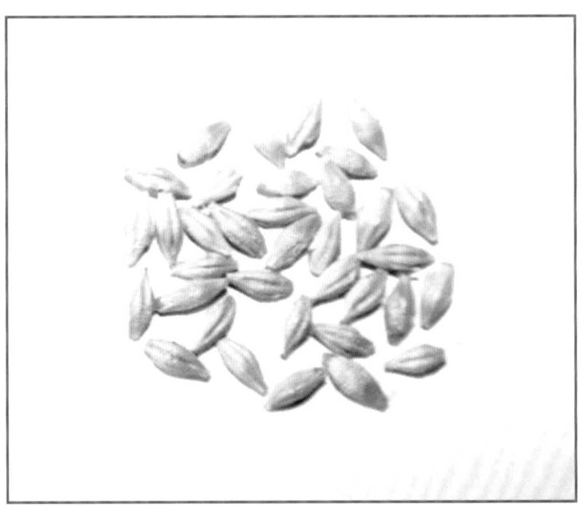

甘垦啤7号

甘青3号

一、品种来源

亲本及杂交组合：肚里黄/浙多1号。杂交系谱选育，食用青稞品种。

育成年份：1998年育成，原品系代号：88-88-10。全国小宗粮豆品种鉴定委员会2006年鉴定，品种鉴定证书编号：国品鉴杂2006024。

育成单位：甘南藏族自治州农业科学研究所。

主要育种者：刘梅金、陈丽娟、尚晓花、郭建炜、马龙昌。

国家农作物种质资源库大麦种质资源全国统一编号：ZDM10208。

二、特征特性

甘青3号属春性六棱裸大麦。幼苗直立、生长旺盛，叶色浓绿、叶耳白色。植株整齐、株型紧凑、株高97～108cm，茎秆黄色、粗细中等、弹性强。穗全抽出、穗姿半下垂，穗长方形、穗长5～7cm，穗粒数40～45粒。籽粒浅蓝色，角质、饱满，千粒重42～45g、粗脂肪含量2.69%、蛋白质含量10.48%，淀粉含量62.2%、可溶性糖含量2.21%。甘肃省甘南藏族自治州春播种植，中熟、全生育期108～126天。成熟落黄好、耐寒、耐旱，抗倒伏、抗条纹病。

三、产量与生产分布

甘青3号1999—2001年参加甘肃省甘南藏族自治州青稞品种区域试验中，平均单产4 216.5kg/hm^2，比对照品种康青3号增产9.4%。在2003—2005年第一轮国家青稞品种区域试验中，平均单亩产2 962.5kg/hm^2，比对照北青4号增产14.8%。在多点生产示范中，单产2 769.0～4 548.0kg/hm^2。该品种适宜在甘肃省甘南藏族自治州和四川省康定等地，海拔2 000～3 200m区域青稞产区种植。2007—2011年在甘肃省甘南藏族自治州合作市、临潭县、夏河县、卓尼县、碌曲县，累计生产种植1 500多hm^2。

四、栽培要点

适宜前茬为马铃薯、油菜、豆类等作物及轮歇地。每公顷施农家肥30 000～45 000kg、磷酸二铵112.5kg、尿素75kg，用作底肥 1 次施入，氮肥与五氧化二磷比以1∶（0.9～1.1）为宜。缺少农家肥的地方，每公顷施磷酸二铵187.5～225kg、尿素150kg作底肥。在海拔2 400～3 200m地区，适宜播种期3月下旬至4月中旬。播种量188～248kg，保证基本苗360万～420万株/hm^2。

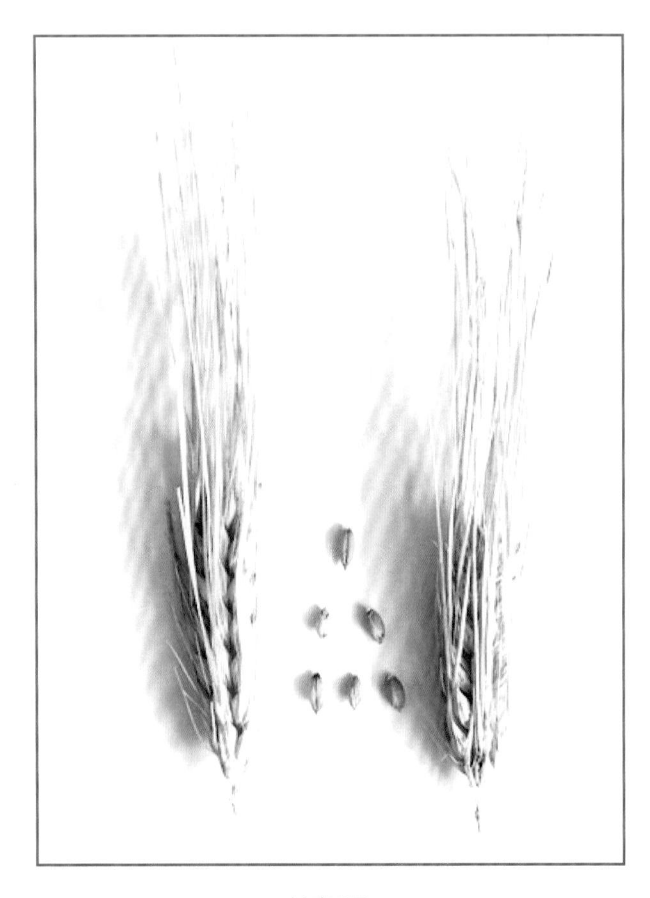

甘青3号

174 甘青4号

一、品种来源

亲本及杂交组合：肚里黄/康青3号。杂交系谱选育，食用青稞品种。

育成时间：2001年育成，原品系代号：91-88-5-4-1。全国小宗粮豆品种鉴定委员会2006年鉴定，品种鉴定证书编号：国品鉴杂2006025。

育成单位：甘南藏族自治州农业科学研究所。

主要育种者：陈丽娟、刘梅金、尚晓花、郭建炜、马龙昌。

国家农作物种质资源库大麦种质资源全国统一编号：ZDM10209。

二、特征特性

甘青4号属春性六棱裸大麦。幼苗直立、叶色浓绿、叶耳浅粉色，，植株整齐、株型半松散，株高80～90cm，茎秆坚韧、粗壮。穗不完全抽出、穗姿直立，穗形长方、穗长5.8～7.3cm，穗粒数40～44粒。籽粒蓝色、饱满，粒形椭圆、角质，千粒重43～46g、粗脂肪含量2.57%，蛋白质含量11.0%、粗淀粉含量61.75%、可溶性糖含量2.12%。在甘肃省甘南藏族自治州春播种植，早熟、全生育期105～127天。成熟落黄好，轻感条纹病。

三、产量与生产分布

甘青4号2002—2004年参加甘肃省甘南藏族自治州青稞品种区域试验，平均单4 417.5kg/hm^2，比对照品种康青3号增产10.0%。2003—2005年参加第一轮国家青稞品种区域试验，平均单产3 054.0kg/hm^2，比对照北青4号增产18.4%。多点生产示范单产在2 980.5～4 524.0kg/hm^2。该品种2007—2015年在甘肃省天祝县、合作市、临潭县、卓尼县、夏河县、碌曲县、迭部县以及青海省门源和四川省若尔盖等县市，累计生产种植6.5万hm^2，现为甘肃省甘南藏族自治州青稞生产主栽品种。

四、栽培要点

选择前茬马铃薯、油菜、豆类茬和轮歇地种植。每公顷施农家肥30 000～45 000kg、磷酸二铵112.5kg、尿素75kg，作底肥1次施入。缺少农家肥的地方，每公顷施磷酸二铵187.5～225kg、尿素150kg作底肥。氮肥与五氧化二磷的施用比例以1：（0.9～1.1）为宜。在海拔2 400～3 200m高寒阴湿地区，适宜播种期3月下旬至4月中旬。播种量187～220kg/hm^2，保证基本苗330万～390万株/hm^2。

甘青4号

175 甘青5号

一、品种来源

亲本及杂交组合：康青3号/84-41-5-3。杂交系谱选育，食用青稞品种。

育成时间：2004年育成，原品系代号：94-19-1。甘肃省农作物品种审定委员会2008年认定，品种认定证书编号：甘认麦2008003。全国小宗粮豆品种委员会2010年鉴定，品种鉴定证书编号：国品鉴杂2010016。

育成单位：甘南藏族自治州农业科学研究所。

主要育种者：刘梅金、陈丽娟、尚晓花、郭建炜、马龙昌。

国家农作物种质资源库大麦种质资源全国统一编号：ZDM10210。

二、特征特性

甘青5号属春性六棱裸大麦。幼苗直立、生长旺盛，叶色浓绿、叶耳紫色。茎秆坚韧、粗细中等，植株整齐、株型紧凑、株高99.75cm。穗完全抽、穗姿半下垂，穗长方形、穗密度稀，长齿芒、穗长6.0～7.4cm，穗粒数41.8～46.3粒。籽粒黄色、粒形椭圆，饱满、硬质，千粒重42.75～46.74g、蛋白质含量12.37%，淀粉含量63.19%、脂肪含量1.73%、赖氨酸含量0.43%、可溶性糖2.06%。甘肃省甘南地区春播种植，中熟、全生育期103～128天。成熟落黄好，耐寒、耐旱、抗倒伏，中抗条纹病、中感云纹病。

三、产量与生产分布

甘青5号2005—2007年参加第七轮甘南藏族自治州青稞品种区域试验，平均单产4 383.0kg/hm^2，比对照品种康青3号增产9.1%。2006—2008年在第二轮国家青稞品种区域试验中，平均产量4 045.5kg/hm^2，比对照品种康青3号增产12.7%。2009年国家青稞品种生产试验中，平均单2 947.5kg/hm^2，较统一对照品种康青3号增产0.3%，较当地对照品种增产7.9%。多点生产示范单产3 130.5～5 325.0kg/hm^2。该品种适宜在甘肃省甘南、四川省马尔康、康定，青海省西宁、云南省中甸等海拔2 400～3 200m高寒阴湿地区种植。2007—2015年在甘肃省甘南藏族自治州和天祝县，累计生产种植2.5万hm^2。

四、栽培要点

最好选择前茬马铃薯、油菜、豆类茬和轮歇地种植。每公顷施农家肥30 000～45 000kg、磷酸二铵112.5kg、尿素75kg，作底肥一次施入，氮肥与五氧化二磷的施用比例以1：（0.9～1.1）为宜。缺少农家肥的地方每公顷施磷酸二铵187.5～225kg、尿素150kg做底肥。在海拔2 400～3 200m高寒阴湿地区，适宜播种期3月下旬至4月中旬。播种量235～270kg/hm^2。加强田间管理，做好病虫草害防治，完熟期及时收获。

甘青5号

176 甘青6号

一、品种来源

亲本及杂交组合：91-84/90-118-3。杂交系谱选育，食用青稞品种

育成时间：2007年育成，原品系代号：9828。全国小宗粮豆品种委员会2015年鉴定，品种鉴定编号：国品鉴杂2015009。

育成单位：甘南藏族自治州农业科学研究所。

主要育种者：刘梅金、郭建炜、桑安平、徐冬丽、王国平、旦知吉。

国家农作物种质资源库大麦种质资源全国统一编号：ZDM10211。

二、特征特性

甘青6号属春性六棱裸大麦。幼苗直立、生长旺盛，叶色深绿，叶耳白色。植株整齐、株型紧凑、株高80.7～90.5cm，茎秆坚韧、粗细中等。穗全抽出、穗姿半下垂，穗形长方、穗密度密，长齿芒，穗粒数39.4～45.9粒。籽粒黄色、粒形椭圆、硬质饱满，千粒重39.8～42.7g，碳水化合物含量73.48%，蛋白质含量10.87%、脂肪含量2.49%。甘肃省甘南藏族自治州春播种植，早熟、全生育期111～112天。成熟落黄好，耐寒、耐旱、抗倒伏，高抗条纹病。

三、产量与生产分布

甘青6号在2008—2010年第八轮甘南藏族自治州青稞品种区域试验中，平均产量4 167.0kg/hm^2，比对照品种康青3号增产19.1%。2012—2014年参加第四轮国家青稞品种区域试验，平均单3 871.5kg/hm^2，较参试品种平均产量增产13.8%。在2014年国家青稞品种生产试验中，平均产量3 036.0kg/hm^2，较当地品种增产15.1%。多点生产示范单产3 057～35 730kg。适宜在青海省海北、互助、西宁，四川省马尔康、道孚，云南省迪庆，甘肃省合作等地的青稞生产区推广。

四、栽培要点

最适宜前茬是马铃薯、油菜、豆类茬和轮歇地。每公顷施农家肥30 000 ~ 45 000kg、五氧化二磷51kg、纯氮57kg，作底肥 1 次施入。缺少农家肥的地方每公顷施五氧化二磷103.5 ~ 124.5kg、纯氮112.5kg。氮、磷施用比例以1：（0.9 ~ 1.1）为宜。在海拔2 400 ~ 3 200m青稞种植区，适宜播种期3月下旬至4月中旬。播种量216 ~ 247.5kg/hm^2。加强田间管理，及时中耕除草，完熟期适时收获、晾晒、入仓。

甘青6号

177 甘青7号

一、品种来源

亲本及杂交组合：甘青2号/92-64-5。杂交系谱选育，食用青稞品种。

育成时间：2007年育成，原品系代号：9619。全国小宗粮豆品种委员会2015年鉴定。品种鉴定证书编号：国品鉴杂2015008。

育成单位：甘南藏族自治州农业科学研究所。

主要育种者：刘梅金、郭建炜、桑安平、徐冬丽、王国平、旦知吉。

国家农作物种质资源库大麦种质资源全国统一编号：ZDM10212。

二、特征特性

甘青7号属春性六棱裸大麦。幼苗直立、生长旺盛，叶片浓绿、叶耳白。植株整齐、株型紧凑，株高87.4～93.2cm，茎秆坚韧、粗细中等。穗不完全抽出、穗姿直立，穗长方形、穗密度密，长齿芒、穗粒数46.8～53.2粒。籽粒黄色、椭圆形、硬质饱满，千粒重42.8～45.8g，碳水化合物含量71.49%、蛋白质含量10.34%、脂肪含量2.44%。甘肃省甘南藏族自治州春播种植，中熟、全生育期113～115天。成熟落黄好，耐寒、耐旱、抗倒伏，中抗条纹病。

三、产量与生产分布

甘青7号2008—2010年参加第八轮甘南藏族自治州青稞品种区域试验，平均产量4 500.0kg/hm^2，比对照品种康青3号增产28.6%。2012—2014年第四轮国家青稞品种区域试验中，平均单产3 880.5kg/hm^2，较参试品种平均产量增产14.1%。2014年在国家青稞品种生产试验中，平均单产3 163.5kg/hm^2，较当地生产对照品种增产9.9%。多点生产示范单产3 153～4 560kg/hm^2。该品种适宜在青海省互助、四川省道孚、云南省迪庆、甘肃省合作和西藏自治区拉萨等青稞生产区推广种植。2016年开始在甘肃省甘南藏族自治州推广种植。

四、栽培要点

选择前茬是马铃薯、油菜、豆类茬和轮歇地种植。每公顷施用农家肥30 000～45 000kg、五氧化二磷51kg、纯氮57kg，做底肥 1 次施入。缺少农家肥的地方，可每公顷施用五氧化二磷103.5～124.5kg、纯氮112.5kg，氮、磷比以1：（0.9～1.1）为宜。在海拔2 400～3 200m青稞种植区，适宜播期为3月下旬至4月中旬。播种量210～246kg/hm^2。加强田间管理，做好田间病虫草害防除，完熟期适时收获、晒干入仓。

甘青7号

黄青1号

一、品种来源

亲本及杂交组合：甘青1号/90-19-14-1。杂交系谱选育，食用青稞品种。

育成时间：2004年育成，原品系代号：9640。甘肃省农作物品种审定委员会2012年认定，品种鉴认定证书编号：甘认麦2012004。全国小宗粮豆品种委员会2012年鉴定，品种鉴定证书编号：国品鉴杂2012016。

育成单位：甘南藏族自治州农业科学研究所。

主要育种者：刘梅金、郭建炜、尚晓花、杨栋、萧云善、旦知吉、桑安平。

国家农作物种质资源库大麦种质资源全国统一编号：ZDM10213。

二、特征特性

黄青1号属春性六棱裸大麦。幼苗直立、生长旺盛，叶色浓绿、叶耳白色。株型紧凑、茎秆坚韧、粗细中等，株高85.8～93.8cm。穗全抽出、穗姿半下垂，穗长方形、穗密度稀，长齿芒、穗粒数30.4～50.0粒。籽粒黄色、椭圆形，硬质饱满，千粒重44.4～45.7g、碳水化合物含量71.0%，蛋白质含量12.2%、脂肪含量1.9%。甘肃省甘南藏族自治州春播种植，中熟、全生育期112～116天。成熟落黄好，耐寒、耐旱，抗倒伏、抗病。

三、产量与生产分布

黄青1号2005—2007年参加第七轮甘南藏族自治州青稞品种区域试验，平均单产4 461.0kg/hm^2，比对照品种康青3号增产24.9%。2009—2011年在第三轮国家青稞品种区域试验中，平均单产4 012.5kg/hm^2，比对照品种康青3号增产13.7%。2011年在国家青稞品种生产试验中，平均单产4 594.5kg/hm^2，较统一对照品种康青3号平均增产37.2%，较当地生产对照品种平均增产30.9%。多点生产示范单产3 345～5 250kg/hm^2。该品种适宜在甘肃省甘南藏族自治州海拔2 400～3 200m高寒阴湿地区及青海省西海镇、西宁、互助等地种植。2012—2015年累计生产种植2.5万hm^2。目前，黄青1号为甘肃省甘南藏族自治州青稞主栽品种。

四、栽培要点

最好选择前茬为马铃薯、油菜、豆类茬和轮歇地种植。全部肥料作为基肥1次施入，每公顷施农家肥30 000～45 000kg、磷酸二铵112.5～150kg、尿素75kg。不施农家肥的地块，可每公顷施磷酸二铵（或同效等量的磷肥）225～300kg、尿素（或等量氨肥）150kg。氮与五氧化二磷的比例以1：（0.9～1.1）为宜。在海拔2 400～3 200m区域种植，宜播期3月下旬至4月中旬。播种量207～1 241.5kg/hm^2。注意田间病虫草害防治，完熟期适时收获、及时晒干入仓保存。

黄青1号

179 黄青2号

一、品种来源

亲本及杂交组合：84-41-5-3/91-88-2。杂交系谱选育，食用青稞品种。

育成时间：2004年育成，原品系代号：9642。全国小宗粮豆品种委员会2012鉴定，品种鉴定证书编号：国品鉴杂2012017。

育成单位：甘南藏族自治州农业科学研究所。

主要育种者：刘梅金、郭建炜、桑安平、萧云善、旦知吉。

国家农作物种质资源库大麦种质资源全国统一编号：ZDM10214。

二、特征特性

黄青2号属春性六棱裸大麦。幼苗直立、生长旺盛，叶片浓绿、叶耳白色。茎秆坚韧、粗细中等，株型紧凑、株高96.3～105.1cm。穗全抽出、穗姿半下垂，穗长方形、穗密度稀，长齿芒、穗粒数29.2～49.0粒。粒色淡黄、椭圆形、硬质饱满，千粒重44.5～48.2g、碳水化合物含量70.7%，蛋白质含量11.9%、脂肪含量1.8%。甘肃省甘南藏族自治州春播种植，中熟、全生育期114～118天。成熟落黄好，耐寒、耐旱、抗倒伏，抗病性强。

三、产量与生产分布

黄青2号在2005—2007年第七轮甘南藏族自治州青稞品种区域试验中，平均单产3 849.0kg/hm^2，比对照品种康青3号增产18.9%。2009—2011年参加国家青稞品种区域试验，平均产量4 086kg/hm^2，比对照品种康青3号增产15.8%。在2011年国家青稞品种生产试验中，平均产量3 234.0kg/hm^2，较统一对照品种康青3号增产7.0%，较当地生产对照品种平均增产10.2%。多点生产示范单产3 105～5 172kg/hm^2。该品种适宜在甘肃省甘南藏族自治州海拔2 400～3 200m高寒阴湿地区及青海省西宁、互助，四川省马尔康、道孚，云南省迪庆等地推广种植。2012—2015年在甘肃省甘南藏族自治州合作、临潭、卓尼、碌曲、迭部等市县，累计生产种植1.3万多hm^2，目前仍在甘南藏族自治州推广种植。

四、栽培要点

最适宜的前茬为马铃薯、油菜、豆类茬和轮歇地。每公顷施农家肥30 000～45 000kg、磷酸二铵112.5～150kg、尿素75kg，做底肥1次施入。缺少农家肥的地区，每公顷施磷酸二铵（或同效同等量的磷肥）225～300kg、尿素（或同等量氨肥）150kg。氮与五氧化二磷的施用比例以1：（0.9～1.1）为宜。在海拔2 400～3 200m区域青稞种植区，适宜播期为3月下旬至4月中旬。播种量216～247.5kg/hm^2。加强田间管理，做好田间病虫草害防除，适时收获、及时晾晒入仓保存。

黄青2号

180 昆仑10号

一、品种来源

亲本及杂交系谱：昆仑8号/南繁3号。杂交系谱选育，食用青稞品种。

育成时间：1983年育成，原品系代号：1039黑穗。青海省农作物品种审定委员会1987年审定。

育成单位：青海省农林科学院。

主要育种者：冯仁昌、李富全、石家兰、许平印、忻国民等。

国家农作物种质资源库大麦种质资源全国统一编号：ZDM10070。

二、特征特性

昆仑10号属春性六棱裸大麦。幼苗直立、叶片浓绿、叶长26～30cm、宽2.4～2.6cm，叶姿半下披。植株整齐，茎秆黄色、蜡粉少、弹性中等，株高100～110cm、茎粗0.5～0.7cm、穗下节间长42～44cm。穗全抽出，穗姿直立、穗密度稀，穗长4.3～4.8cm、颖壳黑色，长齿芒、浅黑色，穗粒数38.7～40.2粒。籽粒黄色、卵圆形、角质，千粒重42～46g、容重780～800g/L，蛋白质含量13.22%、淀粉含量62.49%。青海省春播种植，早熟、全生育期104天。抗倒伏、耐旱、耐盐碱性强，耐湿、耐寒性中等，高抗条纹病、散黑穗病和坚黑穗病。

三、产量与生产分布

昆仑10号一般单产水浇地4 500～5 250kg/hm^2、低位山旱地2 250～3 000kg/hm^2、高、中位山旱地3 000～3 750kg/hm^2。该品种1987年开始在青海省推广种植，年最大推广面积约2万hm^2。

四、栽培要点

适时早播，气温稳定通过0℃即可播种。条播种植，行距15cm。播种量240～270kg/hm^2，保证基本苗330万～360万株/hm^2。底肥折合施纯氮52.5～82.5kg/hm^2、磷120.0～180.0kg/hm^2，追肥折合施纯氮45.0～60.0kg/hm^2。加强田间管理，做好病虫草害防治。

昆仑10号

181 昆仑12号

一、品种来源

亲本及杂交组合：北青1号/昆仑1号。杂交系谱选育，食用青稞品种。

育成时间：2001年育成，原品系代号：鉴12。青海省农作物品种审定委员会2005年审定。

育成单位：青海省农林科学院。

主要育种者：迟德钊、任又成、马晓岗、王显萍、徐平印、李积泰、盛清明、程明发、许建业、于爱民、芦秀珍。

国家农作物种质资源库大麦种质资源全国统一编号：ZDM10071。

二、特征特性

昆仑12号属春性六棱裸大麦。幼苗半直立、叶色浓绿，旗叶长24.9 ~ 26.7cm，叶宽2.6 ~ 2.9cm。株高110 ~ 115cm，穗全抽出、长方形，穗密度稀、穗长6.0 ~ 6.5cm，长齿芒、穗和芒黄色，每穗结实35.9 ~ 38.1粒。籽粒角质、黄色、粒形卵圆，千粒重40.3 ~ 42.6g、容重745g/L，脂肪含量2.13%、粗纤维含量10.8%，淀粉含量59.8%、蛋白质含量11.48%。青海省春播种植，早熟、全生育期105 ~ 110天。中抗条纹病，耐寒、耐旱性中等，抗倒伏性强

三、产量与生产分布

昆仑12号2004年在青海省农林科学院生产试验中，平均单产4 350kg/hm^2。同年在青海省柴达木灌区参加生产试验，平均单产34 560.0kg/hm^2。在高位山旱地生产试验中，单产4 050.0kg/hm^2；河谷灌区生产试验单产5 625.0kg/hm^2。该品种2005年开始在青海省推广种植，年最大推广面积约1万hm^2。

四、栽培要点

适时早播，当气温稳定通过0℃即可播种。条播种植，行距15cm。播种量270～300kg/hm^2，保证基本苗330万～360万株/hm^2。每公顷施用底肥折合纯氮52.5～82.5kg、磷120.0～130.0kg；施用追肥折合纯氮45.0～60.0kg。做好田间管病虫草害防治，完熟期及时收获。

182 昆仑13号

一、品种来源

亲本及杂交组合：89-828/北青1号。杂交系谱选育，食用青稞品种。

育成时间：2006年育成，原品系代号：鉴16。青海省农作物品种审定委员会2009年审定。

育成单位：青海省农林科学院。

主要育种者：迟德钊、任又成、马晓岗、王显萍、徐平印、李积泰、盛清明、程明发、许建业、于爱民、芦秀珍。

国家农作物种质资源库大麦种质资源全国统一编号：ZDM10072。

二、特征特性

昆仑13号属春性六棱裸大麦。幼苗直立、叶色浓绿，旗叶长22.4～25.1cm，叶宽2.1～2.6cm。株高105～110cm，穗全抽出、长方形，穗密度稀、穗长6.8～7.4cm，长芒芒、穗和芒黄色，每穗结实37.40～39.50粒。籽粒角质、黄色，粒形卵圆、千粒重39.0～43.4g、容重760g/L。脂肪含量2.24%、纤维含量11.2%，淀粉含量60.0%、蛋白质含量11.78%。青海省春播种植，中早熟、全生育期107～113天。中抗条纹病，耐寒、耐旱性中等，中抗抗倒伏。

三、产量与生产分布

昆仑13号在2004—2005年青海省青稞品种区域试验中，平均比对照增产9.1%，增产点次85%。2005—2006年参加青稞品种生产试验，平均比对照增产2.5%，增产点次82%。该品种2009年开始在青海省推广种植，年最大推广面积超过6 500hm^2。

四、栽培要点

气温稳定通过0℃适时早播。条播种植，行距15cm。播种量270～300kg/hm^2，基本苗保证在330万～360万株/hm^2。每公顷施底肥折合纯氮52.5～82.5kg、磷120.0～180.0kg，施用追肥折合纯氮45.0～60.0kg。加强田间管理，做好病虫草害防治，完熟期适时收获。

昆仑13号

183 昆仑14号

一、品种来源

亲本及杂交组合：白91-97-3/昆仑12号。杂交系谱选育，食用青稞品种。

育成时间：2010年育成，原品系代号：09YN-13。青海省农作物品种审定委员会2013年审定；全国小宗粮豆品种鉴定委员会2015年鉴定。

育成单位：青海省农林科学院、青海鑫农科技有限公司。

主要育种者：吴昆仑、蒋礼玲、姚晓华、党斌、迟德钊、任又成、陈丽华、车晋叶、张玉清、徐仁海、逯克安、安海梅、马长寿、谢洪福、马学锋。

国家农作物种质资源库大麦种质资源全国统一编号：ZDM10215。

二、特征特性

昆仑14号系春性六棱裸大麦。幼苗半匍匐、叶色浅绿、叶姿半直立，株型紧凑、茎秆弹性好，株高101.4～104.4cm。穗全抽出、穗姿下垂，穗形长方、穗密度稀，长齿芒、穗和芒黄色，穗长7.2～7.8cm、穗粒数36～42粒。籽粒黄色、卵圆形、半角质，千粒重43.1～46.8g、容重788g/L，蛋白质含量11.08%、直链淀粉含量20.60%、支链淀粉含量79.40%，β-葡聚糖含量4.16%、赖氨酸含量0.657%。青海省春播种植，中早熟、全生育期107～110天。抗倒伏性强，耐旱性、耐寒性中等，中抗条纹病、云纹病。

三、产量与生产分布

昆仑14号2011—2012年参加青海省青稞品种区域试验，平均单产5 227.4kg/hm^2，比第一对照品种柴青1号增产8.5%，比第二对照北青6号增产54.1%。在2012—2013年青海省青稞品种生产试验中，平均产量4 829.1kg/hm^2，比柴青1号增产11.%，比北青6号增产34.2%。在2012—2014年国家青稞品种区域试验中，3年平均产量3 838.8kg/hm^2，较参试品种平均产量增产12.9%，增产点次82.6%。在2014年国家青稞品种生产试验中，平均产量4 684.9kg/hm^2，增产率9.6%，所有试点全部增产。该品种2013年开始在青海、甘肃、新疆等省（区）推广，年最大推广面积1.5万hm^2。

四、栽培要点

当气温稳定通过0℃适时早播。条播种植，播种量300～330kg/hm^2，保证基本苗300万～360万株/hm^2。播种前每公顷底肥施纯氮30.0～37.5kg、磷75.0～82.5kg，3叶期追施纯氮30.0～37.5kg。注意田间病虫草害防治，适期收获、及时晾晒入库。

昆仑14号穗

昆仑14号籽粒

184 昆仑15号

一、品种来源

亲本及杂交组合：柴青1号/昆仑12号。杂交系谱选育，食用青稞品种。

育成时间：2010年育成，原品系代号：09YN-04。青海省农作物品种审定委员会2013年审定。

育成单位：青海省农林科学院、青海鑫农科技有限公司。

主要育种者：吴昆仑、姚晓华、蒋礼玲、党斌、迟德钊、张志斌、任又成、陈丽华、车晋叶、张玉清、徐仁海、逯克安、安海梅、张燕霞、马学锋、马生兰、普哇措、玛尼吉。

国家农作物种质资源库大麦种质资源全国统一编号：ZDM10216。

二、特征特性

昆仑15号系春性六棱裸大麦。幼苗直立、叶色浓绿、叶姿上举，株高85.4～92.5cm，茎秆弹性好、株型紧凑。穗半抽出、穗长方形，长齿芒、穗密度稀，穗和芒黄色，穗长7.3～7.7cm、穗粒数36.5～41.1粒。籽粒褐色、半角质、卵圆形，千粒重42.1～44.7g、容重792g/L，蛋白质含量9.91%、直链淀粉含量17.52%、支链淀粉含量82.48%，β-葡聚糖含量5.36%、赖氨酸含量0.404%。青海省春播种植，中早熟、全生育期105～111天。抗倒伏性强，耐旱性、耐寒性中等，中抗条纹病、云纹病。

三、产量与生产分布

昆仑15号2011—2012年参加青海省青稞品种区域试验，平均单产5 281.2kg/hm^2，比柴青1号（ck1）平均增产9.4%，比北青6号（ck2）平均增产41.9%。在2012—2013年青海省青稞品种生产试验中，平均单产5 084.6kg/hm^2，比柴青1号增产17.5%，比北青6号增产41.5%。该品种2013年开始在青海、新疆等省（区）推广种植，年最大推广面积

2.3万hm^2。

四、栽培要点

气温稳定通过0℃适时早播。条播种植，播种量270～300kg/hm^2，基本苗一般在300万～360万株/hm^2。播种之前每公顷施纯氮30～37.5kg、磷75.0～82.5kg，做底肥1次施入，3叶期追施纯氮30.0～37.5kg。做好田间病虫草害防治，完熟期适时收获，及时晾晒入库保藏。

昆仑15号穗

昆仑15号籽粒

185 北青3号

一、品种来源

亲本及杂交组合：门农一号//肚里黄青稞/西藏早熟青稞。复合杂交系谱选育，食用青稞品种。

育成年份：1987年育成，青海省农作物品种审定委员会审定。

育成单位：青海省海北州农业科学研究所。

主要育种者：郭满国、迟德钊、阿英仁。

国家农作物种质资源库大麦种质资源全国统一编号：ZDM09903。

二、特征特性

北青3号属春性六棱裸大麦。幼苗直立、叶色浓绿，叶耳紫色、叶姿平展。茎秆紫黄色、蜡粉少、弹性中等，株型紧凑、株高107～112cm。植株整齐、穗全抽出，穗姿半下垂、穗形长方，穗长5～6cm、穗密度稀、穗粒数34～36粒，颖壳黄色，芒长齿、紫色。籽粒黄色、粒形椭圆、半硬质，千粒重40～50g、容重776.0g/L，蛋白质含量10.8%、出粉率95%。青海省海北州春播种植，早熟、全生育期153～162天。耐寒、耐旱、耐湿，高抗黑穗病，较抗条纹病。

三、产量与生产分布

北青3号在一般水肥条件下，单产3 000～3 700kg/hm^2，较高肥力条件下单产可达6 175.5kg/hm^2。该品种1987年开始在青海省海北州示范推广，至1997年一直在青海省生产种植，年最大推广面积近4.5万hm^2。

四、栽培要点

前茬以油菜、薯类为好，忌连作。中等肥力农田种植，干旱年份需要浇水1～2次。精细整地，秋季深翻，春季播种前浅耕、耙磨。适宜播种期3月下旬至4月上旬。条播种植，播深3～5cm。播种之前用1%～3%生石灰水浸种，防治条纹病。每公顷播种量750万粒，保基本苗375万～450万株，保穗450万穗。3叶期及时松土、除草，拔节期结合松土或浇水进行根外追施磷肥。

北青3号

186 北青6号

一、品种来源

亲本及杂交组合：71-24-1/北青一号。杂交系谱选育，食用青稞品种。
育成时间：1999年育成，原品系代号：89-19。青海省农作物品种审定委员会审定。
育成单位：青海省海北州农业科学研究所。
主要育种者：邱绍军、迟德钊、李存金。
国家农作物种质资源库大麦种质资源全国统一编号：ZDM09906。

二、特征特性

北青6号属春性六棱裸大麦。幼苗直立、叶色浓绿，叶耳白色、叶姿平展。植株整齐、株型半松散、株高106～111cm，茎秆黄色、弹性中等、中度蜡粉，穗下节间36～39cm。穗全抽出、穗姿下垂，穗形长方、穗长6cm左右、穗密度稀，长齿芒、穗和芒黄色，每穗结实42.0粒。籽粒黄色、半硬质、卵圆形，千粒重43.3g、容重820.0g/L，蛋白质含量15.10、出粉率90.0%。在青海省海北州春播种植，全生育期134～146天。较抗倒伏，中度耐寒、耐旱、耐盐碱，抗条纹病和散黑穗发病。

三、产量与生产分布

北青6号在较高肥力条件下，产量4 500.0～5 250.0kg/hm^2，一般肥力条件下产量3 600.0～4 130.0kg/hm^2，旱作条件下产量3 000.0kg/hm^2。该品种2000年开始在青海省海北州及青海省南部示范推广，累计生产种植面积10万hm^2。

四、栽培要点

选择前茬为油菜、薯类地块种植，忌连作。播前每公顷施农家肥22.5～30.0m^3、纯氮

67.5 ~ 90.0kg、纯磷60.0 ~ 82.5kg。3月下旬至4月初播种。条播种植，播深3.5 ~ 5.0cm。播种量285.0 ~ 322.5kg/hm^2，保证基本苗355.0万 ~ 405.0万株/hm^2。3叶期进行松土、除草，拔节期结合松土或浇水，每公顷追纯氮19.2 ~ 30.0kg。完熟期及时收获、晾晒入库储藏。

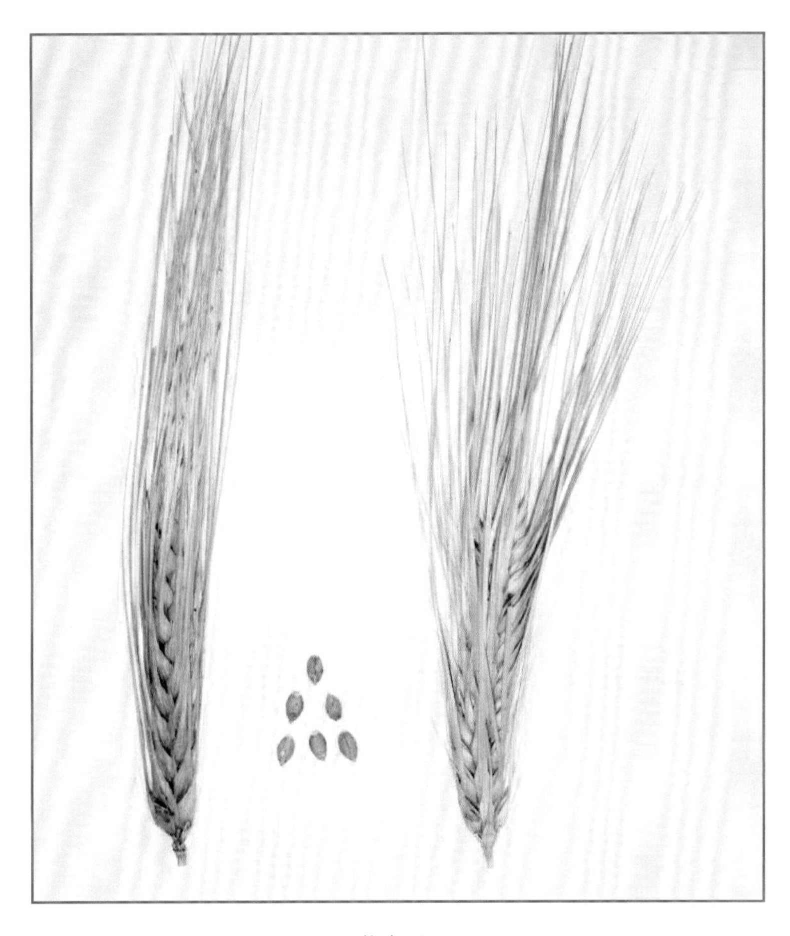

北青6号

187 北青7号

一、品种来源

亲本及杂交组合：MDYT/245。杂交系谱选育，食用青稞品种。

育成时间：2004年育成，原品系代号：88繁45-1。青海省农作物品种审定委员会审定。

育成单位：青海省海北州农业科学研究所。

主要育种者：韩庭贤、马长寿、邱绍军。

国家农作物种质资源库大麦种质资源全国统一编号：ZDM09907。

二、特征特性

北青7号属春性六棱裸大麦。幼苗直立、叶色浓绿，叶耳白色、叶姿平展。植株整齐、茎秆黄色，弹性中等、中度蜡粉，株型半松散、株高97.8cm，穗下节间长28.2cm。穗全抽、穗姿下垂、穗形长方，穗长6.5cm、穗密度稀，长齿芒、穗和芒黄色，每穗结实44.6粒。籽粒黄色、卵圆形、半硬质，千粒重43.7g、容重726.0g/L，蛋白质含量14.07%、出粉率90.0%。青海省海北州春播种植，早熟、全生育期137～141天。较抗倒伏，中度耐寒、耐旱、耐盐碱，抗条纹病和散黑穗发病。

三、产量与生产分布

北青7号在较高肥力条件下种植产量4 500kg/hm^2，一般肥力产量3 600～4 130kg/hm^2，旱作产量3 000kg/hm^{2}左右。该品种2004年开始在青海省海北州及青海省南部推广至今，年最大生产种植面积6 500hm^{2}左右。

四、栽培要点

前茬以油菜、薯类为好，忌连作。秋深翻，每公顷施农家肥22.5～30.0m^3、纯氮

67.5～90.0kg、纯磷60.0～82.5kg。3月下旬至4月上旬适期播种。播量量283～300kg/hm^2，基本苗控制在420万～450万株/hm^2。条播种植，播种深度3.5～5.0cm。播种前用1%～3%石灰水浸种，防治防条纹病和黑穗病。3叶期进行中耕松土、除草，拔节期结合松土或浇水，追施纯氮19.2～30.0kg/hm^2。完熟期及时收获。

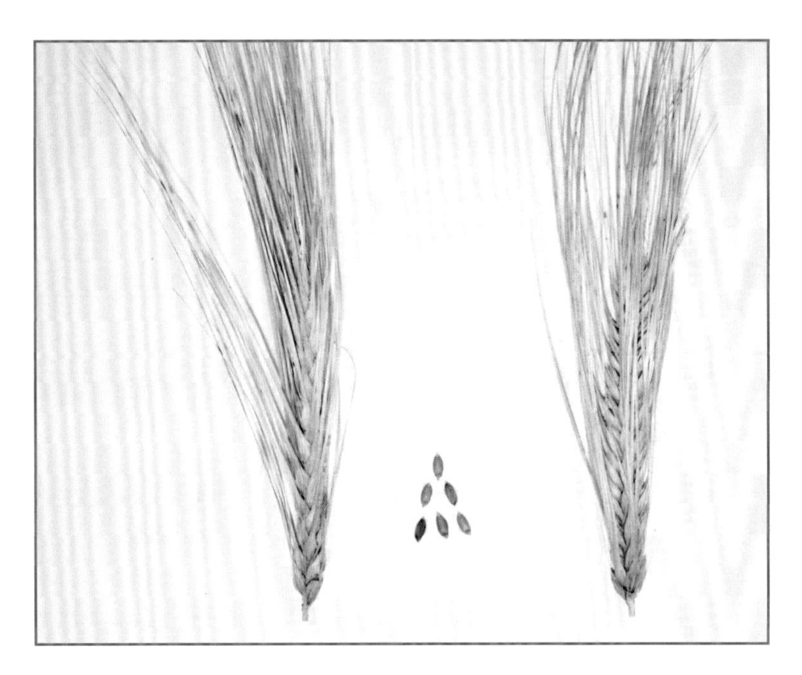

北青7号

188 北青8号

一、品种来源

亲本及杂交组合：昆仑3号/门农一号。杂交系谱选育，食用青稞品种。
育成时间：2005年育成，原品熙代号：东繁802。青海省农作物品种审定委员会审定。
育成单位：门源县种子管理站、海北州农业科学研究所。
主要育种者：马学锋、罗红年、安海梅。
国家农作物种质资源库大麦种质资源全国统一编号：ZDM09908。

二、特征特性

北青8号属春性六棱裸大麦。幼苗直立、叶色浓绿，叶姿平展、叶耳白色。株型半松散，茎秆弹性较好、中度蜡粉，穗下节间长26.0cm、株高106.0cm。穗全抽出、穗姿半下垂，穗形长方、穗长6.8cm，穗密度稀、长齿芒，穗和芒黄色、穗粒数45.3粒。籽粒蓝色、椭圆形、半硬质，千粒重52.0g、容重790.0g/L，蛋白质含量14.11%。青海省海北州春播种植，中熟、全生育期141天左右。中度耐寒、耐旱、耐盐碱，不抗倒伏，中抗条纹病。

三、产量与生产分布

北青8号一般土壤肥力条件下产量3 900～4 450kg/hm^2。高水肥条件下种植产量4 500kg/hm^{2}以上，旱作产量3 150～3 900kg/hm^2。该品种在青海省海北州累计生产种植22.5万hm^2。

四、栽培要点

选择青稞茬口田块种植，忌连作，秋深翻。底肥每公顷施用农家肥22.50～30.0t、纯氮68～90kg、磷60～83kg。适宜播种期3月中、下旬。条播种植，播种深度3.5～5.0cm。播种量315～337.5kg/hm^2，基本苗375.0万～405.0万株/hm^2。播种之前用1%～3%石灰水浸种或药剂拌种。3叶期松土、除草，拔节期结合松土或浇水追纯氮18～30kg/hm^2。孕穗至抽穗期间叶面喷施3%浓度磷酸二氢钾1～2次。

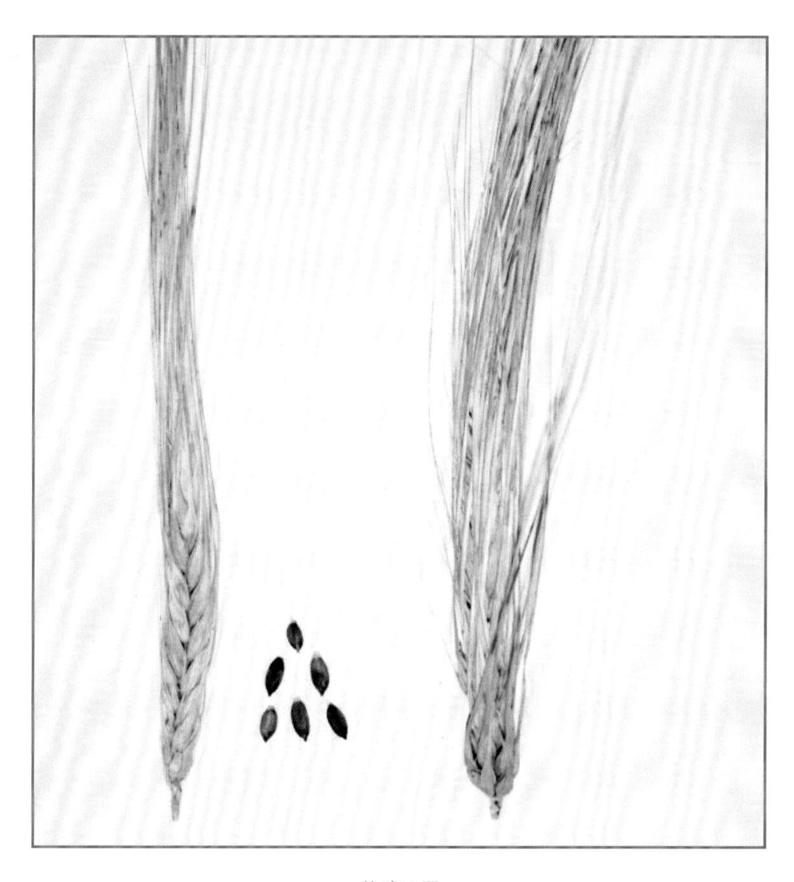

北青8号

西藏自治区大麦品种

藏青25

一、品种来源

亲本及杂交组合：青海1039/815078。单株与群体交替选择，食用青稞品种。

育成时间：1998年育成，原品系代号：QB25。西藏自治区农作物品种审定委员会2001年审定。2013年申请国家植物新品种保护。

育成单位：西藏自治区农牧科学院农业研究所。

主要育种者：强小林、周珠扬、次珍、魏新虹、顿珠次仁、梁春芳、巴桑玉珍、白婷、聂战声、普哇措。

国家农作物种质资源库大麦种质资源全国统一编号：ZDM10087。

二、特征特性

藏青25属春性六棱裸大麦。幼苗直立、分蘖力中等，叶色深绿、叶耳紫色。茎秆粗壮、弹性较好，株高90～110cm。穗层整齐、成熟落黄极好，穗芒长齿、穗密度密，穗和芒色浅黄、穗粒数50～60粒。籽粒饱满、粒色深黄、粒形卵圆，千粒重45～50g、蛋白质含量11.91%，粗脂肪1.83%、粗纤维1.19%、β-葡聚糖8.62%。在西藏地区春播种植，中晚熟、全生育期118天。抗锈病、轻感条纹病和黑穗病，喜肥水、较抗倒伏。

三、产量与生产分布

藏青25参加1996—1998年青稞品种比较试验，平均单产4 725kg/hm^2，比对照品种藏青320增产28.6%，比藏青148增产7.8%。在1999—2000年西藏自治区春青稞品种区域试验中，2年平均单产3 870.0kg/hm^2，较对照品种喜玛拉19号增产2.7%。该品种适宜在西藏一江两河地区中、高水肥条件下种植。1998年在贡嘎县杰德秀乡示范种植3.5hm^2，实收产量6 250.5kg/hm^2，比对照藏青320增产105.2%。1999年在林周县甘曲镇生产示范3.0hm^{2}亩，实收单5 011.5kg/hm^2，比藏青320品种增产。自1996开始先后在西藏自治区堆龙德县、曲水、贡嘎、乃东、江孜等县生产推广，年最大种植面积约70hm^2。

四、栽培要点

适宜播种期为4月中、下旬。播种量195～225kg/hm^2，保证基本苗270万株以上。播种之前严格进行种子包衣或药剂拌种，防止发生种传病害。施肥以基肥为主，每公顷施厩肥15 000kg、磷酸二铵150kg、尿素150～225kg。加强田间管理，苗期早浇头水、及时中耕灭草，做好蚜虫和常见病害防治，适量浇灌孕穗灌浆水，完熟期及时收获。

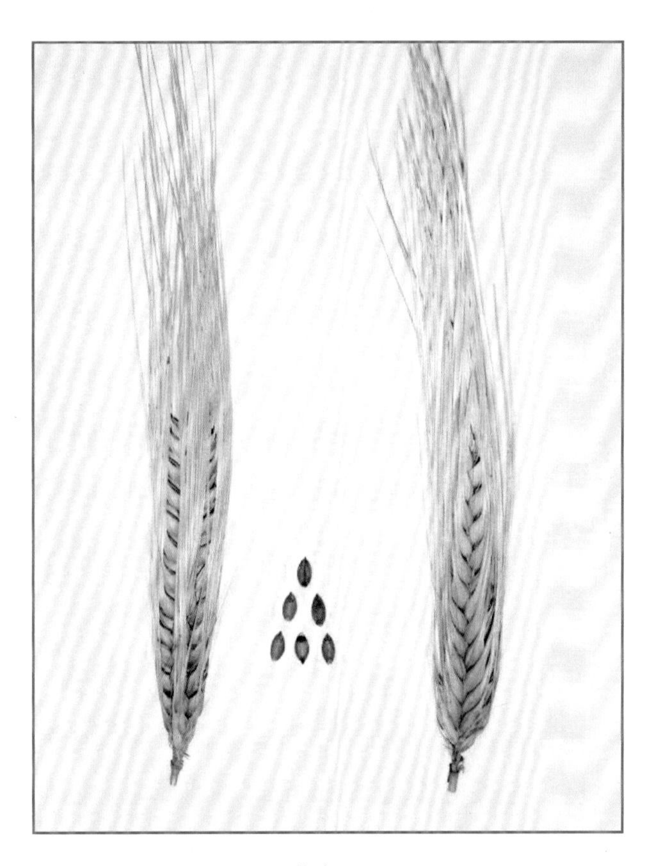

藏青25

藏青148

一、品种来源

亲本及杂交组合：永明长芒六棱//昆仑1号/藏青320。复合杂交系谱选育，食用青稞品种。

育成时间：1986年育成。西藏自治区农作物品种审定委员会1994年审定。

育成单位：西藏自治区农牧科学院农业研究所。

主要育种者：强小林、尼玛扎西等。

国家农作物种质资源库大麦种质资源全国统一编号：ZDM10089。

二、特征特性

藏青148属春性六棱裸大麦。幼苗直立、分蘖力强，株型较紧凑、株高87.9cm。穗形长方、颖壳黄色，长齿芒、穗长5.6cm，穗粒数52.6粒。籽粒黄色、粒形卵圆、千粒重45.4g。西藏自治区拉萨春播种植中晚熟，全生育期113天。较抗倒伏、抗逆性中等，易感锈病、条纹病、黑穗病。

三、产量与生产分布

藏青148在1991—1992年参加西藏自治区青稞品种区域试验，2年平均单产5 175.0kg/hm^2。在拉萨、山南、日喀则等主要河谷农区示范种植，平均单产在5 202.0～5 887.5kg/hm^2，较当地生产品种藏青320平均增产8.6～13.5%。该品种适宜在西藏自治区拉萨、山南、日喀则、昌都等地区河谷农区种植。1995—2015在西藏自治区累计生产种植4.3万hm^2。

四、栽培要点

西藏自治区河谷农区水浇地种植，适宜播种期4月中、下旬。播前每公顷施农家肥18 000kg、磷酸二铵225kg、尿素120 ~ 150kg，作为底肥1次施入。保证墒情，机械条播，播种量180 ~ 225kg/hm^2。分蘖与拔节期各浇1次水，并结合浇水追施尿素60 ~ 75kg/hm^2，保证大穗大粒。完熟期及时收获。

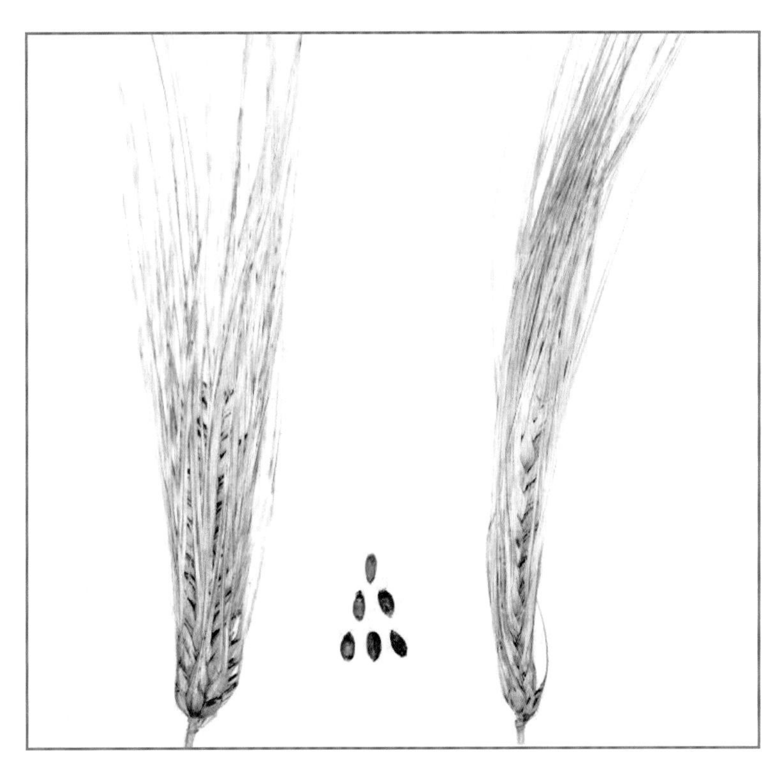

藏青148

藏青311

一、品种来源

亲本及杂交组合：794194-5/塔城二棱//昆仑1号/03。复合杂交系谱选育，食用青稞品种。

育成时间：1990年育成。西藏自治区农作物品种审定委员会1996年审定。

育成单位：西藏自治区农牧科学院农业研究所。

主要育种者：强小林、尼玛扎西等。

国家农作物种质资源库大麦种质资源全国统一编号：ZDM10090。

二、特征特性

藏青311属春性六棱裸大麦。幼苗直立、苗壮、分蘖力强，植株整齐、株型半松散，株高89.5cm。穗形长方、穗长7.4cm，长齿芒、穗和芒黄色，穗粒数55.9粒。籽粒黄色、粒形卵圆、千粒重49.3g，蛋白质含量11.28%，淀粉含量61.8%。该品种在西藏自治区拉萨春播种植，早熟、全生育期117天左右。较抗倒伏，抗病性较强。

三、产量与生产分布

藏青311在1993—1994年西藏自治区青稞品种区域试验中，2年平均单产4 659.0kg/hm^2。2006—2008年在堆龙德庆、尼木、达孜、墨竹工卡等县进行示范推广，平均产量5 080.5～5 631.0kg/hm^2，比当地生产推广品种藏青320增产7.6%～15.3%。该品种适宜在西藏自治区拉萨、山南、日喀则、昌都等地主要河谷农区种植。1997—2015累计生产种植面积2.6万hm^2。

四、栽培要点

西藏自治区河谷农区春播种植，适宜播种期4月中、下旬。播种之前进行药剂拌种。

每公顷施农家肥12 000kg、磷酸二铵150kg、尿素120 ~ 180kg，作为底肥1次施入。播期保证正常的墒情，采用机械条播，播种量210 ~ 240kg/hm^2。分蘖与拔节期各浇1次水，同时，结合浇水追施尿素60 ~ 75kg/hm^2。加强田间管理，做好病害和草害防治，适期收获、储藏。

藏青311

藏青690

一、品种来源

亲本及杂交组合：旱地青稞/福8-4。杂交系谱选育，食用青稞品种。

育成时间：1994年育成，原品系代号：94-690。西藏自治区农作物品种审定委员会2004年审定。

育成单位：西藏自治区农牧科学院农业研究所。

主要育种者：强小林、尼玛扎西等。

国家农作物种质资源库大麦种质资源全国统一编号：ZDM10091。

二、特征特性

藏青690属春性六棱裸大麦。幼苗直立、生长茁壮，植株整齐、株型较紧凑，株高95.6cm。长方穗、芒长齿，芒和颖壳黄色，每穗结实55.3粒。籽粒淡紫色、粒形卵圆，千粒重48.1g、蛋白质含量10.3%，淀粉含量61.4%。在西藏春播种植早熟，河谷农区全生育期102天左右，高寒农区全生育期145～150天。较抗倒伏，轻感条纹病、黑穗病，抗旱、耐寒性中等。

三、产量与生产分布

藏青690参加2001—2002年西藏自治全区青稞品种区域试验，2年平均单产4 133.7kg/hm^2。2007—2010年在堆龙德庆县（海拔3 854～4 239m）、浪卡子（海拔4 465～4 563m）、措美县（海拔3 960～4 145m）、江孜县纳如乡（海拔4 158～4 312m）、定日县（海拔4 365m）、左贡县（海拔3 850～4 130m）等县进行示范推广，平均产量3 795～4 920kg/hm^2，比当地推广品种紫青稞等平均增产10%以上。该品种适宜在西藏自治区拉萨、山南、日喀则、昌都、阿里等地高海拔农区种植。2004—2015年累计生产种植面积3.2万hm^2。

四、栽培要点

西藏自治区春播种植。河谷农区播种期4月中、下旬至5月初，高寒农区4月上、中旬播种。播种前每公顷施农家肥15 000kg、磷酸二铵和尿素各75 ~ 112.5kg，作为底肥1次施入。播种期间保证土壤墒情，采用机械条播，播种量210 ~ 225kg/hm^2。分蘖与拔节期各灌1次水，孕穗与灌浆期尽量控制肥水。缺肥地块在苗期至拔节期根据长势追施尿素30 ~ 45kg/hm^2，正常田块一般整个生育期不需要追肥。注意田间病害和草害防治，完熟期及时收获。

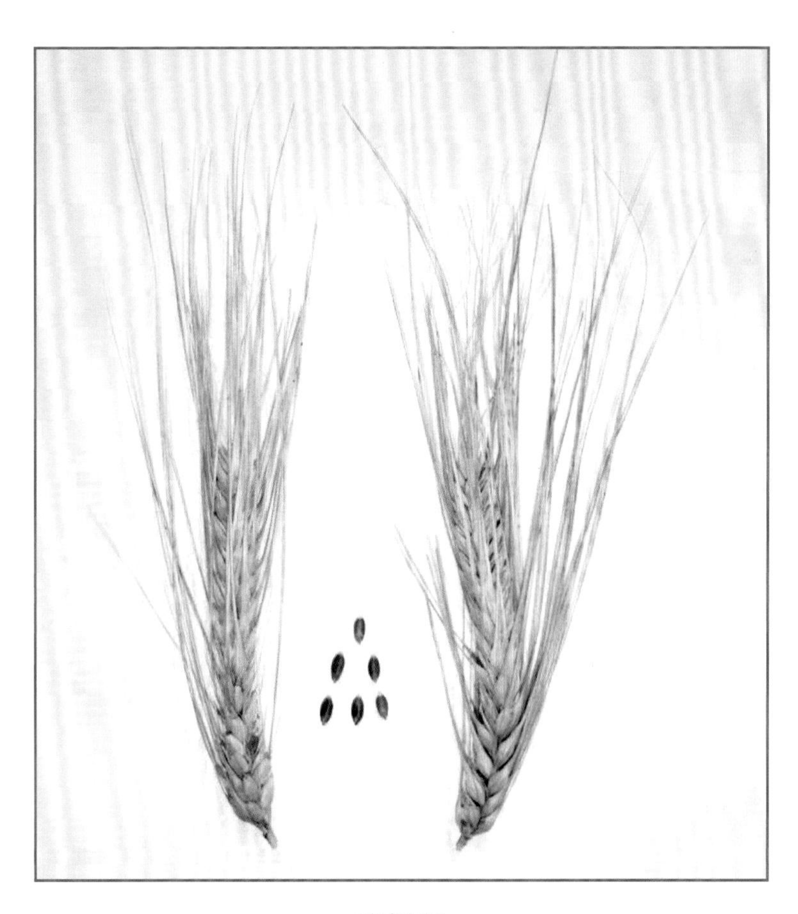

藏青690

藏青3179

一、品种来源

亲本及杂交组合：红胶泥/840834。杂交系谱选育，食用青稞品种。

育成时间：1990年育成。西藏自治区农作物品种审定委员会1996年审定。

育成单位：西藏自治区农牧科学院农业研究所。

主要育种者：强小林、尼玛扎西等。

国家农作物种质资源库大麦种质资源全国统一编号：ZDM10092。

二、特征特性

藏青3179属春性六棱裸大麦。幼苗直立、生长茁壮，植株整齐、株型较紧凑，株高80.8cm。穗长7.8cm、长齿芒，黄色穗芒、穗粒数61.1粒。籽粒黄色、卵圆形，千粒重46.6g、蛋白质含量为8.61%、淀粉含量为63.1%。在西藏拉萨春播种植中早熟，全生育期108天。较抗倒伏、抗逆性中等，轻感条纹病和黑穗病。

三、产量与生产分布

藏青3179参加1993—1994年西藏自治区青稞品种区域试验，2年平均单产4 825.5kg/hm^2，比对照品种藏青320亩增产11.4%。2010—2013年在西藏自治区浪卡子县多确乡（海拔4 485～4 532m）、南木林县南木林镇（海拔4 150～4 230m）、堆龙德庆县古荣乡和德庆乡（海拔3 970～4 150m）、曲水县南木乡南木村（海拔3 620m）等乡镇进行示范植株，平均产量在4 192.5～5 031.0kg/hm^2，比当地推广品种紫青稞等平均增产10%以上。该品种适宜在西藏自治区拉萨、山南、日喀则、昌都、阿里等地高海拔农区种植。至2015年累计生产种植面积1.5万hm^2。

四、栽培要点

适期早播，西藏河谷农区4月中下旬和5月初，高寒农区4月上、中旬播种。播种前每公顷施农家肥15 000kg、磷酸二铵和尿素各75～112.5kg，一次性作为底肥施入。播种期保证土壤墒情，采用机械条播，播种量210～225kg/hm^2。分蘖和拔节期各灌水1次，孕穗与灌浆期尽量控制肥水。苗期缺肥长势弱的地块可追施尿素30～45kg/hm^2，正常田块一般全生育期不需要追肥。加强田间管理，做好病虫草害防治，成熟后及时收获、储藏。

藏青3179

藏青2000

一、品种来源

亲本及杂交组合：藏青320/拉萨白青稞//喜玛拉19号/昆仑164。复合杂交系谱选育，食用青稞品种。

育成时间：2001年育成。西藏自治区农作物品种审定委员会2013年审定。

育成单位：西藏自治区农牧科学院农业研究所。

主要育种者：尼玛扎西、禹代林等。

国家农作物种质资源库大麦种质资源全国统一编号：ZDM10217。

二、特征特性

藏青2000属春性六棱裸大麦。幼苗直立、株高98～120cm，穗长方形、长齿芒，穗姿下垂、芒和颖壳黄色。穗密度密、穗长7.0～8.0cm，每穗结实50～55粒。籽粒黄色、硬质，千粒重45～48g、蛋白含量9.69%，粗脂肪1.96%、淀粉58.79%，氨基酸总量9.63%、谷氨酸2.48%、赖氨酸0.38%。在西藏自治区春播种植中晚熟，生育期120～135天。较抗倒伏和抗蚜虫，轻感黑穗病等种传病害。

三、产量与生产分布

藏青2000于2006—2008年在西藏自治区白朗县白雪村、金嘎村小面积示范，平均单产4 800～5 700kg/hm^2。2009—2010年在白朗县巴扎乡规模化示范，单产4 800～5 895kg/hm^2，较生产对照品种喜玛拉19号增产11.0%～14.0%。2011—2012年在江孜、南木林、定日、康玛、林周、曲水等县生产示范800hm^2，平均产量5 250.0kg/hm^2，平均增产15.1%。该品种适宜在西藏自治区拉萨、山南、日喀则、昌都、阿里、那曲等地农区种植。至2015年累计生产种植20万hm^2，2015年最大种植面积近7万hm^2。

四、栽培要点

该品种较藏青320和喜马拉19号晚熟5～7天，海拔4 300m以上地区需要提早播种5～7天，以4月25日之前为宜。海拔3 950m以下可在5月15日之前播种。播种前进行种子包衣处理，并做好农田杂草防除。条播种植，播种量控制在300～325kg/hm^2。每公顷施农家肥22 500kg、化肥300～375kg，其中，底肥施磷酸二铵112.5kg、尿素75kg、氯化钾22.5kg。4叶1心期追施尿素105～180kg/hm^2，较藏青320晚熟5～7天，因此，播前必须包衣，在高海拔地区（3 915m以上）需早播5～7天并保证灌溉。有条件地区分别在分蘖、拔节抽穗和灌浆期进行灌溉。成熟后及时收获、晾晒、储藏。

藏青13

一、品种来源

亲本及杂交组合：喜拉19号/昆仑164。杂交系谱选育，食用青稞品种。

育成时间：2004年育成。西藏自治区农作物品种审定委员会2013年审定。

育成单位：西藏自治区农牧科学院农业研究所。

主要育种者：尼玛扎西、唐亚伟、雄奴塔巴等。

国家农作物种质资源库大麦种质资源全国统一编号：ZDM10218。

二、特征特性

藏青13属春性六棱裸大麦。幼苗直立、叶色深绿、分蘖力强，株高114.50cm。穗芒长齿、小穗密度稀，穗和芒黄色、穗长5.8cm，穗粒数50.9粒、千粒重为47.5g。西藏自治区拉萨春播种植中熟，全生育期107天左右。抗倒伏、特抗黑穗病。

三、产量与生产分布

藏青13在2007—2008年青稞品种比较试验中，2年平均产量5 667.0kg/hm^2，比对照品种喜玛拉19增产16.3%。2009—2010年参加西藏自治区青稞品种区域试验，其中，2009年平均单产3 896.1kg/hm^2，比对照增产3.5%；2010年平均单产4 136.5kg/hm^2，比对照增产6.48%。2010年在曲水县示范0.5hm^2，单产6 030kg/hm^2，比藏青320增产8.0%。该品种适宜在西藏自治区拉萨、山南、日喀则、昌都等地河谷农区种植，至2015年累计生产推广面积近1万hm^2。

四、栽培要点

西藏自治区中、上等肥水条件下种植。机械化播种，播种量210～240kg/hm^2，保证的基本苗在300万株/hm^{2}以上，成穗数360万穗/hm^{2}左右。每公顷最少施肥量为农家肥12 000kg、磷酸二铵225kg、尿素75～120kg。有条件地区保证灌溉，成熟后及时收获。

196 冬青8号

一、品种来源

亲本及杂交组合：矮秆齐/果洛//洛米大麦。复合杂交系谱选育，食用青稞品种。

育成时间：1988年育成。西藏自治区农作物品种审定委员会1996年审定。

育成单位：西藏自治区农牧科学院农业研究所。

主要育种者：强小林、罗布卓玛等。

国家农作物种质资源库大麦种质资源全国统一编号：ZDM10093。

二、特征特性

冬青8号属半冬性六棱裸大麦。西藏自治区秋播种植，中熟、全生育期270～280天。株高96.5cm，穗芒长齿、芒和颖壳前黄。每穗结54粒左右，籽粒浅黄、千粒重31.3g。抗旱、抗倒伏，轻感条纹病和黑穗病。

三、产量与生产分布

冬青8号在西藏自治区青稞品种区域试验中，平均单产5 822.3kg/hm^2，比对照品种增产13.5%。该品种较生产上种植的20世纪80年代杂交育成品种冬青2号、冬青3号等产量潜力上了一个新台阶。特别是该品种的越冬活苗率达到了80%以上，是对照品种的2倍，根本解决了冬青稞越冬死苗的关键问题。适宜在西藏自治区拉萨、山南、林芝、昌都等地河谷农区冬青稞产区种植。至2015年累计生产推广面积超过1万hm^2。

四、栽培要点

西藏自治区河谷农区中等肥水条件下秋播种植。机械化条播，一般播种量225～300kg/hm^2，保证基本苗360万株/hm^{2}以上，成穗数420万穗/hm^{2}左右。每公顷最低施肥量为农家肥15 000kg、磷酸二铵225kg、尿素150kg。注意田间病虫草害防治，成熟后及时收获、储藏。

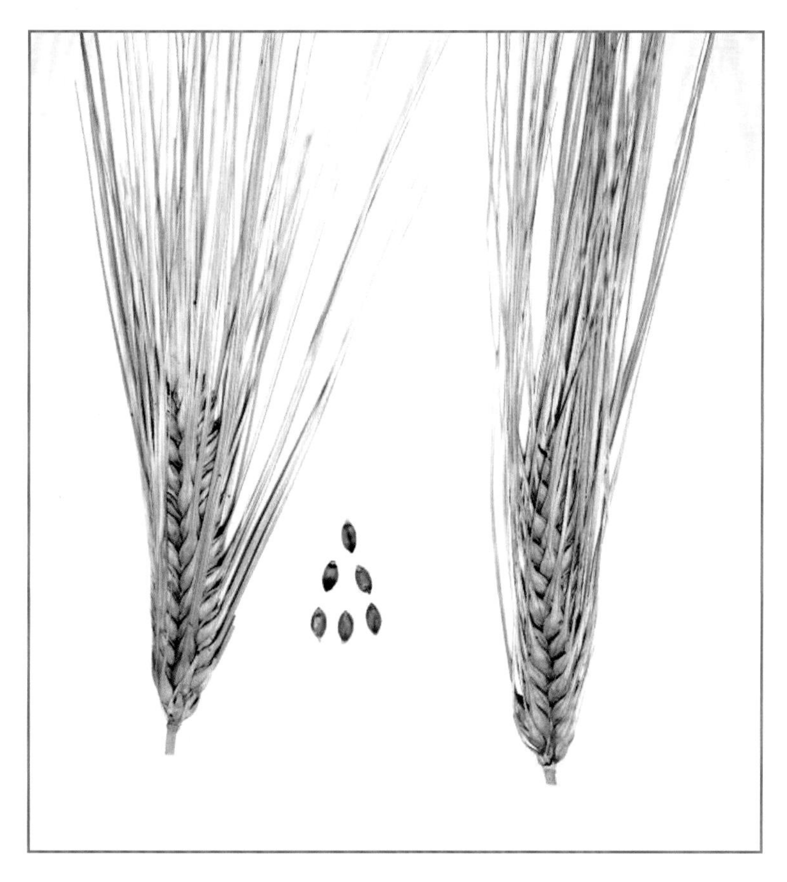

冬青8号

197 冬青11号

一、品种来源

亲本及杂交组合：果洛/矮秆齐。杂交系谱选育，食用青稞品种。
育成时间：1988年育成。西藏自治区农作物品种审定委员会1996年审定。
育成单位：西藏自治区农牧科学院农业研究所。
主要育种者：强小林、罗布卓玛等。
国家农作物种质资源库大麦种质资源全国统一编号：ZDM10094。

冬青11号

二、特征特性

冬青11号属半冬性六棱裸大麦。西藏自治区秋播种植，越冬能力强，全生育期280天左右。株高97.1cm，株型紧凑、茎秆弹性好，穗粒数57.2粒、粒形卵圆，千粒重37.7g。对条纹病、条锈病、黑穗病均有一定抗性。

三、产量与生产分布

冬青11号在西藏自治区青稞品种区域试验中，平均单产5 148.0kg/hm^2，比对照品种增产12.6%。1992年开始在西藏自治区5个县示范种植，1993—2015年生产种植累计面积1.5万hm^2，为西藏自治区冬青稞生产主推品种。适宜西藏自治区拉萨、山南、林芝、昌都等地河谷农区冬青稞产区秋播种植。

四、栽培要点

西藏自治区河谷农区中等肥水条件下种植。一般要求机械化播种，每公顷播种量225 ~ 300kg，保证基本苗360万株以上，成穗数420万穗左右。要求每公顷最低施肥量为农家肥15 000kg、磷酸二铵225kg、尿素150kg。

198 冬青15号

一、品种来源

亲本及杂交组合：果洛/矮秆齐。杂交系谱选育，食用青稞品种。
育成时间：1995年育成。西藏自治区农作物品种审定委员会2000年审定。
育成单位：西藏自治区农牧科学院农业研究所。
主要育种者：强小林、罗布卓玛等。
国家农作物种质资源库大麦种质资源全国统一编号：ZDM10094。

冬青15号

二、特征特性

冬青15号属半冬性六棱裸大麦。西藏自治区秋播种植，偏晚熟、全生育期286d以上。株高106cm、株型紧凑、茎秆弹性好。穗长8.5cm、长齿芒，穗密度稀、黄色穗芒，穗粒数62～65粒。籽粒黄色、粒形卵圆，千粒重38.3g。

三、产量与生产分布

冬青15号在西藏自治区冬青稞品种区域试验中，2年6个试点单产5 475.0～6 712.5kg/hm^2，比对照品种平均增产20.5%。1998年开始在全自治区5个县生产示范，至2015累计生产种植面积2 000hm^2。

四、栽培要点

西藏自治区河谷农区中等肥水条件下秋播种植。要求机械化播种，每公顷播种量225～300kg，保证基本苗360万株/hm^{2}以上，成穗数420万穗/hm^{2}左右。要求每公顷最低施肥量为农家肥15 000kg、磷酸二铵225kg、尿素150kg。加强田间管理，注意灌溉病虫草害防治，成熟后及时收获。

199 冬青17号

一、品种来源

亲本及杂交组合：果洛/冬青11号。杂交系谱选育，食用青稞品种。

育成时间：1994年育成。西藏自治区农作物品种审定委员会2010年审定。

育成单位：西藏自治区农牧科学院农业研究所。

主要育种者：尼玛扎西、其美旺姆、唐亚伟等。

国家农作物种质资源库大麦种质资源全国统一编号：ZDM10219。

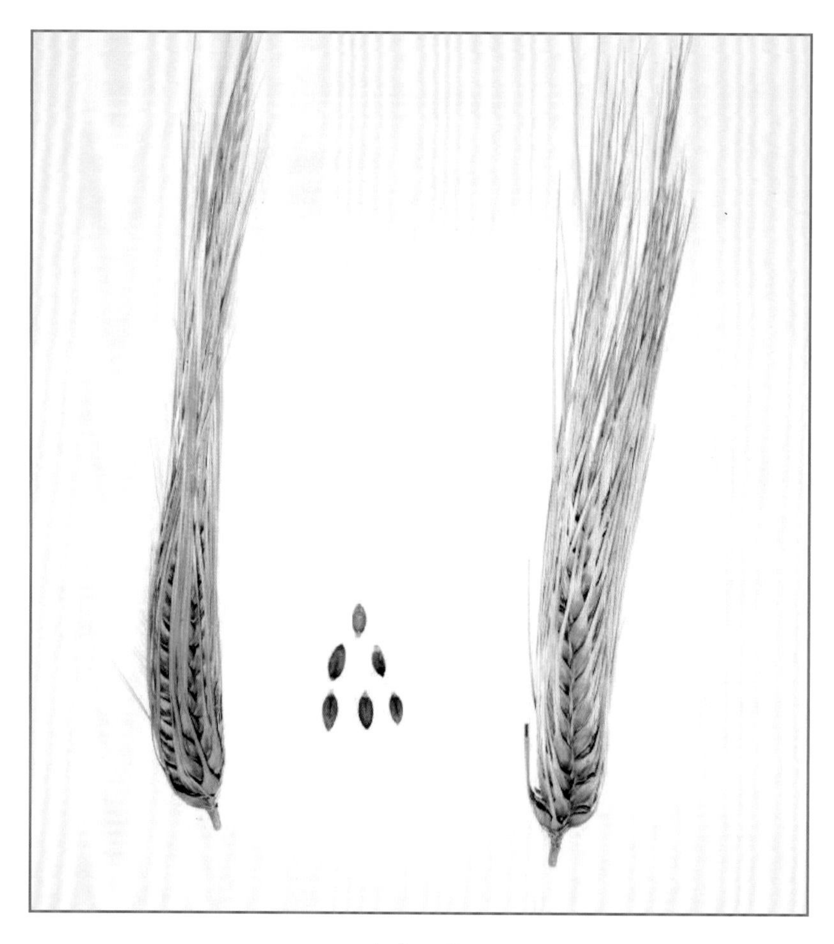

冬青17号

二、特征特性

冬青17号属半冬性六棱裸大麦。在西藏秋播种植，早熟、全生育期268天左右。分蘖力强、越冬抗寒性好，茎秆弹性好、抗到伏，轻感条纹病。株高115.0cm，穗和芒浅黄色、穗长8.2cm，穗粒数69.7粒。籽粒浅黄、千粒重为46.6g，蛋白质含量8.3%、脂肪含量2.2%、灰分1.2%。

三、产量与生产分布

冬青17号在1998年和1999年参加西藏自治区冬青稞品种区域试验，平均单产为3 427.1kg/hm^2，比生产对照品种果洛增产28.1%。2000年在山南乃东县示范种植0.2hm^2，实收产量4 350.0kg/hm^2，比果洛增产26.1%。该品种适宜西藏自治区拉萨、山南、林芝、昌都等地河谷农区冬青稞产区种植，至1015年累计生产1.2万hm^2。

四、栽培要点

西藏自治区拉萨、山南等地沿江河谷农区秋播种植。一般在10月上旬播种，每公顷播种量180～210kg，氮肥施用量225～300kg。做好田间病虫草害防治，完熟期及时收获。该品种较早熟可与其他早熟作物套种或复种。

200 冬青18号

一、品种来源

亲本及杂交组合：冬青11号/82987-88605。杂交系谱选育，食用青稞品种。育成时间：2004年育成。西藏自治区农作物品种审定委员会2013年审定。

育成单位：西藏自治区农牧科学院农业研究所。

主要育种者：尼玛扎西、其美旺姆、唐亚伟等。

国家农作物种质资源库大麦种质资源全国统一编号：ZDM10220。

二、特征特性

冬青18号属半冬性六棱裸大麦。在西藏秋播种植中晚熟，全生育期268天左右。叶片宽大、叶色浓绿，植株整齐、成穗数高，株高100cm左右、茎秆弹性特别好。抽穗整齐、穗长7.5cm，短齿芒、穗粒数48.4粒、结实率90%。籽粒椭圆形、浅黄、饱满，千粒重42.6g、蛋白质含量10.3%，脂肪含量1.83%、淀粉含量60.5%、灰分1.9%。抗寒、抗倒伏，抗条斑病和黑穗病，轻感条纹病。

三、产量与生产分布

冬青18号2009年和2010连续2年参加西藏自治区冬青稞品种区域试验，平均单产5 737.5kg/hm^2，比对照增产10%以上。2011年在山南、林芝、拉萨等地6个试点生产示范，种植面积0.13～33.3hm^2，2年共示范57.8hm^2，平均单产5 580.0kg/hm^2，比当地生产对照品种增产11.7%。最高产量达8 250kg/hm^2。该品种适宜在西藏自治区拉萨、山南、林芝、昌都等地冬青稞产区种植，至2015年累计示范推广近1万hm^2。

四、栽培要点

西藏自治区林芝、拉萨、山南等地沿江河谷农区，中等肥水条件下秋播种植。一般在10月上旬播种较为适宜，每公顷播种量180～210kg，要求基本苗210万～270万株。播种深度以5～7cm为宜，过浅或过深都会影响出苗和越冬。播后耱平并镇压1遍，以利耕层保墒。每公顷施化肥量225kg左右，其中，尿素75～120kg。灌足越冬水，加强春季麦田管理，早浇返青水，并结合浇水适当追肥，完熟期及时收获。该品种较早熟可与其他早熟作物套种或复种。

喜马拉19号

一、品种来源

亲本及杂交组合：8305/8216。育种系谱选育，青稞品种。

育成时间：1988年育成，原品系代号：86019。西藏自治区农作物品种审定委员会1994年审定。品种胜定证书编号：藏种审证字第940094。

育成单位：西藏自治区日喀则市农业科学研究所。

主要育种者：杨晓初等。

国家农作物种质资源库大麦种质资源全国统一编号：ZDM10097。

二、特征特性

喜玛拉19号属春性六棱裸大麦。幼苗直立、分蘖力较强，茎秆黄色、株高100cm左右。穗姿下垂、穗长方形，长齿芒、穗长6.7cm，穗密度密、每穗结实40～45粒。籽粒黄色、卵圆形、硬质，千粒重47～54g、蛋白质含量13.0%，淀粉54.6%、纤维含量2.0%。西藏自治区日喀则地区春播种植，中熟、全生育期135天左右。耐旱、耐瘠薄，轻感大麦条纹病、坚黑穗病、散黑穗病等种传病害。

三、产量与生产分布

喜玛拉19号参加1989—1990年西藏自治区春青稞品种区域性试验，2年各试点产量均位居第一，平均单产6 975kg/hm^2。该品种适宜于山沟地带和高海拔农区种植，1991年被确定为西藏自治区生产示范品种。1991—1993年主要开始在日喀则地区西部如昂仁县多白乡重点推广，至2015年该乡累计生产种植6 500hm^2。

四、栽培要点

在西藏自治区海拔4 300m以下河谷农牧区春播种植。播种时间最迟不晚于5月25日。中等或中上肥水运筹管理为佳，高寒地区适当减少施肥量并重施底肥，追肥比例不超过10%。每公顷施用总氮180kg、磷45kg。该品种易感染大麦土传病害，播种之前进行种子包衣处理，防止发生条纹病、坚黑穗病、散黑穗病等。3叶1心浇头水，拔节期和灌浆期分别浇二水和三水，追肥宜在三水时施用。蜡熟末期秸秆亮黄、植株含水量25%为适宜收获期。收获后集中堆放3～7天可增产3%～5%。

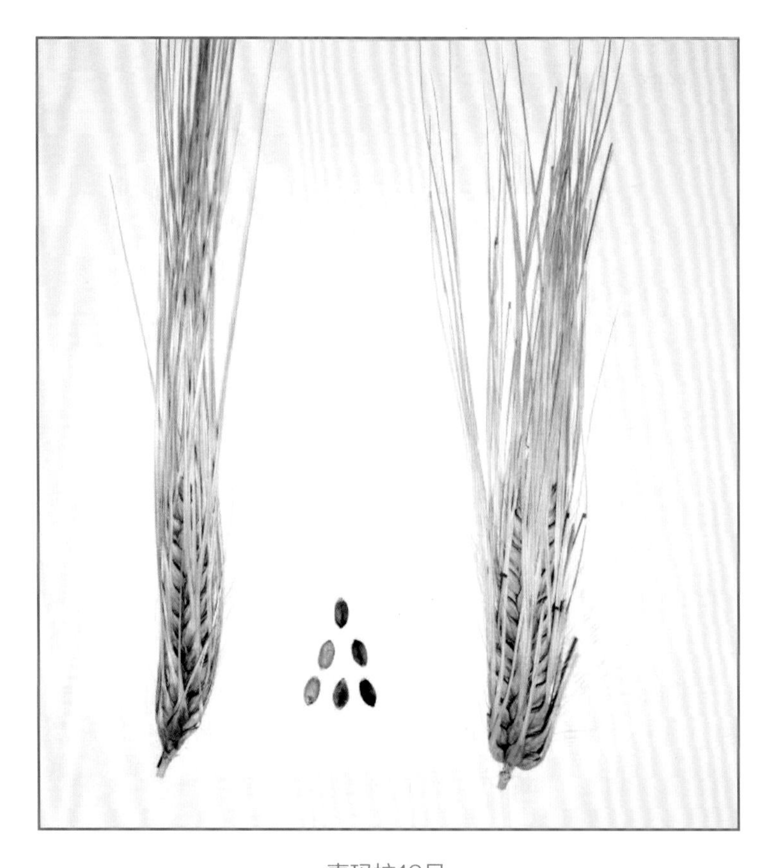

喜玛拉19号

喜马拉22号

一、品种来源

亲本及杂交组合：石海一号/喜马拉15号/3/福8-4/昆仑一号//关东二号。复合杂交系谱选育，食用青稞品种。

育成时间：1988年育成，原品系代号：91015。西藏自治区农作物品种审定委员会1999年审定，品种审定证书编号：藏种审证99126号。

育成单位：西藏自治区日喀则市农业科学研究所。

主要育种者：杨晓初等。

国家农作物种质资源库大麦种质资源全国统一编号：ZDM10098。

二、特征特性

喜玛拉22号属春性六棱裸大麦。幼苗直立、分蘖力强、成穗率高，叶片上举、株型紧凑，株高94.7cm。穗长6.0cm、穗长方形，穗姿半下垂、穗密度稀，每穗结实40～56粒。籽粒黄色、粒质硬、粒饱满度好，千粒重45g、蛋白质含量11.66%，总淀粉53.74%、脂肪含量1.19%、β-葡聚糖含量4.32%。西藏自治区日喀则地区春播种植，中熟、全生育期134天左右。抗倒伏性强，耐旱、耐湿，轻感条纹病、黑穗病。

三、产量与生产分布

喜玛拉22号1995—1996年参加西藏自治区青稞品种区域试验，2年平均产量8 812.5kg/hm^2，较对照品种藏青320增产36.1%，居参试品种第一位。1997—1998年参加西藏自治区青稞品种生产试验，2年平均单产6 100.5～7 807.5kg/hm^2。2000年该品种开始在西藏日喀则地区示范推广，2014年被列入西藏自治区青稞主推品种。当年生产种植面积5 140hm^2，平均单6 056.1kg/hm^2。2000—2015年在西藏自治区累计生产种植超过3.7万hm^2。

四、栽培要点

西藏自治区海拔4 200m以下河谷农区春青稞种植区中高肥力栽培。播种前精细整地，施足基肥。清选种子尽早播种，最佳播种期4月上中旬。播种量210～262.5kg/hm^2。每公顷施化肥450～525kg/hm^2，氮、磷配合施用。该品种轻感黑穗病，应做好播种前种子包衣处理。

喜玛拉22号

主要参考文献

浙江省农业科学院，青海省农业科学院，主编. 1989.中国大麦品种志[M].北京：农业出版社.
张京，刘旭. 2006.大麦种质资源描述规范和数据标准[M].北京：中国农业出版社.
卢良恕. 1996.中国大麦学[M].北京：中国农业出版社.
张京，李先德，张国平. 2017.中国现代农业可持续发展研究：大麦青稞分册[M].北京：中国农业出版社.
罗树中，陆炜. 1991.中国大麦文集（第二集）[M].西安：陕西科学技术出版社.
陆炜，张思文，马得泉. 1993.中国大麦文集（第三集）[M].南昌：江西科学技术出版社.
顾自奋，张京，陈炳坤. 1999.中国大麦文集（第四集）[M].北京：中国农业出版社.
刘旭，马得泉. 2001.中国大麦文集（第五集）[M].北京：中国农业出版社.